KB139837

한국의 균류

• 담자균류 및 변형균류 •

담자균문

주름균강	부후고약버섯목	목이목	고약버섯목	조개버섯목
	소나무비늘버섯목	말뚝버섯목	구멍장이버섯목	돌기주름버섯목
	곤약버섯목	사마귀버섯목	미세고약버섯목	
붉은목이강	붉은목이목			
흰목이강	흰목이목			
진정담자강	진정버섯목			
녹균강	날개무늬병균목	고약병균목		
떡병균강	떡병균목			

변형균문

변형균강	산호먼지목	이먼지목	털먼지목	자루먼지목
	보라먼지목			

Fungi of Korea

Vol.6: Basidiomycota and Myxomycota

Basidiomycota

Agaricomycetes	Atheliales	Auriculariales	Coticiales	Gloeophyllales
	Hymenochaetales	Phallales	Polyporales	Rhytismatales
	Sebacinales	Thelepphoraceae	Trechisporales	
Dacrymycetes	Dacrymycetales			
Tremellomycetes	Tremellaleales			
Eurotiomycetes	Eurotiales			
Puccinionmycetes	Helicobasidiales	Septobasidiales		
Exobasidiomycetes	Exobasidiales			

Myxomycota

Myxomycetes	Ceratiomyxales	Liceales	Trichiales	Physerales
	Stemonitales			

한국의 균류 ⑥

: 담자균류 및 변형균류

초판인쇄 2021년 1월 31일
초판발행 2021년 1월 31일

지은이 조덕현
펴낸이 채종준
편 집 양동훈
디자인 홍은표
펴낸곳 한국학술정보(주)
주 소 경기도 파주시 회동길 230 (문발동)
전 화 031) 908-3181(대표)
팩 스 031) 908-3189
홈페이지 http://ebook.kstudy.com
E-mail 출판사업부 publish@kstudy.com
등 록 제일산-115호(2000.6.19)

ISBN 979-11-6603-309-4 94480
978-89-268-7448-6 (전6권)

Fungi of Korea Vol.6: Basidiomycota and Myxomycota

Edited by Duck-Hyun Cho

Published by Korean Studies Information Co., Ltd., Seoul, Korea.

책에 대한 더 나은 생각, 끊임없는 고민, 독자를 생각하는 마음으로 보다 좋은 책을 만들어갑니다.

한국의 균류

• 담자균류 및 변형균류 •

⑥

담자균문

주름균강	부후고약버섯목	목이목	고약버섯목	조개버섯목
	소나무비늘버섯목	말뚝버섯목	구멍장이버섯목	돌기주름버섯목
	곤약버섯목	사마귀버섯목	미세고약버섯목	
붉은목이강	붉은목이목			
흰목이강	흰목이목			
진정담자강	진정버섯목			
녹균강	날개무늬병균목	고약병균목		
떡병균강	떡병균목			

변형균문

변형균강	산호먼지목	이먼지목	털먼지목	자루먼지목
	보라먼지목			

Fungi of Korea

Vol.6: Basidiomycota and Myxomycota

Basidiomycota

Agaricomycetes	Atheliales	Auriculariales	Coticiales	Gloeophyllales
	Hymenochaetales	Phallales	Polyporales	Rhytismatales
	Sebacinales	Thelepphoraceae	Trechisporales	
Dacrymycetes	Dacrymycetales			
Tremellomycetes	Tremellaleales			
Eurotiomycetes	Eurotiales			
Puccinionmycetes	Helicobasidiales	Septobasidiales		
Exobasidiomycetes	Exobasidiales			

Myxomycota

Myxomycetes	Ceratiomyxales	Liceales	Trichiales	Physerales
	Stemonitales			

조덕현 지음

머리말

한반도는 지리적 여건상 균류가 발생하기 좋은 기후 조건을 가지고 있다. 사계절이 뚜렷하다는 것은 저온성균, 중온성균, 고온성균은 물론 그 사이사이의 미세한 온도에 알맞은 균류도 발생할 수 있다는 것을 의미하기 때문이다.

균류는 생물학적 면에서 동식물과 뚜렷한 차이점을 가진 독립된 생물군이다. 식물의 특성과 동물의 특성을 함께 가지고 있으면서도 진화적 측면에서 그 중간의 생물이라 말하기에는 어려운 생물이다. 식물도 아니고 동물도 아닌, 독립된 생물로서 진화해온 것이다.

현존하는 지구상 모든 생물은 생존 경쟁을 통해 진화하여 오늘날에 살아남은 종들이다. 균류는 살아남기 위한 생존 전략으로서 동식물과의 경쟁을 피하는 한편, 그들과 공존하는 길을 택했다. 동식물의 사체를 썩혀 살아가는 방식을 택한 것이다. 공존을 도모하기 위해 사체를 분해하여 발생한 영양소를 다시 그들에게 제공하는 훌륭한 방법을 진화시킨 것이다. 생태계에서 우리는 이를 분해자로 칭한다. 이러한 훌륭한 생물군을 정확하게 파악함으로써 지상의 모든 생물이 서로 공존하여 살아가는 지혜를 얻을 수 있을지 모른다.

『한국의 균류 6: 담자균류 및 변형균류』에는 목재부후균이 많이 포함되었다. 담자균문인 부후고약버섯목(Atheliales), 목이목(Auriculariales), 고약버섯목(Coticiales), 조개버섯목(Gloeophyllales), 소나무비늘버섯목(Hymenochaetales), 말뚝버섯목(Phallales), 구멍장이버섯목(Polyporales), 곤약버섯목(Sebacinales), 사마귀버섯목(Thelephorales), 미세고약버섯목(Trechisporales), 붉은목이강(Dacrymycetes)의 붉은목이목(Dacrymycetales), 흰목이강(Tremellomycetes)의 흰목이목(Tremellaleales). 녹균아문(Pucciniommycotina)인 녹균강(Puccinionmycetes)의 날개무늬병균목(Helicobasidiales), 고약병균목(Septobasidiales), 떡병균강의 떡병균목(Exobasidiales) 등을 실었다.

변형균류는 진균류처럼 포자를 만들어 번식하므로 추가하게 되었다. 변형균류는 산호먼지목(Ceratiomyxales), 이먼지목(Liceales), 털먼지목(Trichiales), 자루먼지목(Physerales), 보라먼지목(Stemonitales)을 실었다. 변형균류는 한국에서 거의 연구되지 않은 분야여서 한국명도 수년간의 연구를 토대로 '먼지'로 사용하였다.

과거에 소속이 불명이었던 것이 소속이 정해지거나 반대로 소속이 완전했던 것이 불명으로 바뀌는 등 변화가 있어 많은 혼란이 생기곤 한다. 이 책에는 분류학적 체계에서 과, 목, 강 등이 정해지지 않은 균류를 '미상(unknown)'으로 실었고, 『한국의 균류』 1~5권에 실렸던 분류 가운데 누락되었거나 새로 확인된 버섯도 추가하여 실었다. 문헌의 부족으로 설명이 불충분하거나 누락 및 잘못 기록된 종은 추후 수정 · 보완할 것이다.

이렇게 『한국의 균류』를 6권으로 완성하여 한국의 균류를 모두 정리하게 되었다. 뿌듯하면서도 한편으로는 마음 한구석이 텅 빈 것 같은 아쉬움이 있다. 나와 함께 균류 연구에 열정을 쏟았던 박성식 선생이 눈앞에 보이는 듯하여 더 쓸쓸해지는 기분이다.

이 책이 균류를 연구하는 전문가, 교수, 학자, 학생 등 모든 사람에게 좋은 반려자가 되기를 바란다. 이러한 업적을 이루도록 도와준 아내, 가족, 동료분들에게 진심으로 감사를 전한다.

조덕현

감사의 글

· 균학 공부의 길로 인도하고 아시아 균학자 3명 중 한 사람으로 선정해주신 이지열 박사(전 전주교육대학교 총장)에게 고마움을 드리며 늘 무언의 격려를 해주시는 이영록 고려대학교 명예교수(대한민국학술원)에게도 고마움을 전한다.

· 정재연 큐레이터는 사진 촬영을 도와주었음은 물론 현미경적 관찰 및 버섯표본과 방대한 사진자료를 정리해주었다.

· 이태수(전 국립산림과학원)의 도움이 있었으며 사진은 박성식(전 마산성지여고)과 왕바이(王柏 中國吉林長白山國家及自然保護區管理研究所)가 일부 촬영하였다.

일러두기

· 분류체계는 Fungi(10판)를 변형하여 알파벳순으로 배치하였다.

· 학명은 영국의 www.indexfungorum.org(2020.05)에 의거하였고, 동종이명(synonium)으로 바뀐 것도 기재하였다.

· 학명은 편의상 이탤릭체가 아닌 고딕체로 하였고 신칭과 개칭의 표기는 편집상 생략하였다.

· 변형균류의 한국 보통명을 국제 명명규약에 따라 '먼지'로 하였다.

· 신칭은 라틴어 어원을 기본으로 하였다. 한국 보통명의 개칭은 출판권의 우선원칙에 따르되 라틴어에서 어긋난 것은 버섯의 특성을 고려하여 개칭하였다.

· 구멍장이버섯목의 많은 과가 통합되고 분리되었다. 대표적으로 불로초과가 구멍장이버섯과로 바뀌었다. 또 구멍장이버섯목의 많은 속이 다른 과로 승격되거나 다른 속으로 바뀌었다. 그 외에도 많은 종의 소속이 바뀌었다.

·『한국의 균류』 1~5권에서 누락된 종은 따로 배치하였고, 소속이 확실치 않은 종 역시 따로 배치하였다.

· 각 균류의 한국 보통명 상단에 해당 균류가 속한 생물분류를 일괄 표기하였다. 이때, 소속이 확실치 않은 것은 (미상)으로 표기하였다.
[예: ○○강 》○○목 》○○과 》○○속]
[예: ○○강 》(목 미상) 》○○과 》○○속] (목이 미상인 경우)
[예: ○○강 》○○목 》(과 미상) 》○○속] (과가 미상인 경우)

· 색인은 1권부터 6권까지 한꺼번에 표시하였다.

차 례

담자균문

Basidiomycota

주름균아문

Agaricomycotina

털고약버섯

Amphinema byssoides (Pers.) Erikss.

형태 자실체는 전체적으로 배착생이고 얇은 박막의 자실체가 손바닥 크기 정도로 퍼진다. 보통 불규칙하게 제멋대로 퍼진 모양이 되며 때로는 구멍이 뚫린 헝겊 조각처럼 되기도 한다. 표면은 거미줄 막 모양이고 거친 분상이며 불규칙하게 성긴 곳이 있거나 때로는 비어 있는 곳도 생긴다. 색깔은 황토색-유황색이다. 가장자리는 불규칙하게 균사가 뻗어 나가 균사속이 실모양 또는 섬유상이 되기도 한다. 포자는 크기 4~5×2.5~3㎛로 난형, 표면은 매끈하고 투명하며, 기름방울 1개가 들어 있다.

생태 연중 / 흔히 불탄 자리의 죽은 나무 밑바닥 쪽으로 퍼진다. 낙엽 등에도 발생하여 퍼져 나간다. 때로는 고사리류나 이끼류의 버려진 곳에도 발생한다.

분포 한국, 일본, 유럽, 북미

막부후고약버섯

Athelia bombacina (Link) Pers.

형태 자실체는 전면적으로 배착생이며 기질에 매우 얇고 헐겁게 부착되어 있다. 섬세한 막질 조각으로 수 센티미터 넓이로 퍼진다. 표면은 밋밋하고 편편하며 둔한 비단 천 모양이다. 색깔은 백색이다. 가장자리는 기물과 다소 분명한 경계를 이루며 유연하고, 미세한 막질이다. 포자는 크기 5~7×2.5~3㎛로 타원형, 표면은 매끈하고 투명하며 어떤 것에는 기름방울이 들어 있다.
생태 연중 / 죽은 침엽수의 가지나 고사리류의 줄기, 잎에 배착하여 발생한다.
분포 한국, 유럽, 북미

주름균강 》 부후고약버섯목 》 부후고약버섯과 》 부후고약버섯속

결절부후고약버섯

Athelia decipiens (Höhn. & Litsch.) Erikss.

형태 자실체는 완전한 배착생이다. 기질에 단단하게 부착하며, 얇고, 막질의 막편이 수 센티미터씩 퍼져 나간다. 표면은 밋밋하다가 약간 결절상이 되며, 건조할 때는 단단해진다. 처음 백색에서 크림색이 되었다가 황토색이 된다. 가장자리는 예리하게 경계가 있다가 없어진다. 오랫동안 유연하다. 포자는 크기 4.5~5.5×3~3.5㎛, 광타원형, 표면은 매끈하고 투명하며 포자벽은 얇다. 담자기는 곤봉형에서 배불뚝형으로 22~25×5~6㎛, 대부분이 2-포자성이지만 4-포자성도 있다.

생태 연중 / 활엽수의 죽은나무와 침엽수의 고목에 배착하여 발생한다.

분포 한국, 유럽, 북미, 아시아

주름균강 》 부후고약버섯목 》 부후고약버섯과 》 부후고약버섯속

부후고약버섯

Athelia epiphylla Pers.

형태 자실체는 전면적으로 배착생이며 두께 0.1㎜ 정도이며 기질에 매우 얇게 피복되고, 기질로부터 쉽게 떼어 낼 수 있다. 막질의 조각들은 수 센티미터 정도까지 퍼져 나간다. 표면은 밋밋하고 백색-크림색이며 유연하고 갈라진다. 가장자리는 얇게 퍼져 나간 부분이 분명한 경계를 이룬다. 포자는 크기 (5)6~8×2.5~3.5㎛, 타원형이면서 한쪽 끝이 뭉툭하며, 표면은 매끈하고 투명하다.

생태 일년생 / 죽은 나무의 가지나 잎, 침엽수 등 죽은 식물의 잔류물에 난다. 드문 종.

분포 한국, 유럽, 북미

큰부후고약버섯

Athelia neuhoffii (Bres.) Donk

형태 자실체는 전체가 배착생이고 기질에 다소 얇고 느슨하게 붙어 있다. 막질의 자실층 표면은 수 센티미터까지 퍼져 나가며 유연하다. 표면은 밋밋하다가 얕은 굴곡이 많이 생겨 요철면을 이룬다. 건조할 때는 갈라지기도 한다. 자실체의 색은 백색-크림색이다. 가장자리는 기질과 분명한 경계를 이루거나 꽃술처럼 퍼진다. 포자는 크기 6~7.5×5~5.5㎛이며 아구형-광타원형이다. 표면은 매끈하고 투명하며 기름방울을 함유하기도 한다.
생태 봄~가을 / 활엽수나 침엽수의 죽은 나무에 난다. 유럽에는 널리 퍼져 있는 종이다.
분포 한국, 유럽, 북미

노랑좀부후고약버섯

Athelopsis glaucina (Bourdot & Galzin) Oberw. ex Parmasto

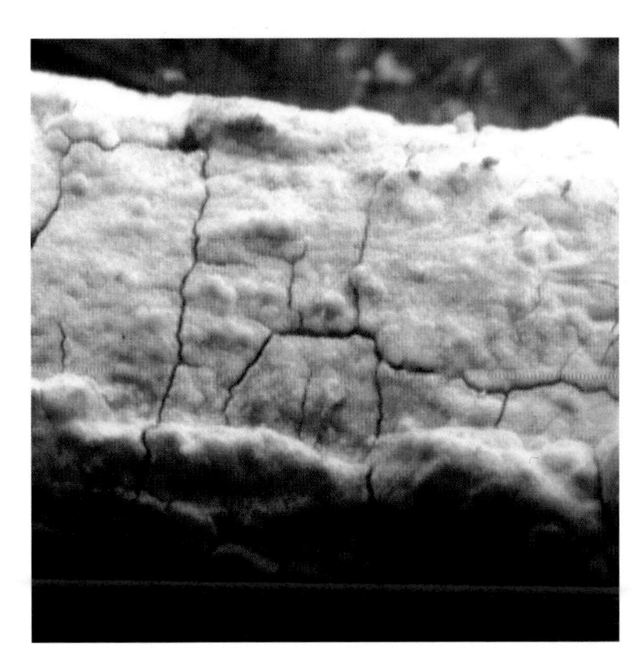

형태 자실체는 배착생으로 얇고 박막이며 노란색이다. 균사 조직은 1균사형으로 일반균사로만 되어 있다. 균사에 꺽쇠가 있고 모든 격막의 폭은 2~3㎛이며 투명하다. 낭상체는 없다. 담자포자는 크기 9~10×2~2.5㎛, 원통형이며 표면은 매끈하고 투명하며 벽이 얇다. 담자기는 곤봉형, 약간 꽃자루 모양이며 15~20×5~6㎛, 4-포자성이다. 기부에 꺽쇠가 있다.

생태 연중 / 고목의 표면에 배착 발생한다.

분포 한국, 유럽

찢긴좀부후고약버섯

Athelopsis lacerata (Litsch.) J. Erikss. & Ryvarden
Amylocorticium laceratum (Litsch.) Hjortstam & Ryvarden

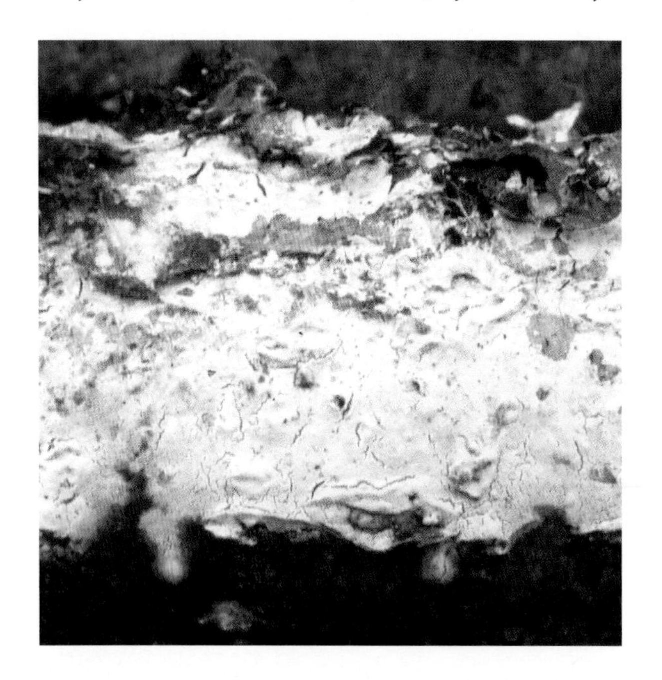

형태 자실체는 완전 배착생으로 기질에 느슨하게 부착한다. 자실체는 얇고, 막질의 막편이 수 센티미터로 퍼져 나간다. 표면은 처음에는 밋밋하다가 약간 그물꼴 모양이 되며 고르지 않다. 처음 크림색, 건조할 때는 미세한 균열이 생긴다. 가장자리는 아치형이며 막질의 섬유상이 연속되고, 부들부들하다. 포자는 크기 (4.5)5~6.5×2~3㎛로 타원형 또는 약간 아몬드형이며 표면이 매끈하고 투명하다. 담자기는 곤봉형, 어떤 것들은 주로 중앙이 응축한다. 4-포자성이고, 기부에 꺽쇠가 있다.
생태 봄~가을 / 구과 나무의 등걸, 땅에 넘어진 가지의 등걸에 배착 발생한다.
분포 한국, 유럽

주름균강 》 부후고약버섯목 》 부후고약버섯과 》 북방꺽쇠고약버섯속

북방꺽쇠고약버섯

Leptosporomyces septentrionalis (Erikss) Krieglst.
Fibulomyces septentrionalis (Erikss.) Jül.

형태 자실체는 배착생으로 기질에 얇게 퍼지며, 쉽게 떨어진다. 막편으로 크기가 수 센티미터에서 수십 센티미터에 달한다. 표면은 신선할 때 백색, 나중에 황토색이 되며, 분홍색을 띠기도 한다. 표면은 밋밋하거나 약간 결절 모양, 쭈글쭈글해 보이는 것도 있다. 표면은 건조할 때 갈라지고, 가장자리는 다소 섬유실이 퍼져 있는 모양이며 흔히 균사속이 기질에 퍼져 있다. 포자는 크기 5~6×1.5~2㎛, 좁은 타원형, 어떤 것은 한쪽이 편평하다. 표면은 매끈하고 투명하다. 균사의 연결 꺽쇠가 매우 큰 편이다.
생태 연중 / 침엽수 또는 활엽수의 아주 오래 썩은 나무에 배착 발생한다.
분포 한국, 유럽

주름균강 》 부후고약버섯목 》 부후고약버섯과 》 탈모껍질버섯속

삼베탈모껍질버섯

Piloderma byssinum (P. Karst.) Jül.

형태 자실체 전체가 배착생이며, 매우 얇고 느슨하게 기질에 부착한다. 자실체는 막질을 띠는 막편이 수 센티미터까지 퍼진다. 표면은 밋밋하고 백색이다. 가장자리는 불규칙하게 긴 섬유상의 균사가 퍼져 나가면서 균사속을 이룬다. 균사속은 기질의 표면에 백색으로 길고 넓게 퍼지기도 하고 때로는 빈약하게 발달하기도 한다. 유연하며 면사상이다. 포자는 크기 3~4.5(5)×2.5~3.5㎛, 광타원형, 표면은 매끈하고 투명하며 1개의 기름방울을 함유한다.
생태 여름~가을 / 침엽수나 활엽수의 썩은 둥치나 지상의 썩은 나무에 난다. 드문 종.
분포 한국, 유럽

목이

Auricularia auricula-judae (Bull.) Quél.
A. auricula (Hook.) Underw.

형태 자실체는 지름 3~12㎝이며, 종 또는 귀 모양으로 아교질이며 맥상의 주름이 있다. 검은 표면에 기주에 붙는다. 표면은 적갈색이고 밀모가 있으며 건조하면 적황색-남흑색이 된다. 가장자리는 밋밋하고, 예리하다. 하면의 자실층은 맥상이고 주름지며 표면보다 색이 연하다. 자루는 없다. 포자는 크기 11~17×4~7㎛로 콩팥형 또는 원통형, 표면은 매끈하고 투명하며 기름방울을 함유한다. 담자기는 80×7.5㎛에 이르고 원통형이다. 가로막에 의하여 4개 방으로 갈라지며, 각 방에서 가늘고 긴 자루(소경자)가 나와 그 끝에 포자가 붙는다. 기부에 꺽쇠는 없다. 낭상체는 없다.

생태 여름~가을 / 활엽수의 고목에 군생. 인공 재배도 하며, 식용한다.

분포 한국, 일본, 중국 등 전 세계

주름균강 》 목이목 》 목이과 》 목이속

뿔목이

Auricularia cornea Ehrenb.

형태 자실체는 아교질로 신선할 때는 자실체 전체가 투명하다. 균모의 크기는 다양하나 두께는 0.8~1.2㎜로 술잔 또는 귀 모양, 아래 표면에 가는 맥상의 주름이 있다. 자루는 없거나 아주 짧다. 색깔은 신선한 황갈색 또는 갈색, 때로는 황색, 갈색, 암녹색, 갈색 등 다양하다. 표면에 미세한 털이 있으며 털의 길이 180~220㎛, 지름 5~7㎛. 자실층은 광택이 나고 밋밋하다. 포자는 크기 13~16×5~6㎛로 콩팥형이다. 담자기는 곤봉상이고 45~55×4~5㎛, 가로막에 의하여 4개의 방으로 구분되며 각 방에서 구부러진 긴 자루(소경자)가 나와 그 끝에 포자를 만든다.
생태 여름~가을 / 고목에 다수가 층층히 군집하여 발생한다. 드물게 단생하기도 한다.
분포 한국, 중국 등 전 세계

흑목이

Auricularia nigricans (Sw.) Birkebak, Looney & Sanchez-Gracia
Auricularia polytricha (Mont.) Sacc., Hirneola polytrica (Mont.) Fr.

형태 자실체는 귀, 조개껍질, 접시 모양 등으로 다양하며 지름 3~6㎝, 높이 2㎝, 두께 2~5㎜로 젤리질이다. 습기가 있을 때는 유연하나 건조하면 질기다. 가장자리는 흔히 심한 물결 모양이 된다. 표면은 회백색-회갈색의 가는 털이 밀생하고, 아랫면은 매끄러우며 갈색-흑갈색 또는 자갈색 등이다. 건조할 때도 자실체 크기는 큰 변화가 없다. 옆의 자실체끼리는 유착되기도 한다. 포자는 크기 10.5~20.5×5~9.5㎛, 콩팥형-소시지형이다.
생태 봄~가을 / 활엽수의 고목 또는 말라죽은 가지에 단생 또는 군생한다.
분포 한국, 일본, 중국, 호주, 남북미 등 전 세계

주름균강 》 목이목 》 목이과 》 목이속

주름목이

Auricularia mesenterica (Dicks.) Pers.

형태 자실체는 배착생 또는 반배착생이다. 성장 후 가장자리가 뒤집혀서 불규칙한 반원형이 된다. 두께는 2~5㎜로 넓이는 수~수십 센티미터까지 퍼진다. 균모는 1~3㎝, 표면에 거친 털과 많은 동심원상 무늬와 줄무늬 홈선이 있다. 연한 회색과 올리브 갈색이 교차되어 테 무늬를 만든다. 가장자리는 물결 모양으로 굴곡된다. 밑면이나 배착생 부분은 그물 또는 앱맥 모양의 많은 주름이 있고 자갈색-적자색이다. 때로는 포자가 낙하하여 표면에 하얗게 덮이기도 한다. 건조하면 흑색의 질긴 가죽질이 된다. 포자는 크기 15~17.5×6~7㎛, 타원형-소시지형이며 표면이 매끈하고 투명하며 기름방울이 있다.

생태 봄~가을 / 활엽수의 고목에 활물 기생하거나 죽은 나무에 사물 기생을 한다.

분포 한국, 일본, 중국, 시베리아, 유럽, 북미, 호주

주름균강 》 목이목 》 목이과 》 큰구멍버섯속

가지큰구멍버섯

Elmerina cladophora (Berk.) Bres.

형태 자실체는 가죽질 또는 목질, 균모는 지름 3~5㎝, 두께 0.5~1.5㎝로 편평형, 반원형, 부채형이나 불규칙한 것도 있다. 표면은 백색 또는 백황색이고 양모 같은 털이 있으며 동심원상의 테가 있고, 대부분은 밋밋하나 거칠고 딱딱한 털이 돌출하는 것도 있다. 살은 상아색이다. 구멍은 각진형 또는 불규칙형으로 상아색이며 약 1~3개/㎜가 있다. 자루는 없다. 포자는 크기 8~11×5~6㎛로 타원형 또는 광타원형, 무색이며 표면은 매끈하다. 담자기는 곤봉상, 4-포자성이다. 포자문은 백색이다.

생태 일년생 / 나무의 가지 또는 고목에 배착하여 발생한다.

분포 한국, 중국 (대만)

미로큰구멍버섯

Elmerina hispida (Imazeki) Y.C. Dai & L.W. Zhou
Protodaedalea hispida Imaz.

형태 자실체는 지름 3~15㎝이고 부착점의 자실체 두께는 1~7㎝ 정도로 기물에 균모의 측면이 직접 붙는다. 모양은 반원형이며 분지된 털이 덮여 있다. 하면에 자실층탁이 발달해 있는데 방사상-미로상의 주름살을 이룬다. 주름살은 두께 0.5~1㎜이다. 살은 젤라틴질을 포함한 육질인데 다소 무르다. 건조하면 현저히 수축되어 원형을 잃으며, 암갈색이 된다. 포자는 크기 10~12×4~7㎛로 난형, 표면은 매끈하고 투명하다.
생태 여름~가을 / 참나무류 등 활엽수의 썩은 고목에 난다. 드문 종.
분포 한국, 일본

좀목이

Exidia glandulosa (Bull.) Fr.
E. truncata Fr.

형태 자실체는 처음에 작은 방울 또는 반구 모양으로 발생하여 군생하지만 점차 연결되어 지름 10~30㎝까지 죽은 나무 표면에 편평하게 퍼진다. 두께 0.5~1.5㎝로 젤리질이며 색깔은 회갈색, 흑갈색, 흑색 등이다. 표면에 많은 주름이 생겨서 뇌의 겉면과 같이 울퉁불퉁해진다. 건조하면 자실체는 종이처럼 1㎜ 정도로 얇게 기질에 붙고 단단해진다. 표면에는 미세한 알갱이 모양으로 돌기가 있다. 포자는 크기 12~14×4.5~5㎛, 원주형으로 표면은 매끈하고 투명하며 어떤 것은 기름방울을 함유한다.

생태 봄~가을 / 활엽수의 말라죽은 가지나 그루터기에 군생한다. 흔한 종.

분포 한국, 일본 등 전 세계

좀목이(그루터기형)

E. truncata Fr.

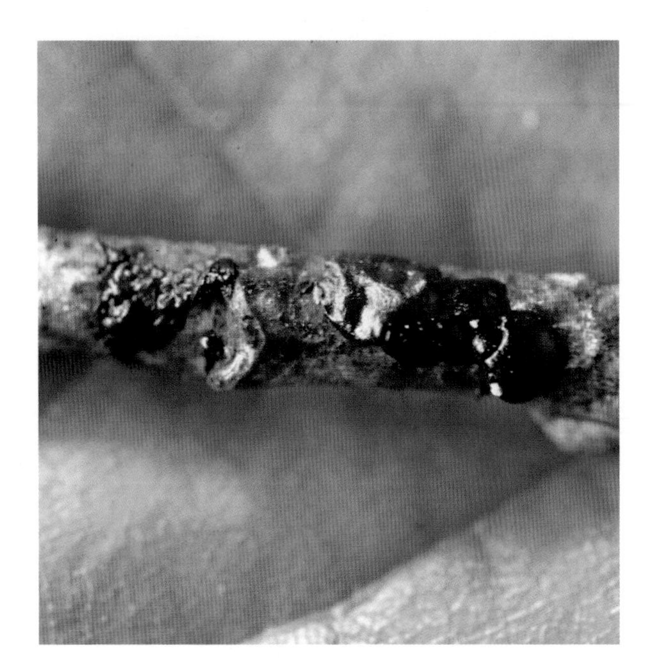

형태 자실체는 떨어진 죽은 나뭇가지에 붙어 있을 때는 팽이 모양 또는 편평한 모양, 원반 모양이며 다소 긴 자루가 있다. 그러나 서 있는 나무에 붙을 때는 선반 모양이며 보통 자루가 없다. 색깔은 흑갈색 또는 흑색이다. 오래된 것은 불규칙하게 파상이 되어 목이버섯 모양이 된다. 크기는 1~6㎝, 윗면은 밋밋하거나 작은 요철 홈으로 불규칙한 주름이 잡혀 있고, 알갱이 모양의 사마귀가 붙기도 한다. 뒷면은 뭉툭한 가시 모양 돌기가 많다. 살은 젤리질이며 연하지만 질기다. 건조하면 자실체가 검은 조각처럼 기질에 붙는다. 포자는 크기 14~19×4.5~5.5㎛, 원주형이며 표면은 매끈하고 투명하며 잔 알갱이가 들어 있는 것도 있다.

생태 봄~가을 / 각종 활엽수의 죽은 가지나 죽은 나무에 나며 특히 우기에 쉽게 볼 수 있다.

분포 한국, 일본, 시베리아, 유럽, 북미

일본좀목이

Exidia japonica Yasuda
Tremellochaete japonica (Lloyd) Raitv.

형태 자실체는 편평하고 불규칙한 물결 모양이며, 암색에서 거의 흑색이 된다. 습기가 있을 때는 두께 2~3㎜, 건조할 때는 두께 1㎜ 이하의 얇은 주름진 박막이 된다. 살은 무색으로 암색의 균사가 근소하게 혼재하며, 균사가 밀집하면 얇은 표층을 만든다. 표면에 돌출한 균사의 결속은 사마귀 반점처럼 보인다. 이는 습기가 있을 때는 흑색, 건조할 때는 백색이 되고, 담자기는 7~8×8~10㎛, 세로로 4개의 방을 만들며 암색의 표층에 매몰된다. 포자는 관찰이 안 된다.

생태 봄~여름 / 죽은 나무 껍질에 불규칙하게 발생한다.

분포 한국, 일본

흑좀목이

Exidia nigricans (With.) P. Roberts
Exidia pithya (Alb. & Schwein.) Fr.

형태 자실체는 신선하고 습기가 있을 때는 단단하게 기질에 압착하여 부착한다. 어린 자실체는 매듭 같다가 때때로 서로 유착하며 불규칙하게 30㎜ 또는 그 이상 두께 2~5㎜ 정도로 퍼진다. 자실층의 윗면은 밋밋하며 결절상에 울퉁불퉁하고, 약간 줄무늬를 형성한다. 작은 알갱이 사마귀 점들이 드물게 있으며, 검은색에서 청흑색, 때때로 밝은 가루가 있다. 희미하게 약한 광택이 난다. 살은 끈적임이 있으며 질기고 단단하다. 가장자리는 흔히 물결형이며 갈라져 있다.
생태 봄~가을 / 썩은 나무의 표면에 발생한다.
분포 한국, 유럽

분홍좀목이

Exidia recisa (Ditmar) Fr.

형태 자실체는 작은 덩어리나 반구형이다가 점차 목이버섯과 비슷한 귀 모양 또는 찻잔 모양이 된다. 1개씩 개별적으로 발생하며 서로 융합하지 않는다. 지름 0.5~3㎝, 높이 0.5~2㎝ 정도. 자실체는 젤리질이며 황갈색-암갈색, 윗면에 주름이 잡힌 평면 또는 오목한 모양이다. 밑면은 윗면과 거의 같은 색이나 진한 색도 있다. 작은 주름 모양의 요철이 덮여 있다. 어릴 때는 좀목이와 잘 구분되지 않아 주의가 필요하다. 포자는 크기 14~15×3~3.5㎛, 원주형-소시지형이며 표면은 매끈하고 투명하며 기름방울이 들어 있다.

생태 봄~가을 / 죽은 활엽수나 가지위에 난다. 흔한 종

분포 한국, 일본, 유럽, 북미, 중남미

뭉게좀목이

Exidia thuretiana (Lév.) Fr.

형태 자실체는 어릴 때 주름이 잡힌 납작한 덩어리 모양이다가 서로 융합하여 폭 1~5㎝, 길이 10㎝ 정도까지 얇고 넓게 펴진다. 두께는 3~6㎜ 정도. 표면은 많은 주름이 잡혀 있어서 울퉁불퉁하고 백색-유백색 또는 약간 황토색이나 분홍색을 띤다. 표면은 둔하게 밋밋하다. 살은 젤리상이며 다소 질기다. 건조하면 기질 위에 종잇장처럼 막질이 얇게 부착되며 연골질이다. 포자는 크기 13~18×5.5~7㎛, 원주형으로 표면은 매끈하고 투명하며 간혹 알갱이를 가진 것도 있다.

생태 여름~가을 / 활엽수의 죽은 가지에 난다.

분포 한국, 유럽, 아프리카

아교좀목이

Exidia uvapassa Lloyd

형태 자실체는 처음에는 방울 모양으로 기질에서 돌출하지만, 좀목이와 달리 서로 융합되지 않고 하나씩 확대되면서 커진다. 성숙한 자실체의 모양은 공, 둥근 방석, 팽이, 귀, 얇은 원반 모양 등 매우 다양하다. 살은 젤리질이고 황갈색, 회갈색, 갈색, 암갈색, 적갈색 등 색이 다양하다. 표면은 흔히 쭈글쭈글하게 주름지고, 때로는 미세한 사마귀가 덮인다. 습기가 있을 때는 지름 5㎝, 높이 2㎝ 정도까지 커지기도 하지만 건조할 때는 수축되어 연골질의 납작한 흑갈색 덩어리 모양이 되기도 한다. 포자는 크기 7.5~22.5×3~7㎛, 콩팥형-소시지형이며, 표면은 매끈하고 투명하다.

생태 봄~가을 / 각종 활엽수의 죽은 가지나 죽은 나무에 군생하며 장마철에 주로 난다.

분포 한국, 일본, 유럽

왁스좀목이아재비

Exidiopsis calcea (Pers.) K. Wells

형태 자실체는 기질에 단단히 부착하며, 습기가 있을 때는 막질에 다소 왁스처럼 코팅되어 수~수십 센티미터로 퍼진다. 표면은 밋밋하고 가루상이며 회백색이다. 때때로 회갈색을 띤다. 건조할 때는 굳어진다. 오래된 것은 회색에 반숙된 달걀 모양을 닮았다. 기질면과 분명한 경계가 있고 때로 가장자리로 얇아진다. 끈적임은 없고 건조할 때는 부서지기 쉽다. 포자는 크기 12~18×5~8.5μm, 타원형에서 원통형, 다소 아몬드형이다. 표면은 매끈하고 투명하며, 때때로 알갱이를 함유하고, 기름방울을 함유하기도 한다. 담자기는 난형 혹은 서양배 모양이며, 세로로 격막이 있다. 크기는 12~17×10~15μm, 4-포자성이지만 드물게 2-포자성도 있다.

생태 봄~여름 / 죽은 나무, 껍질이 없는 나무. 침엽수, 활엽수의 나무에 발생한다.

분포 한국, 유럽

분홍고약버섯

Corticium roseum Pers.
Laeticorticium roseum (Pers.) Donk

형태 자실체 전체가 배착생이며 어릴 때는 기질에 단단히 붙어 있다. 오래되면 간혹 가장자리가 분리된다. 초기에는 둥근 점 모양으로 발생하며, 이후 서로 합쳐져 수 센티미터까지 퍼진다. 두께는 0.3~1㎜, 표면은 고르지 않고, 결절 모양이거나 방사상으로 주름이 잡혀 있다. 둔하고 밝은 분홍색-연한 분홍색, 손톱으로 누르면 암자색이 된다. 가장자리는 불규칙하고 뚜렷한 경계를 이루거나 약한 꽃술 모양이 된다. 살은 막질, 밀납질 또는 질긴 코르크질이다. 포자는 크기 10.5~12×6.5~8㎛, 난형-광타원형이며, 표면은 매끈하고 투명하다.

생태 연중 / 버드나무, 포플러류, 자작나무, 물푸레나무 등 살아 있는 활엽수의 죽은 가지, 죽은 나무의 수간 등에 난다.

분포 한국, 일본

칠고약버섯

Corticium roseocarneum (Schw.) Hjorst.
Laeticorticium roseocarneum (Schw.) Boidin

형태 자실체는 반배착생이며 얇고, 죽은 가지의 하면에 배착한다. 위쪽 가장자리는 다소 유리되어 좁은 폭의 선반 모양으로 균모를 만든다. 유연한 가죽질인데 두께는 0.5~1(1.5)㎜ 정도이다. 균모의 표면은 회백색, 짧은 털이 있다. 자실층의 표면은 밋밋하며, 처음에는 담홍자색-보라색이다가 나중에 회갈색이 된다. 주위에 있는 자실층끼리 서로 유착되기도 하며 수 센티미터까지 퍼진다. 포자는 크기 6~9×4~5㎛, 타원형, 표면은 매끈하고 투명하다. 난아미로이드 반응을 보인다.

생태 연중 / 활엽수의 죽은 가지에 난다. 백색부후균.

분포 한국, 일본, 유럽, 북미, 남미

주름균강 》 고약버섯목 》 고약버섯과 》 둥근고약버섯속

둥근고약버섯

Cytidia salicina (Fr.) Burt

형태 자실체는 어릴 때 납작하다가 약간 편평해지고 이후 컵 모양이 된다. 불규칙하게 둥근형에서 장방형이 되며 크기는 5~10㎜, 반점 같은 것들이 옆에 부착한다. 나중에 줄을 지어 유착하여 띠를 형성하며 길이가 수 센티미터다. 습할 시 표면은 밋밋하고 가루상, 둔한 약간 배불뚝상-결절상이다. 밝은 오렌지색에서 와인-적색이 된다. 두께는 0.5~0.8㎜, 유연하고 끈적임이 있으며 질기다. 건조 시 표면은 둔한 와인 적색이다. 가장자리는 안으로 말리고, 주름지고, 껍질은 각질로 단단하다. 포자는 크기 12.5~17.5×4~5㎛, 원통형 또는 약간 아몬드형이며 표면은 매끈하고 투명하며 작은 기름방울을 많이 함유한다. 담자기는 가는 곤봉형, 80~100×7~9㎛로 4-포자성, 기부에 꺽쇠가 있다.
생태 연중 / 죽은 나무의 껍질에 단단히 부착하여 배착 발생한다.
분포 한국, 북미, 아시아

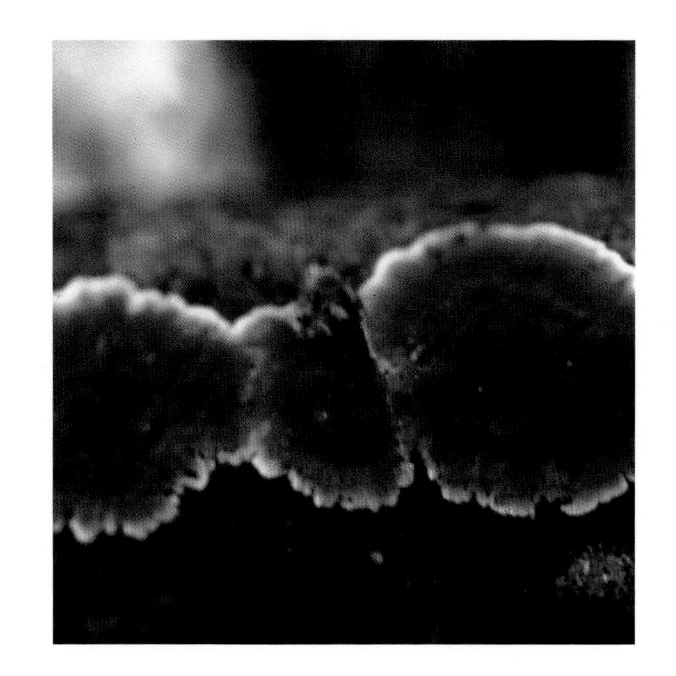

주름균강 》 고약버섯목 》 고약버섯과 》 주름고약버섯속

털가는주름고약버섯

Punctularia strigosozonata (Schw.) Talbot
Phlebia strigosozonata (Schwein.) Lloyd

형태 자실체는 자루가 없이 기물에 직접 붙거나 반배착생이다. 가장자리가 반전하여 균모를 만든다. 반원형-선반(띠) 모양이고 좌우 3~5㎝, 전후 2~2.5㎝, 표면은 담회갈색-적갈색이다. 분명한 테 모양의 골과 무늬가 있고 짧은 털이 밀포되어 있다. 살은 밀납질, 건조하면 연골질이 되며 갈색이다. 자실층면은 불규칙한 주름이 심하고 얕은 주름 구멍을 형성하며 아교질의 버섯형이다. 색깔은 암갈색-흑갈색이다. 포자는 크기 5~5.5×3~4㎛, 타원형, 표면은 매끈하고 투명하다.
생태 연중 / 죽은 활엽수의 줄기 또는 가지에 난다.
분포 한국, 일본, 대만, 시베리아, 동남아시아, 호주, 북미

분홍변색고약버섯

Erythricium laetum (P. Karst.) Erikss. & Hjortst.

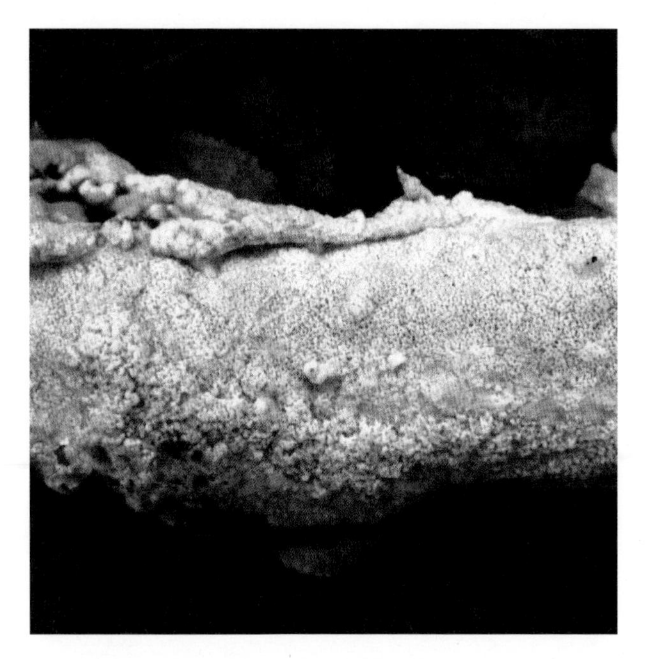

형태 자실체는 배착생으로 퍼져 나가며, 느슨하게 기질에 부착한다. 얇은 막질이 있고 자실층탁은 밋밋하다. 분명한 적색이며 건조 시 퇴색한다. 가장자리는 백색이며 섬유상이다. 균사 조직은 1균사형, 균사는 간단한 격막이 있으며, 벽이 얇고, 폭은 2~3㎛, 짧은 세포이다. 분생자형성 균사층 균사는 약간 두꺼운 벽, 폭 4~10㎛, 낭상체는 없다. 담자포자는 11~15×6~7.5㎛, 타원형에서 난형, 분명한 돌출이 있으며 벽이 두껍다. 담자기는 곤봉상, 물결형이며, 응축되며, 4-포자성으로 크기는 30~50×8~12㎛다.
생태 연중 / 고목 등에 배착 발생한다.
분포 한국, 유럽

새재고약버섯

Vuilleminia comedens (Nees) Maire

형태 자실체 전체가 배착생. 활엽수의 죽은 나뭇가지나 떨어진 가지의 껍질이 벗겨진 표면에 흔히 수~수십 센티미터 크기로 넓게 퍼진다. 표면은 다소 밋밋하고, 습할 때는 둔한 색이거나 광택이 있거나 기름칠한 것처럼 보이기도 한다. 백색 또는 연한 갈색을 띠는 백색-회백색이다. 손으로 만지면 표면에 매끄러운 느낌이 든다. 건조하면 자실체가 줄어들어 쪼개지기도 한다. 포자는 크기 15~19×5.5~6㎛, 타원형, 약간 굽어 있다. 표면은 매끈하고 투명하다.

생태 연중 / 참나무류, 오리나무류, 개암나무류, 벚나무류 등 서 있는 나무의 죽은 나뭇가지나 떨어진 가지의 벗겨진 표면에 난다. 이 버섯균이 침투한 나무들의 나무껍질은 재목에서 떨어지며, 말리는 특징이 있다.

분포 한국, 유럽

전나무조개버섯

Gloeophyllum abietinum (Bull.) P. Karst.

형태 자실체는 반배착생 또는 배착생. 균모는 반원형, 부채꼴, 팽이 또는 선반 모양으로 길게 연결되거나 층상으로 중첩하는 등 매우 다양한 형태다. 주로 기물의 아래쪽에 난다. 개별 균모의 크기는 2~5(8)㎝ 정도. 표면에 털이 있다가 없어진다. 다소 동심원상인 파상이 되며 대체로 테 무늬가 없지만 때로 나타나기도 한다. 담배갈색-적갈색, 암갈색이고 어릴 때는 가장자리가 황갈색을 띤다. 살은 얇고 질기며, 가죽질이다. 하면은 주름살 모양인데 때로는 엽맥상으로 분지되고 황토갈색-회갈색. 주름살 사이의 간격은 1㎜에 정도로 조개버섯보다 다소 넓다. 포자는 크기 10~13×3~4㎛, 원주형-소시지형. 표면은 매끈하고 투명하다.

생태 연중 / 침엽수의 죽은 나무, 특히 가문비나무, 전나무, 삼나무 등의 쓰러진 나무, 절 단부위, 말목, 문기둥, 목재로 된 다리, 야외용 의자 등 갈라진 부분에 중첩해서 난다. 갈색부후균(흑색부후)를 일으킨다. 흔한 종.

분포 한국, 일본, 북반구 온대 이북

향기조개버섯

Gloeophyllum odoratum (Wulfen) Imazeki

형태 균모는 반원형, 둥근 산 모양, 약간 말발굽형, 기질에 붙는 것은 위로 들리며 가로 5~12㎝ 이상, 두께 5㎝에 달한다. 표면은 황갈색이다가 흑갈색이 된다. 가루 털도 있다가 없어진다. 균모는 자라서 아래가 두껍게 되지만 주변의 생장층은 등쪽으로 펴진다. 가장자리는 두껍고, 폭이 넓은 황갈색 신생층으로 덮이며, 오래되면 흑갈색이 되지만 신생부가 형성된다. 사마귀 모양, 연결된 부정형의 낮은 융기부가 요철을 만든다. 살은 코르크질, 질은 갈색-계피갈색, 불명료한 환문이 있다. 균모의 하면은 황갈색에서 암갈색이 되며, 관공은 깊이 0.5~1.5㎝, 구멍은 원형-부정형, 1~2개/㎜. 관공부를 절단하면 두꺼운 구멍벽 내면의 흰 자실층이 교차하여 나란히 배열되어 있다. 관공부는 균모 주변부에는 없다. 포자는 8~12×3~5㎛, 원통형, 무색.

생태 다년생 / 침엽수의 심재부후균, 쓰러진 나무나 갱도의 나무 등에 중첩 발생한다. 갈색 부후를 일으킨다.

분포 한국, 일본, 북유럽, 북미(서부)

테무늬조개버섯

Gloeophyllum protractum (Fr.) Imazeki

형태 자실체는 자루가 없으며 때로 단면이 삼각형이다. 줄무늬 홈선이 있고 황토색이나 갈색, 거칠고 질기며 테가 있다. 구멍은 둥글고 각졌으며, 방사상이거나 물결형, 1~2개/㎜, 보통 폭이 넓다. 살은 질기고 코르크질, 암갈색에서 갈색, 두께 2~5㎜. 관공의 관층은 가루상, 두께 5~10㎜. 균사 조직은 2-3균사형, 일반균사는 투명하고 꺽쇠가 있으며 기름방울을 함유한다. 폭은 2.5~3.5㎛. 골격균사는 격막이 없고, 적갈색, 폭 3.5-5㎛. 드물게 분지한다. 결합균사는 매우 드물고, 노란색, 폭 1.5~3㎛, 분지하며, 융합하고 휘어진다. 낭상체는 27~35×5~6㎛. 담자포자는 8~10.5×3~4㎛, 원주형. 표면이 매끈하고 투명하다. 담자기는 18~38×6.5~7.5㎛로 투명하고 곤봉상, 기부에 꺽쇠가 있다.

생태 연중 / 단생 또는 서로 엉켜서 나무에 발생한다.

분포 한국, 유럽

조개버섯

Gloeophyllum sepiarium (Wulf.) P. Karst.
G. ungulatum (Lloyd) Imaz.

형태 자실체의 균모는 반원-선반 모양, 폭 2~5(8)㎝, 두께 0.3~1㎝. 표면은 황갈색-적갈색. 오래된 부분은 회갈색~흑갈색이 되며 어릴 때는 가장자리가 황백색이다. 전면에 짧고 거친 털이 있고 테무늬가 나타난다. 균모의 살은 1~2㎜, 가죽질, 담배색. 하면은 주름살 모양이며 주름살은 분지 유착하기도 하며, 홈을 만들기도 한다. 때로 방사상으로 긴 홈선을 만들기도 한다. 황토갈색-회갈색 또는 적갈색을 띠며 다소 분상이다. 주름살의 폭은 2~5(8)㎜로 다소 좁다. 포자는 크기 8.5~11.5×3.5~4.5㎛, 원주형-약간 소시지형, 표면은 매끈하고 투명하다. 낭상체는 투명하다.

생태 연중, 일년생 / 침엽수류의 그루터기 절단면, 야외의 건축자재나 의자, 통나무 등에 발생한다. 건조할 때 갈라진 부분에 침입하여 햇빛을 받는 쪽에 난다. 갈색부후균. 흔한 종.

분포 한국, 중국, 북반구 온대 이북

조개버섯(말굽형)

Gloeophyllum ungulatum (Lloyd) Imazeki

형태 균모는 말발굽형, 폭 2~4㎝, 두께 1~3㎝. 표면은 처음에는 담황갈색, 후에 회백색이며 털이 없고, 생장 과정을 표시하는 둥근 테가 있다. 가장자리는 둔하고 살은 황갈색, 코르크질이다. 하면의 관공은 길이 1~1.5㎝, 내면은 회백색, 구멍은 다각형 또는 헌 미로상으로 크기는 지름 1㎜ 내외. 구멍의 가장자리는 약간 치아상이다. 포자는 확인되지 않는다.
생태 연중 / 침엽수림에 많이 난다. 갈색부후균. 약간 드문 종.
분포 한국, 일본

작은조개버섯

Gloeophyllum trabeum (Pers.) Murrill

형태 자실체는 보통 일년생. 측생 또는 반배착생이다. 균모는 반원형이나 선반(띠) 모양이며 반원형은 폭 3~5㎝, 선반(띠) 모양은 가로 10㎝에 달한다. 유연한 가죽질이고 표면은 황다색 내지 암갈색이다. 가장자리는 연한 회갈색이다. 거의 털이 없고 불규칙한 주름 또는 요철과 불분명한 테 무늬가 있다. 살은 두께 1~4㎜, 균모와 같은 색. 하면의 자실층은 관공 또는 주름살 모양 또는 미로상이다. 구멍 또는 주름살 간의 폭이 좁고 2~4개/㎜. 관공의 깊이는 2~4㎜ 정도. 포자는 크기 7~8.5×3~4.5㎛, 원통형, 표면이 매끈하고 투명하다.
생태 연중, 일년생 / 야외에 설치한 건축자재나 통나무, 의자 등에 발생한다. 침엽수림에 많이 난다. 갈색부후균.
분포 한국 등연중, 일년생 / 야외에 설치한 건축자재나 통나무, 의자 등에 발생한다. 침엽수림에 많이 난다. 갈색부후균. 전 세계

헛털버섯

Veluticeps ambigua (Peck) Hjortst. & Telleria
Columnocystis ambigua (Peck) Pouz.

형태 자실체는 배착생이며 약간 직립. 표면이 얕은 버섯처럼 된다. 자실체는 기질에 강하게 압착되며 가장자리는 위로 약간 들린다. 크기는 60~80×80~100㎜로 단단하고 부서지기 쉽다. 두께는 0.2~3㎜이다. 표면에 미세한 털이 있고, 검은 황토색이다가 황갈색-적갈색이 된다. 포자는 크기 12~14.5×3.8~4.2㎛, 원주형-타원형, 표면이 매끈하고 투명하며 노란색이다. 담자기는 원주형-곤봉형, 50~60×4~5㎛, 4-포자성. 낭상체는 100~260×7~12㎛, 끝이 둥글고 갈색이다.

생태 연중, 다년생 / 썩은 고목 위에 배착 발생한다. 드문 종.

분포 한국, 중국, 유럽, 북미, 아시아

톱니겨우살이버섯

Coltricia cinnamomea (Jacq.) Murr.
Microporus cinnamomeus (Jacq.) Kuntze

형태 균모는 지름 1~4㎝, 두께 1.5~3㎜로 원형이다가 편평해지지만 중앙은 오목하다. 표면은 녹슨 갈색, 방사상의 섬유 무늬를 나타낸다. 비단 광택이 나며 동심원상으로 고리 모양이 있다. 살은 얇고 부서지기 쉬운 가죽질, 갈색. 균모 하면의 관은 황갈색-암갈색, 깊이 1~2㎜. 구멍은 크고 각진형, 1~3개/㎜. 자루는 높이 2~4㎝, 굵기 2~5㎜, 암갈색, 원주상. 하부가 부풀며 표면은 비로드 모양이다. 포자는 크기 6~7×5~5.5㎛로 광타원형, 표면이 매끄럽고 투명하다. 난아미로이드 반응을 보인다.
생태 연중 / 숲속의 길가에 군생한다.
분포 한국, 중국 등 전 세계

좀계단겨우살이버섯

Coltricia montagnei (Fr.) Murr.

형태 균모는 지름 2~10(17)㎝, 두께 2~7(20)㎜, 노란빛의 붉은색, 밝은 녹슨 갈색 또는 검다. 처음 연한 비단결 또는 섬유상이다가 오래되면 때로 매끈해진다. 구멍의 표면은 백색이나 담갈색 또는 암갈색. 구멍은 각형 또는 미로형, 지름은 0.5~2.0㎜. 자루는 길이 2~5㎝, 굵기 3~15㎜, 털상이며 갈색이다. 포자는 크기 8~12×4.5~6㎛, 긴 타원형이다.

생태 여름~가을 / 숲속의 땅, 때때로 땅에 묻힌 침엽수의 나무에 난다.

분포 한국, 북미

계단겨우살이버섯

Coltricia monagnei var. **greenei** (Berk.) Imaz.& Kobayasi
Polyporus greenei Lloyd

형태 균모는 지름 4~10㎝, 중앙부 두께는 2㎝ 정도. 원추형-약간 편평한 형이다. 표면은 녹슨 갈색-밤갈색, 통상 비로드상 털이 덮여 있으나 간혹 없는 것도 있다. 완만한 기복 요철이 있고 평탄하지 않으며 폭이 넓은 테 무늬가 있다. 살은 황갈색-녹슨 갈색. 하면의 관공 층은 녹슨 갈색-흑갈색, 자루로부터 동심원상으로 계단 모양 턱을 이루며, 가장자리 쪽으로 얇아진다. 계단 사이는 5~10㎜로 1~2㎜의 줄무늬 홈선이 있다. 관공은 불규칙한 모양, 때로 미로상이다. 포자는 크기 7.5~10×4.5~6㎛, 난형-타원형, 표면은 매끈하고 투명하며 연한 황색이다.
생태 연중 / 침엽수와 활엽수림의 나지, 무너진 사면 등에 발생한다. 약간 드물다.
분포 한국, 일본, 중국, 북미

겨우살이버섯

Coltricia perennis (L.) Murr.

형태 균모는 원형, 산 모양인데 중앙이 오목하고 지름 1~6㎝, 두께 1~6㎜이다. 털이 없고 고리 무늬와 가는 유모가 있으며 밤갈색-회갈색이다. 가장자리는 얇고 파상인데 다발로 된 털이 있다. 살은 균모와 같은 색. 관공은 자루에 대하여 바른-내린 관공, 길이 1~4㎜, 회색. 구멍은 크고 다각형, 1~2/㎜개, 갈색-계피색. 벽은 톱니 모양이다. 자루는 길이 2~4㎝, 굵기는 2~6㎜로 원주형, 중심성, 비로드상. 속은 차 있다. 포자는 크기 8~10×4~5㎛, 황갈색의 장타원형이며 갈색, 표면은 매끄럽고 투명하며, 기름방울을 가진 것도 있다. 담자기는 13~25×6~7.5㎛, 곤봉형, 2, 4-포자성. 기부에 꺽쇠는 없다. 낭상체는 관찰되지 않는다.

생태 연중 / 숲속의 땅이나 불탄 땅에 군생한다.

분포 한국, 일본, 중국, 시베리아, 유럽, 북미, 호주

주름균강 》 소나무비늘버섯목 》 소나무비늘버섯과 》 겨우살이버섯속

작은겨우살이버섯

Coltricia pusilla Imazeki et Y. Kobayashi

형태 자실체는 소형. 자루가 있다. 균모는 반원형, 부정원형, 구두주걱형 등 다양하며 옆에 드물게 중심이 가는 자루가 있다. 높이 1㎝ 이상. 균모는 지름 0.5~1㎝, 두께 1~1.5㎜. 표면은 암갈색, 선명하지 않은 환문이 있으며, 거의 털이 없고 밋밋하다. 가장자리는 얇고, 미세한 거치상이다. 살은 특히 얇고, 해면질 또는 혁질, 갈색이다. 자루는 길이 5~7㎜, 굵기 0.5㎜ 내외로 표면은 갈색이며 밋밋하다. 균모 하면의 자실층탁은 관공 모양. 관공은 길이 1㎜ 이하이며, 구멍은 부정원형, 황갈색, 2~3개/㎜. 포자는 크기 7~8.5×4.5~6㎛로 난형-타원형, 표면에 미세한 사마귀가 있고 매끈하지 않으며 담황갈색이다. 멜저액에 반응하지 않는다.
생태 연중 / 썩은 고목에 난 이끼류 등에 군생한다.
분포 한국, 일본

주름균강 》 소나무비늘버섯목 》 소나무비늘버섯과 》 벌집겨우살이버섯속

벌집겨우살이버섯

Coltriciella dependens (Berk. & Curt.) Murr.
Coltricia dependens (Berk. & Curt.) Imaz.

형태 자실체의 크기는 0.5~2㎝의 극소형. 물조리개의 꼭지처럼 생긴 게 특징이다. 기질에 부착한 가는 자루의 선단이 넓게 펴지고 균모의 머리에 해당하는 부분에 관공이 형성된다. 흔히 썩은 나무의 재목에서 지면을 향해 가는 자루가 발생하고 그 끝에 머리 부분이 형성된다. 자루와 머리 부분은 갈색, 황갈색의 거친 털이 덮여 있다. 관공면은 유백색, 관공은 2~3개/㎜ 정도. 포자는 크기 7~9×4.5~6㎛, 난형-타원형으로 표면에 미세한 돌기가 있다.
생태 일년생 / 부후가 진행된 썩은 나무의 지면 쪽으로 발생한다.
분포 한국, 일본, 유럽 등 전 세계

고리버섯

Cyclomyces fuscus Kunze ex Fr.

형태 균모는 지름 1~5㎝로 자루가 없이 기물에 부착한다. 반원형-조개껍질형이고 두께는 1㎜ 내외, 다수가 촘촘하게 층생하거나 옆으로 연결되어 부착한다. 개개의 표면은 녹슨 갈색으로 비로드상의 털이 덮여 있어서 비단같은 광택이 나며 테 무늬가 있다. 살은 얇고 유연한 가죽질로 갈색이다. 자실층은 황토 갈색이고 동심원상으로 나란히 얇은 주름 모양을 형성하는 특이한 형태다. 포자는 크기 2~3×2㎛, 아구형이다. 표면은 매끈하고 투명하다.

생태 일년생 / 때로는 덩어리 모양을 이루어 군생한다. 메밀잣나무, 서어나무 등 활엽수의 재목에 백색부후를 일으킨다.

분포 한국, 일본, 중국, 아시아, 아프리카

황갈색원통버섯

Cylindrosporus flavidus (Berk.) L.W. Zhou
Inonotus flavidus (Berk.) Ryv., I. sciurinus Imaz.

형태 자실체는 자루가 없다. 균모는 반원형, 폭 3~10㎝, 두께 1~3㎝, 위가 편평한 둥근 산 모양. 기부는 두껍고, 단면은 때로 삼각형이다. 표면에 두께 1~4㎜의 두꺼운 모피가 덮여 있고 녹슨 갈색-다갈색이며, 선명하지 않은 환문이 있다. 모피 아래에 형성된 껍질은 흑갈색. 노화한 자실체는 모피가 탈락하여 검은 얼룩 껍질을 노출한다. 아래 껍질 밑의 균모는 두께 0.5~1.5㎝ 정도로 생육 시 황갈색으로 유연하고 건조 시 딱딱하다. 균모의 하면은 황갈색, 관공은 1층, 길이 3~10㎜, 마르면 약해진다. 구멍은 원형, 3~5개/㎜. 포자는 5~6.5×2㎛, 원통형, 무색. 표면은 매끈하고 투명하다. 강모체는 꺽쇠형, 15~22×5~7.5㎛, 수는 많지 않다.
생태 늦가을 / 산악지대의 활엽수림 고목에 다수가 군생한다. 백색부후균. 약간 드문 종.
분포 한국, 일본

주름균강 》 소나무비늘버섯목 》 소나무비늘버섯과 》 잔나비구멍버섯속

찰진잔나비구멍버섯

Fomitoiporia robusta (P.Karst.) Fiasson & Niemelä
Phellinus robustus (P. Karst.) Bourd. & Galz.

형태 자실체는 다년생. 어릴 때 부정형의 혹 모양이다가 말발굽형-반원형으로 둥근 산 모양을 이루며 기물에 직접 부착한다. 전후 5~15㎝, 좌우 8~25㎝, 두께 5~20㎝에 이른다. 표면은 다소 밋밋하나 동심원상으로 테 모양의 깊은 홈선을 이루며, 불규칙한 균열이 있다. 녹슨 갈색-회갈색이다가 오래되면 흑갈색, 생장 부위는 황갈색. 가장자리 끝은 다소 뭉특하다. 살은 목질, 질기며 황갈색. 하면은 미세한 관공이 있고 처음에는 황갈색이나 곧 녹슨 갈색이 된다. 구멍은 둥글고 5-6개/㎜, 관공의 길이는 5㎜에 이르며 여러 층을 이룬다. 관공색은 황갈색. 포자는 크기 6.5~7.5×6~7㎛, 구형, 표면은 매끈하고 투명하다. 벽이 두껍고, 기름방울이 있다.
생태 연중 / 참나무류, 밤나무, 아까시나무 등 각종 활엽수의 입목에 침입하여 기생한다. 백색부후를 일으킨다. 드문 종.
분포 한국 등 북반구 온대 이북

주름균강 》 소나무비늘버섯목 》 소나무비늘버섯과 》 흑구멍버섯속

참흑구멍버섯

Fuscoporia contigua (Pers.) G. Cunn.
Phellinus contiguus (Pers.) Pat.

형태 자실체 전체가 배착생. 수피가 없는 부분과 수피가 있는 부분에 함께 난다. 수~수십 센티미터까지 퍼지며, 표면에 원형 또는 각진 구멍이 2-3개/㎜로 비교적 크게 생긴다. 연한 갈색-암적갈색이며, 어릴 때 생장하는 가장자리는 면모상에 황색을 띤다. 관공의 길이는 5~10㎜. 유연한 코르크질이고 질기다. 포자는 크기 6~7×3~3.5㎛로 타원형-원형, 표면은 매끈하고 투명하며 기름방울을 함유하는 것도 있다.
생태 연중, 다년생 / 죽은 활엽수, 침엽수 또는 건축물의 목재 등에 발생하며 낙엽층에도 난다. 기질의 지면 쪽에 흔히 나며 백색부후를 일으킨다.
분포 한국, 유럽 등 전 세계

녹슨흑구멍버섯

Fuscoporia ferruginosa (Schrad.) Murrill
Phellinus ferruginosus (Schrad.) Pat.

형태 자실체 전체가 배착생. 보통 두께 1~5(8)㎜, 넓이 수십 센티미터 크기의 막편을 형성한다. 표면에 관공이 있다. 편평하거나 결절이 있으며, 기질이 수직일 때는 팽창된 혹 모양이 되기도 한다. 어릴 때는 황갈색-적갈색, 녹슨 갈색이나 오래되면 회갈색이 된다. 관공은 원형, 5~6개/㎜로 미세하다. 가장자리는 자랄 때 다소 면모상이고 밝은 색이나 오래되면 기질과 분명한 경계를 이룬다. 유연하고 질긴 코르코 질이나 건조하면 단단하고 부서지기 쉽다. 포자는 크기 4.5~5.5×3~3.5㎛, 타원형, 표면은 매끈하고 투명하며 어떤 것은 기름방울을 함유한다.

생태 연중 / 참나무류, 오리나무, 버드나무 등 활엽수의 죽은 나무, 줄기, 낙지 등에 나며, 드물게는 침엽수에도 난다. 재목에 백색부후를 일으킨다.

분포 한국, 유럽

혹흑구멍버섯

Fuscoporia torulosa (Pers.) T. Wagner & M. Fisch.
Phellinus torulous (Pers.) Bourd. & Galz.

형태 자실체는 목질형, 자루는 없고 측생 혹은 반평복형. 균모는 크기 5~8×7~16㎝, 두께 8-25㎜로 가운데가 편평하다. 황갈색 또는 짙은 회갈색에서 회흑색으로 변색하며 동심원상의 고리 무늬가 있다. 가장자리는 둔형, 생장하면서 팽대하고 부드러운 털이 있다. 황갈색으로 나중에 얇아진다. 살은 녹슨 갈색에서 커피색이 된다. 관공은 살과 동색, 내부는 회색이며, 불분명한 다층이다. 각 층은 두께 2~3㎜, 구멍의 크기는 5~6㎜로 원형에 암색이다가 자색이 된다. 벽은 두껍다. 포자는 크기 4~5×3~4.5㎛, 아구형, 표면이 매끈하고 투명하며 광택이 난다. 강모체는 피침형, 선단은 뾰족하며 크기는 20~30×5~6㎛다.

생태 다년생 / 썩은 고목이나 썩은 나뭇가지의 밑쪽에 단생한다. 백색부후균.

분포 한국, 중국

담배가죽구멍버섯

Hydnoporia tabacina (Sowerby) Spirin, Miettinen & K.H. Larss.
Hymenochaete tabacina (Sowerby) Lév.

형태 자실체는 반배착생에서 배착생, 막질의 가죽 같은 막편이 수~수십 센티미터로 펴진다. 처음에는 둥글고 편평하며 분리되어 있다가 합쳐진다. 자루의 표면은 둔하며, 미세한 털상, 흔히 뭉친 물결형, 불규칙한 결절-사마귀 점이 있다. 건조 시 미세한 방사상의 갈라짐이 있다. 가장자리는 물결형, 부푼 톱니상이다. 황금색이다가 황토-백색이 되며, 노쇠하면 갈색이 된다. 부푼 기질은 엉키며, 균모는 10㎜ 정도 돌출한다. 균모의 윗면은 털상, 오렌지-갈색에서 회갈색이 된다. 가죽질로 찢어진다. 포자는 5~6.5×1.5~2㎛, 원주형 또는 약간 소시지 모양. 표면은 매끈하고 투명. 담자기는 가는 곤봉형, 17~22×3~4.5㎛, 4-포자성. 기부에 꺽쇠는 없다.

생태 연중 / 관목이나 활엽수의 죽은 나무나 가지, 등걸, 쓰러진 나무 등에 배착 발생한다.

분포 한국, 유럽

주름균강 》 소나무비늘버섯목 》 소나무비늘버섯과 》 가죽구멍버섯속

무늬가죽구멍버섯

Hydnoporia yasudae (Imazeki) Spirin & Mittinen
Hymenochaete yasudae Imaz.

형태 자실체는 거의 배착생. 드물게 오래되면 위쪽 가장자리의 수피가 기질에서 떨어져 좁은 선반 모양의 균모를 만들거나 반원형의 조개껍질 모양 균모가 나온다. 균모는 좌우 0.3~1㎝, 전후 1~3㎜, 두께 0.5㎜로 표면은 털이 거의 없고 회색-회갈색, 테 무늬가 있다. 살은 얇고 약간 가죽질. 하면의 자실층은 담백색-적갈색, 생장 시 가장자리는 황색-갈색, 테 모양으로 싸여 있다. 약간 분상이고 균열이 많이 생긴다. 포자는 크기 4.5~5.5×2.5~3㎛, 타원형, 표면이 매끈하고 투명하다.

생태 연중 / 침엽수의 죽은 가지에 발생한다.

분포 한국, 일본, 중국

주름균강 》 소나무비늘버섯목 》 소나무비늘버섯과 》 소나무비늘버섯속

적황색소나무비늘버섯

Hymenochaete cinnamomea (Pers.) Bres.

형태 자실체 전체가 배착생이다. 기질에 견고히 부착하며 두께는 0.1~1㎜, 오래되면 두꺼워지며 수~수십 센티미터 크기로 퍼진다. 표면은 밋밋하고, 비로드 모양으로 털이 덮여 있으며 막질이다. 계피 또는 녹슨 살색, 때로는 계피 황토색이다. 가장자리는 얇고 부분적으로 미세하게 균사가 펴져 나가며 유연하고 질긴 막질이다. 포자는 크기 5~7.5×2~3㎛, 원주상의 타원형, 표면은 매끈하고 투명하다.

생태 다년생 / 주로 개암나무의 죽은 줄기, 활엽수나 침엽수의 껍질에 난다. 드문 종.

분포 한국, 일본, 유럽, 북미

민소나무비늘버섯

Hymenochaete corrugata (Fr.) Lév.

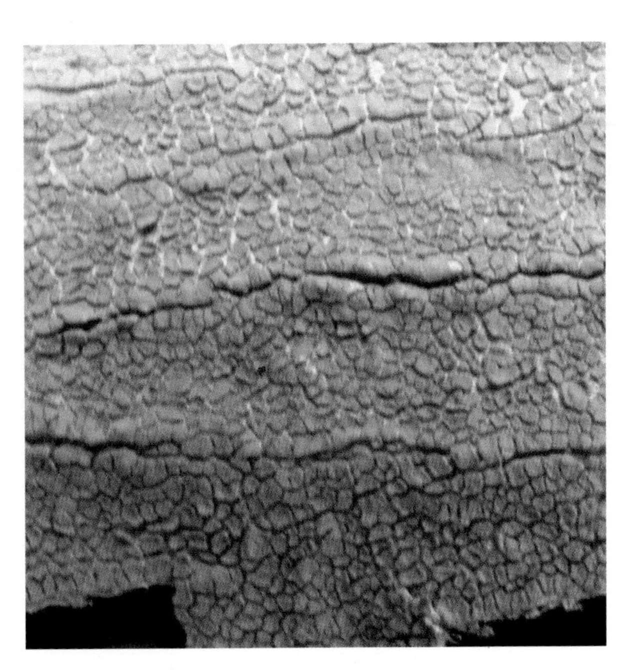

형태 자실체 전체가 배착생이다. 기질에 견고히 부착되고 두께 0.1~0.2㎜의 막질이 수~수십 센티미터 크기로 퍼진다. 표면은 불규칙하게 결절이 생기고 1㎜ 이하의 크기로 미세하게 균열이 난다. 색깔은 라일락 갈색-라일락 색을 띤 황갈색이다. 가장자리는 어릴 때 미세하게 균사가 퍼져 나가고 오래되면 분명한 경계를 이룬다. 단단하고 깨지기 쉽다. 포자는 크기 4.5~6×1.8~2.3㎛, 원주상의 타원형으로 약간 굽었고, 표면은 매끈하고 투명하다.

생태 다년생 / 개암나무, 참나무, 포플라, 자작나무 등 활엽수의 죽은 목재에 난다. 드문 종.

분포 한국, 일본, 유럽, 북미, 남미

주름균강 》 소나무비늘버섯목 》 소나무비늘버섯과 》 소나무비늘버섯속

가루소나무비늘버섯

Hymenochaete fuliginosa (Pers.) Lév.

형태 자실체 전체가 배착생이며 다년생. 두께 0.5~1㎜로 밀착된 껍질 모양의 막질이 수 센티미터에서 20㎝ 정도 크기까지 퍼진다. 기질에 단단히 부착하며 표면은 밋밋하거나 약간 결절이 있고 때로 심하게 갈라진다. 색은 초콜릿색, 밤갈색 또는 암회갈색이다. 가장자리는 단단하고 질기며, 분명한 경계를 이루거나 솜털 모양의 균사가 퍼진다. 포자는 크기 5.5~6.5×2.5~2.8㎛, 타원형, 표면이 매끈하고 투명하며 기름방울을 함유한다.

생태 연중, 다년생 / 가문비나무, 전나무, 소나무 등 침엽수의 죽은 둥치 아래에 난다.

분포 한국, 일본, 유럽

주름균강 》 소나무비늘버섯목 》 소나무비늘버섯과 》 소나무비늘버섯속

병든소나무비늘버섯

Hymenochaete illosa (Lév.) Bres.

형태 균모는 반원형, 다수가 중첩하여 군생하며, 때로 하반부는 내린 주름살형의 배착생. 균모는 크기 7×3㎝에 달하며, 두께 1㎜ 정도. 유연한 가죽질이며 가장자리는 얇고 칼날 모양으로 전연 또는 파도상, 윗면은 얼룩덜룩한 거친 털이 밀생하며, 다수의 환문을 이룬다. 색은 녹슨 다색-담배색. 하면의 자실층면은 밋밋하고 가루가 있으며 암황색이다가 담배색. 가장자리는 폭이 좁고, 황토색. 단면도는 현미경으로 보면 위쪽 두께가 400~700㎛, 털로 덮여 있고, 아래 피층은 두께 100~200㎛의 실질 균사층이 다층을 이룬다. 강모체는 짙은 갈색, 후막은 20~40×6~10㎛, 가지런히 배열된다. 신생면은 10~20㎛ 정도 돌출한다. 포자는 4~5.5×2.5~3㎛, 장타원형, 무색, 표면은 매끈하고 투명하다.

생태 일년생 / 녹조류가 있는 재목에 발생한다. 백색부후를 일으킨다.

분포 한국, 일본, 연대 아시아, 뉴질랜드, 호주

기와소나무비늘버섯

Hymenochaete intricata (Lloyd) S. Ito

형태 균모의 폭은 0.5~2㎝, 두께 1㎜로 거의 반배착생, 때로는 전체가 배착생이다. 가장자리 끝이 위로 올라와 균모를 만들고 여러 개의 균모가 선반 모양으로 융합되기도 한다. 균모는 반원형, 강하게 아래로 만곡하며 방사상의 물결 모양으로 주름이 생긴다. 표면은 황갈색의 짧은 털이 덮여 있다가 점차 털이 탈락하여 회색이 되고, 담배색의 피층면이 드러나 테 무늬가 생긴다. 살은 유연한 가죽질, 거의 무색의 균사로 되어 있다. 갈색을 나타내는 균모의 표면과 자실층 사이에 얇은 층이 있다. 하면의 자실층은 담배색-황갈색. 가장자리는 연한색이거나 거의 황백색. 포자는 관찰되지 않는다.

생태 일년생 / 활엽수의 죽은 나무에 반배착생 또는 배착생한다.

분포 한국, 중국, 일본

주름균강 》 소나무비늘버섯목 》 소나무비늘버섯과 》 소나무비늘버섯속

사마귀소나무비늘버섯

Hymenochaete mougeotii (Fr.) Cooke

형태 자실체는 배착생. 경계면이 단단히 기질에 부착, 두께 0.5㎜이며 딱딱한 막편이 수 ㎝로 퍼져 나가며 둥근 점들은 유착하여 계속적으로 퍼져 나간다. 표면은 결절상-사마귀 점이 있고, 둔하고, 어릴 때 적갈색에서 후에 갈색이 된다. 가장자리는 거의 완전히 떨어지며 위로 뒤집힌다. 불규칙한 물결형, 톱니상이다. 가장자리의 언저리는 갈색이고, 껍질의 아래는 갈색으로 질기고, 찢어지기 쉽다. 포자는 크기 6-8(9) ×2-3㎛, 원주형, 표면은 매끈하고 투명하다. 담자기는 가는 곤봉형으로 22-26×3.5-4.5㎛, 4-포자성, 기부에 꺽쇠는 없다. 낭상체는 없다.

생태 연중 / 죽은 나무의 껍질, 등걸 등에 배착 발생한다.

분포 한국, 유럽, 아시아, 호주

주름균강 》 소나무비늘버섯목 》 소나무비늘버섯과 》 소나무비늘버섯속

황다색소나무비늘버섯

Hymenochaete rheicolor (Mont.) Lév.
Hymenochaete sallei Berk. & Curt.

형태 자실체는 반배착생, 상반부는 뒤집혀서 균모를 형성한다. 균모는 원형-패각형-책상형이며 폭 1~2㎝, 전후 3~6㎜, 두께 0.5㎜ 정도로 얇고 유연한 가죽질이다. 표면은 황다색, 유연한 짧은 털이 밀포하며, 동색 환문을 나타낸다. 하면의 자실층은 짙은 다색-담배색이며 밋밋하다. 단면은 두께 200~400㎛, 균사층은 단순하여 경계층이 발달하지 않는다. 등쪽은 모피로 덮인다. 자실층은 단층, 뚜렷한 강모. 강모체는 40~90(110)×6~11㎛, 최대 60㎛까지 돌출한다. 균사층에 긴 꼬리털이 있다. 포자는 3~4×1.5~2.5㎛, 장타원형, 표면은 매끈하고 투명하다.

생태 연중 / 활엽수의 고목에 겹쳐서 군생한다. 백색부후균, 보통종.

분포 한국, 일본, 남북미

소나무비늘버섯

Hymenochaete rubiginosa (Dicks.) Lév.

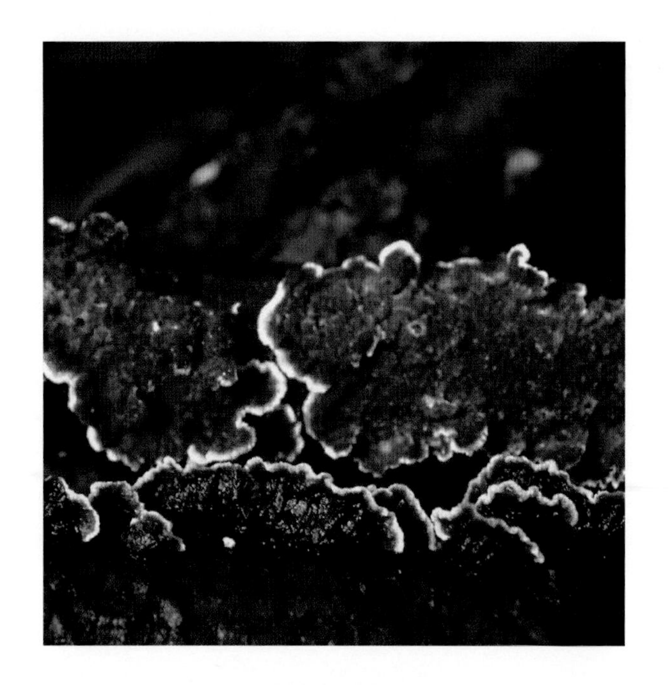

형태 자실체는 반배착생이며 상반부가 크게 뒤집혀 균모가 되고 기물에서 벗겨지기 쉽다. 균모는 반원형, 조개껍질, 종 모양 등이며 1~2.5×1~3㎝로 단단한 가죽질이다. 가장자리 톱니는 없다. 상면(표면)은 담배색, 흑다색, 흑색이고 좁은 고리 무늬가 있다. 융털이 있으나 후에 매끈해진다. 하면의 자실층은 다갈색-담배색, 미세한 가루와 작은 사마귀가 산재한다. 살은 두껍다. 포자는 4~6×2~3㎛, 부정형-타원형, 표면은 매끄럽고 투명하다. 담자기는 20~25×3~4㎛, 원통-곤봉형, 4-포자성, 기부에 꺽쇠는 없다. 낭상체는 없다. 강모체는 40~60×5~7㎛, 송곳 모양, 흑갈색이다. 벽이 두껍다.

생태 연중 / 활엽수의 고목 줄기나 껍질 벗긴 재목에 중생한다. 백색부후를 일으킨다.

분포 한국, 일본, 중국, 유럽, 아프리카, 북-중미, 호주

녹슨소나무비늘버섯

Hymenochaete tabicinoides

형태 자실체는 반배착생. 반전된 자실층(균모)은 폭 1㎝ 정도이며 흔히 선반 모양이 된다. 처음에는 둥글게 고립된 원반 모양이다가 서로 융합되면서 가죽질의 막편을 형성하며 수~수십 센티미터 크기로 퍼진다. 처음엔 오렌지 갈색이다가 회갈색이 된다. 표면에는 밀모, 테 무늬가 있다. 자실층면은 흔히 동심원상의 굴곡히 잡히고 불규칙하게 결절 또는 사마귀 반점이 생긴다. 색은 담배갈색, 녹슨 갈색, 커피색 등이다. 가장자리는 어릴 때 황색이나 후에 황토 백색이 된다. 포자는 5~6.5×1.5~2㎛, 원주형 또는 약간 소시지형, 표면은 매끈하고 투명하다.

생태 연중 / 관목이나 활엽수의 죽은 목재에 난다. 넘어진 나무의 줄기 또는 가지, 낙지 등에도 난다.

분포 한국, 일본, 유럽

긴털소나무비늘버섯

Hymenochaete villosa (Lév.) Bres.

형태 자실체의 균모는 반원형, 전후 3㎝ 두께 1㎜ 정도까지 달한다. 다수의 균모가 중첩해서 함께 붙는다. 흔히 하반부는 자루에 내린 주름살형이 되면서 기물에 직접 붙는다. 균모는 유연한 가죽질이다. 가장자리는 날카롭고 흔히 파상으로 굴곡진다. 표면은 거친 털이 덮여 있으며 다수의 테 무늬 및 줄무늬 홈선이 된다. 색깔은 담배갈색. 하면 및 자실층면은 밋밋하고 분상이며 암황색이다가 후에 담배갈색이 된다. 구멍은 미세하다. 포자는 4~5.5×2.5~3㎛, 타원형 표면은 매끈하고 투명하다.

생태 연중 / 상록수림, 가시나무류에 발생한다. 백색구멍부후를 일으킨다.

분포 한국, 일본 남부, 열대 아시아, 뉴질랜드, 호주

금빛소나무비늘버섯

Hymenochaete xernantica (Berk.) S.H. He & Y. Dai
Cryptoderma citrinum Imaz., Inonotus xeranticus (Berk.) Imaz. et Aoshi., Phellinus xeranticus (Berk.) Pegler

형태 자실체는 자루가 없거나 반배착생. 균모는 보통 반원형, 편평한 패각상, 기부는 내린 주름살형으로 붙어 위아래가 연결되며, 폭 3~10㎝, 두께 2~5㎜다. 표면은 황갈색, 비로드상의 밀모, 얕은 테 홈선이 있다. 가장자리는 얇고, 선황색. 살은 얇고 유연한 혁질이다. 내부에 상하층의 얇은 암색 경계층이 있고, 사이에 선황색 얇은 살이 있다. 하면은 선황색이다가 녹슨 갈색이 된다. 관공은 깊이 2~3㎜, 구멍은 미세하며, 4~5개/㎜. 포자는 크기 2.5~3.7×1.2~1.7㎛로 장타원형, 무색. 강모체는 30~60×5~9㎛로 많고, 갈색이며 막이 두껍다.

생태 연중 / 활엽수의 고목, 절주 등에 군생한다. 백색부후균이며 표고 원목의 해균이다. 흔한 종.

분포 한국, 일본, 대만, 네팔, 코카서스, 보르네오

주름균강 》 소나무비늘버섯목 》 소나무비늘버섯과 》 시루뻔버섯속

각피시루뻔버섯

Inonotus cuticularis (Bull.) P. Karst.

형태 자실체의 균모는 좌우 수 센티미터에서 20㎝ 정도이며 전면 12㎝까지 돌출한다. 두께는 수 센티미터에서 5㎝까지 이른다. 부채꼴, 반원형, 선반 모양 등이며 윗면이 편평하고 가장자리가 안쪽으로 말린다. 흔히 층생하고 자루가 없이 기질에 넓게 부착된다. 균모의 표면은 오렌지 갈색, 동심형, 물결 모양 기복이 있으며, 거칠고 빳빳한 털이 있다. 가장자리는 다소 밝은색. 살은 부드럽고 즙이 많다. 신선할 때는 밝은 갈색, 건조하면 단단하고 깨지기 쉽다. 자실층면의 관공은 황갈색-회백색, 진주색이며 광택이 있다. 구멍은 원형-다각형, 2~4개/㎜. 관공의 길이는 5~10(15)㎜, 흔히 층생한다. 포자는 6.5~7×4.5~5.5㎛, 타원형-난형, 표면은 매끈하고 투명하며 연한 갈색이다.

생태 연중 / 상처 난 밤나무, 참나무류, 단풍나무 수간에 층생, 드물게 단생한다. 백색부후를 일으킨다.

분포 한국, 중국, 유럽, 북미

주름균강 》 소나무비늘버섯목 》 소나무비늘버섯과 》 시루뻔버섯속

누룽지시루뻔버섯

Inonotus hastifer Pouzar

형태 자실체 전체가 배착생. 기질에 견고히 붙는다. 흔히 수간에 두께 5㎜ 정도, 폭 수~수십 센티미터로 부착된다. 표면은 관공을 형성하고 다소 울퉁불퉁하게 요철형을 이룬다. 밝은 회갈색이다가 계피갈색-커피갈색이 된다. 가장자리는 뚜렷하게 경계가 나타나며 밝은 황토색. 관공의 구멍은 원형-각진형 또는 다소 장방형, 2~4개/㎜. 관공의 길이는 1~3㎜. 밑면 균사층 (기질층)은 매우 얇고 갈색, 탄력 있고 질기나 건조 시 단단하고 깨지기 쉽다. 포자는 크기 4~5.5×3~4㎛, 한끝이 뾰족한 타원형, 표면은 매끈하고 투명하며 벽이 두껍다. 황색끼가 있다.

생태 연중 / 고목에 배착 발생한다.

분포 한국

시루뻔버섯

Inonotus hispidus (Bull.) Karst.

형태 균모의 측면이 넓게 기물에 부착한다. 모양은 반원상, 선반형이며 전후 6~20cm, 좌우 10~30cm, 두께 3~10cm 정도, 어릴때는 포도주 적색. 표면은 다소 울퉁불퉁하다. 나중에는 1cm 정도의 적갈색 거친 털이 밀생하고 흑갈색이 되다가 오래되면 털이 없어진다. 가장자리는 어릴 때 유황색, 곧 갈색. 살은 방사상으로 섬유상, 어릴때는 유연하고 스펀지 모양이며 즙이 많다. 관공의 길이는 1~3cm, 유황색이다가 연한 황토색을 거쳐 흑갈색이 되며 흔히 관공에 물방울이 맺힌다. 구멍은 2~3개/mm로 원형-다각형. 포자는 7~10×6~7.5μm, 난형, 표면은 매끈하고, 갈색. 벽은 두껍고, 기름방울이 있다. 담자기는 27~33×7~10μm, 곤봉형, 4-포자성. 기부에 꺽쇠는 없으며 낭상체도 없다. 강모체는 20~30×9~10μm, 송곳형, 갈색, 벽이 두껍다.

생태 여름~가을 / 사과나무 호두나무, 단풍나무 등에 기생하며 살아있는 나무 줄기, 가지에 생기기도 한다. 참나무류 그루터기 등에 군생하기도 한다. 드문 종.

분포 한국, 중국, 일본, 북반구 일대

주름균강 》 소나무비늘버섯목 》 소나무비늘버섯과 》 시루뻔버섯속

황갈색시루뻔버섯

Inonotus mikadoi (Lloyd) Gilb. & Ryv.

형태 자실체는 폭 2~5cm, 두께 1~2cm, 균모는 반원형이며 자실체의 한 측면이 기물에 부착하고 다수가 중첩해서 층상으로 군생한다. 처음엔 거의 수평으로 퍼지나 건조하면 수축해서 가장자리가 아래로 강하게 말린다. 표면은 황갈색-녹슨 갈색, 거친 털이 밀생하고 테 무늬가 있다. 오래된 것은 털이 떨어져서 밋밋해진다. 살은 황갈색-녹슨 갈색. 생육 중에는 유연하지만 건조할 때는 탄력을 잃고 부서지기 쉽다. 하면의 자실층은 황백색이다가 암갈색이 된다. 관공은 길이 1cm, 구멍은 다소 둥글고 2~3개/mm. 포자는 4~6×3~4μm로 타원형 또는 아구형. 표면은 매끈하고 황갈색이다.

생태 여름~가을, 일년생 / 벚나무 등 활엽수의 죽은 줄기나 가지에 다수가 군생한다.

분포 한국, 중국, 일본

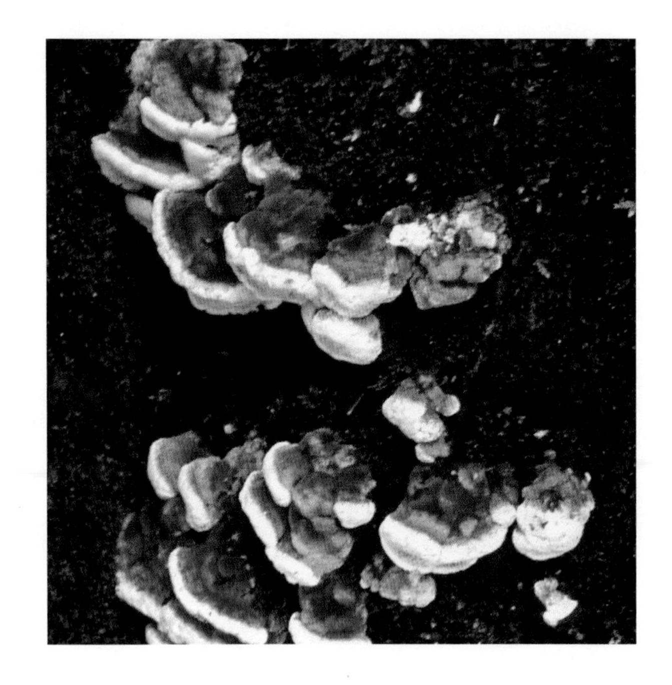

주름균강 》 소나무비늘버섯목 》 소나무비늘버섯과 》 시루뻔버섯속

차가시루뻔버섯(차가버섯)

Inonotus obliquus (Fr.) Pilát
Fuscoporia obliqua (Fr.) Aoshi.

형태 자실체는 전체가 배착생. 처음에는 얇게 퍼져 나가다가 균핵 모양이 된다. 균핵은 10~30cm의 불규칙한 큰 덩어리 모양인데, 단단하고 흑색이며 다소 광택이 있다. 종횡으로 심한 균열이 있고 각이 져 석탄 파편 같은 모습이다. 내부는 황갈색-암갈색. 전면에 불규칙한 관공이 나타난다. 관공은 길이 2~8mm, 거의 원형, 3~5개/mm, 암갈색, 위쪽으로 경사진다. 신선할 때는 유연하고 코르크질, 황갈색-암갈색. 건조하면 깨지기 쉽다. 담자포자와 후막포자가 있는데 담자포자는 8~10×5~7.5μm, 타원형, 매끈하고 투명하며 기름 방울이 있다. 후막포자는 7~10×3.5~5.5μm, 난형, 매끈하고 투명하며 올리브-갈색. 담자기는 19~20×9~12μm, 2, 4-포자성. 낭상체는 없다. 강모체는 50~100×5~10μm, 곤봉형, 불규칙한 송곳형이고 벽은 두껍다.

생태 연중 / 자작나무, 오리나무류 입목 수간의 수피가 찢어진 부분에 기생한다. 백색부후균.

분포 한국, 중국, 북반구 일대

참나무시루뻔버섯

Inonotus quercustris M.Blackw. & Gilb.

형태 균모는 높이 40㎝, 깊이 20㎝, 반원형, 부채 모양, 편평한 둥근 산 모양 또는 편평하다. 표면은 벨벳 또는 미세한 털상. 노쇠하면 밋밋해진다. 노란색-오렌지색이다가 녹슨 갈색이 된다. 가장자리는 두껍고, 어릴 때는 유연하다. 구멍은 3~5개/㎜, 밝은 노란색이다가 크림색, 황갈색이 된다. 어릴 때 상처가 나면 갈색이 된다. 관의 길이는 3㎝. 자루는 없다. 살은 적갈색, 유연하나 노쇠하면 질기다. 희미한 띠 혹은 줄무늬가 있다. 불분명한 냄새가 나고 코를 쏘는 맛이다. 포자는 9~10×6~8㎛, 타원형, 매끈하고 투명하다. 난아미로이드 반응을 보인다. 균사 조직은 1균사형, 꺽쇠는 없다.

생태 연중 / 살아있는 도토리나무에 기생, 단생, 군생, 또는 속생한다. 나무의 높은 곳에서 발견된다. 백색부후균. 식용 여부는 알려지지 않았다.

분포 한국, 유럽, 북미

주름균강 》 소나무비늘버섯목 》 소나무비늘버섯과 》 시루뻔버섯속

갈색시루뻔버섯

Inonotus radiatus (Sow.) Karst.

형태 자실체는 반원형, 좌우 3~18㎝, 전후 1.5~5㎝, 두께 1~2㎝ 정도로 기질에 넓게 부착된다. 몇몇 균모가 유착하거나 중첩되어 층생하기도 한다. 표면은 미세한 털이 덮여 있다가 없어진다. 결절상이고 파상으로 굴곡지며 방사상 주름이 잡혀 있다. 때로는 동심원 테 무늬가 있다. 가장자리는 연하다. 녹슨 갈색이다가 암갈색-흑갈색이 된다. 살은 즙이 많고 유연하지만 건조할 때 부서지기 쉽다. 하부 자실층면에 길이 1㎝, 윗부분 0.5㎝ 정도의 미세한 녹슨 갈색 관공이 있다. 어릴 때는 보는 각도에 따라 은백색 광택이 난다. 구멍은 둥글거나 각지거나 길쭉하며, 2~4개/㎜. 포자는 4.5~5.5×3.5~4.5㎛, 광타원형, 매끈하며 약간 연한 황색. 담자기는 18~25×5.5~6.5㎛, 원통-곤봉형, 4-포자성, 꺽쇠는 없다. 낭상체와 강모체는 관찰 안 된다.

생태 여름~가을 / 오리나무, 기타 활엽수나 침엽수의 죽은 줄기나 가지 또는 떨어진 낙지 등에 난다. 백색부후균.

분포 한국, 중국, 일본, 유럽

주름균강 》 소나무비늘버섯목 》 소나무비늘버섯과 》 시루뻔버섯속

노랑시루뻔버섯

Inonotus rheades (Pers.) Bondartsev & Sing.

형태 자실체는 선반형, 넓게 기질에 부착하며 약간 내린 주름살 형태다. 균모는 지름 40~100㎜, 기질로부터 20~60㎜로 돌출하며, 윗면은 털상에 부드럽고 테가 있기도 하다. 약간 물결형이나 둥근 산 모양, 오렌지색이 짙어지다가 노쇠하면 적갈색이 된다. 가장자리는 예리하고, 물결형. 아래 표면의 관공은 둥근 미세한 구멍이 있고 어릴 때는 크림색, 밝은 노란색과 황토색을 거쳐 갈색이 된다. 구멍은 각진 형, 약간 미로상, 2~3개/㎜. 관의 길이는 5~10㎜. 육질의 두께는 5~20㎜로 적갈색, 연하고, 섬유상이며 즙액을 분비한다. 포자는 6~7.5×3.5~4.5㎛, 타원형, 매끈하고 벽은 두껍다. 담자기는 곤봉형, 18~25×5.5~6.5㎛, 4-포자성, 기부에 꺽쇠는 없다. 낭상체와 강모체는 관찰되지 않는다.

생태 여름~가을 / 죽은 나무에 기왓장처럼 겹쳐서 군생한다. 백색부후균, 드문 종.

분포 한국, 중국, 유럽, 북미, 아시아, 아프리카

범부채시루뻔버섯

Inonotus scaurus (Llod) T. Hatt.
Onnia scaura (Lloyd) Imaz.

형태 자실체는 반원형 또는 부채꼴. 거의 자루가 없이 기물에 직접 부착되나 간혹 짧은 자루가 측생하기도 한다. 자실체의 폭은 7~12㎝, 두께는 밑동 부근이 1㎝ 정도로 얇다. 표면은 황갈색 또는 암갈색, 가장자리는 선황색. 방사상으로 현저한 주름이 있고 다소 울퉁불퉁하며, 선명하지 않은 테 무늬와 요철 홈선이 있다. 전면에 미세한 밀모층이 있고 두께는 0.5~1㎜ 정도며 그 아래에 얇은 암색의 각질층이, 그 아래에 살이 형성된다. 살은 목질이고 단단하며 황갈색. 관공은 길이 2~3㎜, 구멍은 미세하여 6~7개/㎜. 선황색이다가 황갈색~암갈색을 띤다. 포자는 지름 5~6㎛, 구형, 표면은 매끈하며 투명하다.

생태 일년생 / 참나무류, 가시나무류 등 활엽수의 그루터기, 죽은 나무의 밑동 부근 등에 발생한다. 백색부후균.

분포 한국, 일본

주름균강 》 소나무비늘버섯목 》 소나무비늘버섯과 》 층기와버섯속

혹층기와버섯

Mensularia nodulosa (Fr.) T. Wagner & M. Fisch.
Inonotsu nodulosus (Fr.) Karst.

형태 자실체는 반배착생. 얇은 자실층면에 많은 균모가 돌출된다. 개별 균모는 전후 0.5~2(3)㎝, 좌우 1.5~3㎝. 자실층면은 수~수십 센티미터. 보통 서로 유합해 줄이나 기와꼴로 이루거나 중첩해서 층상으로 나기도 한다. 균모의 표면은 주름이 있고 파상으로 굴곡지며 털과 불분명한 테 무늬, 오렌지 갈색이다가 암갈색. 가장자리는 날카롭고 연한 황색. 관공과 구멍은 둥글고 3~4개/㎜. 관공은 길이 0.5~0.6㎝, 위층은 0.5~0.6㎝, 질기며, 유백색-크림색이다가 갈색. 포자는 4.5~5.5×3.5~4㎛, 넓은 타원형, 매끈하고 투명. 난아미로이드 반응을 보인다.

생태 연중 / 참나무류의 죽은 목재에 나며 때로 살아있는 나무의 상처부에 기생한다.

분포 한국, 유럽

주름균강 》 소나무비늘버섯목 》 소나무비늘버섯과 》 대구멍버섯속

황갈색털대구멍버섯

Onnia tomentosa (Fr.) P. Karst.

형태 자실체는 자루가 있다. 개별 폭 3~10㎝, 두께 3~5(10)㎜로 원형 또는 난형, 때로 균모 표면에 소형의 균모가 중첩하기도 한다. 표면은 울퉁불퉁하며, 불분명한 동심원 테 무늬나 줄무늬 홈선이 있다. 두꺼운 털이 있고 황갈색-계피갈색. 가장자리는 연하고 날카로우며 물결 모양 굴곡이 있다. 살은 황색, 유연하고 코르크질, 건조하면 단단하다. 관공은 내린 관공, 2~5㎜, 회색-회갈색. 구멍은 거칠고 불규칙한 원형-각진형, 가장자리쪽이 더 크며 2~4개/㎜. 자루는 길이 3~4㎝, 굵기 15~20㎜, 털이 있으며 녹슨 갈색. 등 쪽으로 가늘어지고 울퉁불퉁하며 중심생이나 때로 편심생. 포자는 4~6×3~3.5㎛, 광타원형-난형, 표면은 매끈하고 투명하다. 연한 황색, 알갱이가 들어 있다. 백색부후를 일으키기도 한다.

생태 연중 / 침엽수 뿌리에 기생하거나 부근 잔가지나 낙엽, 풀 등을 감싸며 나기도 한다.

분포 한국, 북반구 온대 이북

동심대구멍버섯

Onnia orientalis (Lloyd) Imaz.
O. vallata (Berk.) Y.C. Dai & Niemelä

형태 자실체는 짧은 자루가 있다. 균모는 흔히 부정형의 둥근 모양, 편평하거나 중앙부가 약간 오목하다. 지름 3~13㎝, 두께 0.3~1㎝, 중앙이 두껍고 역삼각형으로 보인다. 표면은 황갈색-녹슨 갈색, 짧은 밀모가 있다. 몇몇 테 모양 줄무늬 홈선이 있고 방사상으로 불규칙한 골이 생기기도 한다. 살은 황갈색, 약간 단단한 목질. 관공은 황갈색, 구멍은 원형, 6~7개/㎜로 매우 미세하다. 관공 면은 평탄하며 길이는 1~3㎜, 황갈색. 자루는 균모와 같은 색으로 곧으며 굵고 짧다. 원추형이며 표면에 불규칙한 요철이 있다. 포자는 3~5×2.5~4㎛, 아구형-타원형, 표면은 매끈하고 투명하다.

생태 일년생 / 소나무 밑동 가까운 뿌리에 발생한다. 뿌리와 줄기, 심재에 부후를 일으킨다.

분포 한국, 일본, 중국, 필리핀, 인도

털시루뻰버섯

Inonotus tomentosus (Fr.) Teng

형태 자실체는 선반형으로 11㎝, 원형이다가 부채 모양이 되며, 가끔 열편 잎 같고 중앙은 들어간다. 황갈색이다가 갈색이 되며, 흔히 미세한 밴드가 있고 털이 분포한다. 관공은 자루에 대하여 내린 관공, 깊이 3㎜, 살보다 연한 백색. 구멍은 2~4개/㎜, 각진 형, 연한 황색이다가 흑갈색이 된다. 두꺼운 격막은 이후 얇아지고 오래되면 찢어진다. 살은 두께 4㎜, 연질, 스펀지 층, 단단한 섬유상의 노란 갈색이다. 자루는 길이 35㎜, 굵기 15㎜, 중심생 또는 편심생, 흑갈색이다. 포자는 크기 5~6×3~4㎛, 타원형, 표면은 매끈하고 투명하다.

생태 일년생 / 여러 개로 분지하여 겹쳐진다. 단생하며 식용하지 않는다.

분포 한국, 중국, 북미

노랑진흙버섯

Phellinus chrysoloma (Fr.) Donk

형태 자실체는 선반형, 1~8㎝로 얇고, 편평하며 딱딱한 껍질이다. 표면은 오렌지 갈색에서 황갈색이지만 가장자리는 연한색이고 고리와 털상의 골이 있다. 가장자리는 예리하다. 관공은 깊이 5㎜로 밀집된 층. 구멍은 지름 2~5㎜, 각진형이다가 길게 늘어지며, 베이지 황갈색이다. 자루는 없다. 살의 두께는 1~3㎜, 황갈색 또는 칙칙한 노란색. 포자는 크기 4.5~5.5×4~5㎛로 아구형에 표면이 매끈하고 투명하다. 포자문은 밝은 갈색. 강모체가 있다.
생태 연중~다년생 / 나무 줄기에 겹쳐서 부분적으로 융합하여 발생한다. 식용 불가.
분포 한국, 중국, 북미

마른진흙버섯

Phellinus gilvus (Schw.) Pat.

형태 자실체는 반배착생. 균모는 반원형으로 기물에 부착되며 때로는 부근의 균과 유착되기도 한다. 다수가 중첩되어 층상으로 발생하고 균모의 폭은 3~8㎝ 정도. 표면은 황갈색-다갈색으로 테무늬는 선명하지 않으며, 짧고 거친 털이 있다. 하면의 관공은 황갈색-암갈색이다. 관공은 길이 1~5㎜, 구멍은 원형, 5~7개/㎜로 미세하다. 살은 황갈색, 두께는 3~7㎜ 정도. 유연성이 적고 마르면 점토질을 띤 목질처럼 된다. 각피는 전혀 발달하지 않는다. 포자는 크기 4~5×2.5~3㎛, 긴 타원형. 표면은 매끈하고 투명하다.
생태 연중 일년생, 때로 2~3년생 / 각종 죽은 활엽수 입목의 줄기나 가지, 쓰러진 나무 등에 발생한다. 백색부후를 일으키며 표고 원목의 해균이다. 흔한 종.
분포 한국 등 전 세계

진흙버섯(중국상황)

Phellinus igniarius (L.) Quél.
P. nigricans (Fr.) Karst.

형태 균모는 지름 10~25㎝, 간혹 50㎝가 넘는 것도 있다. 말굽, 반원, 선반 또는 둥근 산 모양 등으로 기물에 직접 부착된다. 표면은 회갈색, 회흑색, 흑색 등이며 고리 홈과 종횡으로 균열이 있다. 살은 두께 2~5㎜, 코르크질로 질기며, 암갈색에 탄화하여 각피가 있는 것처럼 보인다. 하면은 암갈색, 관공은 다층으로 각 두께 1~5㎜, 오래된 관은 백색 2차 균사로 메워진다. 구멍은 가늘고 4-5개/㎜. 포자는 5~6×4~5㎛, 아구형, 매끄럽고 투명하며 벽이 약간 두껍다. 담자기는 15~20×7~9㎛, 짧은 곤봉형, 4-포자성, 꺽쇠는 없다. 낭상체는 없고 강모체는 10~20×5~9㎛, 불규칙한 송곳형 또는 배불뚝이형, 자실층에서는 갈색, 벽이 두껍다.
생태 연중, 다년생 / 활엽수(자작나무, 오리나무)의 고목 줄기에 난다. 백색부후를 일으킨다.
분포 한국, 중국 등 전 세계

가지진흙버섯

Phellinus laevigatus (P. Karst.) Bourd. & Galz.

형태 자실체 전체가 배착생. 때로는 밧줄 모양으로 가늘고 길게 돌출되기도 한다. 막편은 느슨하게 기물에 부착되며 수~수십 센티미터까지 퍼진다. 표면에 미세한 관공이 있고 신선할 때는 담배갈색 또는 계피갈색이다가 후에 암회갈색 된다. 구멍은 둥글고 5~8개/㎜로 매우 미세하고 관공의 길이는 1~4㎜ 정도다. 가장자리는 연한 색이고 기질에서 떨어져 있는 경향이 있다. 유연한 코르크질이며 질기다. 포자는 4~5×3.5~4㎛, 아구형, 표면은 매끈하고 투명하며 벽이 두껍다.
생태 연중 / 버드나무, 오리나무, 자작나무, 참나무류의 활엽수에 기생한다. 백색부후를 일으킨다. 드문 종.
분포 한국, 일본, 유럽

주름균강 》 소나무비늘버섯목 》 소나무비늘버섯과 》 진흙버섯속

납작진흙버섯

Phellinus lundellii Niemelä

형태 자실체는 배착생. 자실체 표면에 돌출된 균모는 100~300×60~80㎜다. 가장자리는 두께 10~40㎜로 약간 예리하다. 윗면은 밋밋하고 딱딱하며 때로 테가 있고, 검은 갈색이다가 거의 흑색이 된다. 구멍층은 밝은 갈색에서 녹슨 갈색, 회갈색. 구멍은 둥글고 5~6개/㎜. 관의 길이는 4~8㎜, 불분명한 층이 있다. 조직은 녹슨 갈색, 코르크질. 포자는 5.5~6.5×4~5㎛, 광타원형, 표면은 매끈하고 투명하며 1개의 기름방울 함유하며 벽은 두껍다. 담자기는 배불뚝형, 10~13×5~7㎛로 4-포자성, 기부에 꺽쇠는 없다.
생태 연중 / 죽은 활엽수의 등걸 등에 발생한다. 단생하지만 수직으로 서로 유착하기도 한다. 백색부후균. 드문 종.
분포 한국, 유럽

주름균강 》 소나무비늘버섯목 》 소나무비늘버섯과 》 진흙버섯속

층층진흙버섯

Phellinus pini (Brot.) Pilát
Porodaedalea pini (Brot.) Murr.

형태 자실체는 다년생, 목질. 균모는 편평하거나 약간 말발굽형-둥근 산 모양이다. 폭은 1~3㎝, 두께 5~10㎝. 거친 털이 덮인 황갈색이다가 나중에는 털이 없어지고 암갈색-흑갈색이 된다. 표면에 뚜렷한 테 모양의 줄무늬 홈선이 있다. 살은 목질, 황갈색. 하면의 관공 층은 불분명한 다층이며 각 두께는 2~4㎜. 구멍은 2~3개/㎜, 다소 큰 편이고 원형의 미로상, 황갈색 또는 계피갈색. 오래된 균사의 관공 내부는 선명한 황갈색 균사에 의해 막힌다. 포자는 아구형,크기 5~7×4~5㎛, 표면은 매끈하고 투명하다가 약간 갈색이 된다.
생태 연중 / 침엽수, 특히 가문비나무에 침입하여 심재부후를 일으킨다.
분포 한국, 중국, 북반구 온대 이북

주름균강 》 소나무비늘버섯목 》 소나무비늘버섯과 》 진흙버섯속

벚나무진흙버섯

Phellinus pomaceus (Pers.) Maire
P. tuberculosus (Baumg.) Niemelä

형태 자실체는 나뭇가지의 하면에 완전 배착생. 드물게는 균모를 형성하기도 한다. 수년간 자라서 균모를 형성하면 부정형, 둥근 산, 말발굽 모양이 된다. 폭 2~10㎝ 전후 0.5~5㎝까지 자란다. 표면은 처음에 밋밋하지만 오래되면 다소 균열이 생긴다. 황갈색-회갈이이다가 이후 회갈색-흑갈색이 된다. 가장자리에만 털이 있고 둔한 원형이며 황갈색이다. 살은 황색을 띤 암갈색, 목질로서 견고하다. 관공은 갈색, 여러 층이 있으며 각 층은 1~6㎜, 구멍은 작고 원형, 4~5개/㎜. 포자는 5~6×4~5㎛로 아구형-난형, 표면은 매끈하고 투명하다.

생태 연중, 다년생 / 나무류의 수간 또는 가지 하면에 주로 난다. 갈색부후를 일으킨다.

분포 한국, 일본, 중국, 북미

주름균강 》 소나무비늘버섯목 》 소나무비늘버섯과 》 진흙버섯속

흑갈색진흙버섯

Phellinus rhamni (Bondartseva) Jahn

형태 자실체는 영구성의 배착생. 방석 모양이며 길이 12~15㎝, 두께 10㎜다. 가장자리는 매우 얇거나 거의 없다. 구멍의 표면은 회갈색, 흑갈색이며 적색은 띠지 않는다. 노쇠하거나 건조하면 깊게 갈라지며, 구멍은 둥글고 6~8개/㎜. 분생자형성 균사층은 얇거나 거의 없으며 두께 0.5㎜, 기질에 근접한다. 관층은 검은 갈색, 불확실한 층을 이루며, 각 두께는 1~2㎜. 균사 조직은 2균사형이며 일반균사는 얇은 격막을 가지며 폭 1.5~2.5㎛. 벽은 두껍고, 황갈색, 조직에 평행하나 드물게 골격균사를 가진 것도 있다. 균사막은 배불뚝형, 갈색. 담자포자는 10~18×5~7㎛, 광타원형-류구형, 매끈하고 투명하며 벽이 두껍다. 거짓아미로이드 반응을 보이지 않는다. 담자기는 15~25(30)×5~9㎛, 넓은 곤봉상, 간단한 기저 격막이 있다.

생태 연중, 다년생 / 활엽수와 침엽수의 고목에 발생한다.

분포 한국, 유럽

틈진흙버섯

Phellinus rimosus (Berk.) Pilát

형태 균모는 지름 6~15㎝, 반구형 또는 넓은 말굽형, 딱딱하고 목질이다. 표면은 흑색, 처음 미세한 융모가 있으나 나중에 밋밋해지고 광택이 나며 거북이 등처럼 된다. 가장자리는 예리하거나 둔형이다. 살은 녹갈색 혹은 옅은 커피색. 관공은 균모와 같은 색. 구멍은 작고 원형, 6~8/㎜개. 강모가 있고 기부는 팽대한다. 포자는 지름 3~4.5㎛로 구형 또는 아구형, 표면은 황갈색이며 매끈하고 투명하며 광택이 난다.

생태 다년생 / 고목의 표면에 발생한다. 약용하며 백색부후균이다.

분포 한국, 중국

말굽진흙버섯

Phellinus setulosus (Lloyd) Imaz.

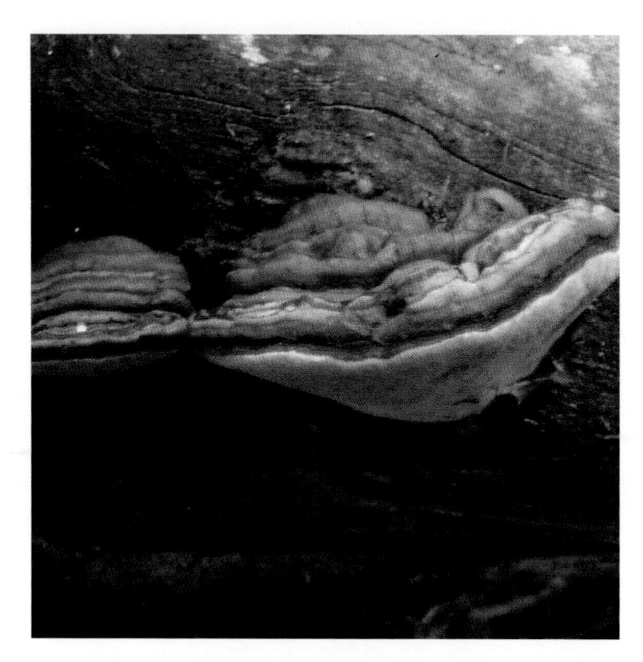

형태 균모는 폭 10~15㎝, 두께 6㎝에 달한다. 어릴 때는 부정형이나 혹 모양, 이후 균모는 낮은 말발굽형, 반원상, 둥근 산 모양이 되어 기물에 직접 부착된다. 표면은 회갈색-다갈색, 뚜렷한 테 모양의 골이 있다. 흔히 표면에 다수의 작은 혹 모양이 돌출되기도 한다. 살은 두께 1㎝ 정도, 다갈색, 거의 목질. 보통 불명료한 층이 있다. 자실층 하면은 진한 갈색, 관공은 다갈색, 여러 층이며 각 두께는 2~3㎜. 구멍은 원형, 4~5개/㎜로 미세하다. 포자는 4.5~6×4~4.5㎛, 아구형-광타원형이다.
생태 연중 / 가시나무, 조록나무 등 상록 활엽수의 죽은 나무에 난다. 백색부후균이다.
분포 한국, 일본, 중국, 대만, 동남아, 뉴질랜드, 호주

주름균강 》 소나무비늘버섯목 》 소나무비늘버섯과 》 진흙버섯속

버들진흙버섯

Phellinus tremulae (Bond.) Bond. & Borisov

형태 자실체는 선반, 말발굽 모양. 어릴 때는 결절형이다. 균모는 지름 5~12㎝, 기질에 대하여 내린 주름살형으로 넓게 부착한다. 표면 위는 밋밋하고 갈라지며, 오래되면 세로로 갈라져서 테(띠)를 형성하며, 회색에서 흑색이 된다. 가장자리는 밝고 날카롭다. 관공은 길이 25㎜, 분명한 층이 있고 부서지기 쉽다. 구멍은 둥글고 각진 형, 5~6개/㎜로 미세하고, 회갈색이다가 담배색-흑갈색이 된다. 육질은 비교적 얇고 두께 2~5㎜, 흑갈색, 코르크질. 포자는 4.8~5.6×3.5~5㎛, 아구형, 표면이 매끈하고, 벽은 두꺼우며 투명하다. 담자기는 짧은 곤봉형, 13~18×8~10(5~6)㎛로 4-포자성, 꺽쇠는 없다.

생태 연중 / 활엽수에 기생하며 껍질에 선반형으로 단생-군생한다. 가끔 도드라진 반전 모양으로 완전한 배착생인 것도 있다. 백색부후균이다.

분포 한국, 유럽, 북미, 아시아

주름균강 》 소나무비늘버섯목 》 소나무비늘버섯과 》 진흙버섯속

녹슨테진흙버섯

Phellinus viticola (Schw.) Donk
P. isabellinus (Fr.) Bourd. & Galz.

형태 자실체는 균모를 형성하거나 반배착생이지만 때로 배착생인 것도 있다. 균모는 반원형-선반형 또는 가늘고 긴 모양, 가로 2~8㎝, 전후 1~3㎝, 부착부 두께 0.5~1.5㎝ 정도. 기물에 넓게 부착된다. 위 표면은 동심원상으로 좁은 테 모양 홈선이 있고, 부착부위는 다소 돌출된다. 표면은 녹슨 갈색-회갈색, 눌러붙은 미세한 털이 있고, 거칠며 울퉁불퉁하다. 가장자리는 약간 밝고 황갈색을 띠며 얇고 날카롭다. 살은 신선할 때는 코르크질, 건조할 때는 목질로 단단하다. 하면 및 관공의 구멍은 회갈색-계피갈색, 3~4개/㎜, 소형. 관공의 길이는 1~7㎜, 관공은 매년 엷은 층으로 변한다. 포자는 6~8×1.5~2㎛, 원주형-소시지형, 매끈하고 투명하다.

생태 연중 / 분비나무, 가문비나무 등 침엽수 또는 활엽수의 죽은 나무나 가지에 난다.

분포 한국, 유럽

수평진흙버섯

Phellinus vorax Harkn. ex Cerny

형태 자실체는 배착생에서 약간 균모가 있는 수직의 기질로 된 균모가 있다. 균모는 선반형, 비스듬한 내린 주름살형의 구멍층이 있다. 가장자리는 균모처럼 돌출한다. 균모는 반원형, 소라형 또는 불규칙한 결절상. 위 표면은 분명한 좁은 띠와 미세한 털이 있으며, 녹슨 색이다가 회갈색이 된다. 가장자리는 불규칙한 물결형로 결절상, 때로 부서진 개별 자실체가 되며, 황갈색-회갈색이다. 구멍은 둥글고 약간 늘어난다. 관은 길이 4~7㎜, 분명한 층을 이룬다. 조직은 녹슨 갈색, 코르크질, 단단하며 질기다. 냄새가 약간 나며, 맛은 온화하다. 포자는 5~6×4~5㎛, 광타원형-류구형, 매끈하고 투명하며 1개의 기름방울을 함유하기도 한다. 담자기는 가는 곤봉형, 22~26×5.5~6.5㎛, 4-포자성. 기부에 꺽쇠는 없다.

생태 연중 / 침엽수의 죽은 나무 또는 가지에 단생, 드물게 군생한다. 때때로 개별적인 자실체가 서로 유착한다.

분포 한국, 유럽, 북미, 아시아

주름균강 》 소나무비늘버섯목 》 소나무비늘버섯과 》 코르크버섯속

흑코르크버섯

Phellopilus nigrolimitatus (Rom.) Niemelä, T. Wagner & M. Fisch.
Phellinus nigrolimitatus (Rom.) Bourd. & Galz.

형태 자실체는 배착생. 드물게 펴져서 반전되기도 한다. 균모는 돌출되거나 사마귀 점, 결절상등 여러 형태이며 검은 적갈색-흑색. 가장자리는 물결형. 아래는 미세한 구멍이 있고, 회색-밤색, 적갈색이다. 구멍은 원형, 5~6개/㎜. 관은 길이 5㎜, 뚜렷한 층이 있고 전체 관의 길이는 20㎜. 일년생의 가장자리 테의 자실체는 구멍이 없고 털상이며 밝은 갈색. 다년생에서는 흑갈색. 각 층의 구멍은 펴져 나가며 작고 예리한 경계 가장자리에 테가 있다. 조직의 두께는 5㎜, 적색-녹슨 갈색, 단면은 흑갈색, 물결형 선이 보인다. 코르크질이며 부서지기 쉽다. 건조 시 매우 가볍다. 포자는 5.5~6.5×1.8~2.5㎛, 원통형이나 한쪽이 예리하며 표면은 매끈하고 투명하다. 담자기는 곤봉형, 10~15×4.5~5.5㎛, 4-포자성, 기부에 꺽쇠는 없다.
생태 여름~가을, 일년생-다년생 / 썩은 고목, 높은 산의 넘어진 나무 밑에 단생-군생한다.
분포 한국, 유럽

주름균강 》 소나무비늘버섯목 》 소나무비늘버섯과 》 범부채버섯속

녹색말범부채버섯

Phylloporia ribis (Schumach.) Ryvarden
Phellinus ribis (Schum.) Quél.

형태 자실체는 선반형이나 편평한 형태. 표면에서 펴져 반전형이 되지만 부분적으로 완전히 등걸을 둘러싼다. 보통 수십 개의 자실체가 겹치며 개별 자실체는 크기 30~150㎜, 두께 5~20㎜, 위 표면은 밋밋하다가 결절상, 때로 부푼다. 녹슨 갈색-흑갈색, 오래되면 조류가 있는 부분은 녹색. 가장자리는 물결형, 예리하고 얇다. 아래 표면의 자실층탁은 미세한 구멍이 있고 붉은색-갈색. 구멍은 둥글고 6~7개/㎜, 관은 길이 1~3㎜. 살의 단면은 2개의 검은 선으로 나뉘며, 코르크질이고 질기다. 포자는 3~4×2.5~3㎛, 류구형-난형, 매끈하고 투명하며, 기름방울도 있다. 담자기는 곤봉형, 8~12×3~5㎛, 4-포자성, 균사 격막은 관찰되지 않는다.
생태 연중 / 산 나무의 밑동에 난다. 백색부후균.
분포 한국, 유럽, 북미, 아시아

황갈색범부채버섯

Phylloporia spathulata (Hook.) Ryv.
Coltricia cumingii (Berk.) Teng, Coltricia spathulata (Hook.) Murrill, Onnia cumingii (Berk.) Imaz.

형태 균모의 폭은 10㎝ 정도이고 부채꼴-콩팥 모양이다. 표면은 황갈색-암갈색이며 가장자리는 선명한 황색, 방사상으로 뚜렷이 돌출된 주름이 있다. 짧은 털과 테 무늬가 있다. 살은 목질, 매우 단단하며 황갈색. 관공은 2~3.5㎜ 정도로 짧고, 선명한 황색이다가 회황갈색이 된다. 구멍은 미세한 원형. 자루는 길이 8㎝, 굵기는 1.3㎝ 정도지만 3㎝에 달하는 것도 있다. 한쪽 끝에 측생으로 흔히 붙지만 편심생인 것도 있다. 심한 부정형, 표면은 편평하고 많은 굴곡이 있으며 황갈색 짧은 털이 있다. 포자는 크기 3~3.5㎛로 구형, 표면은 매끈하고 투명하다.
생태 연중 / 활엽수 수간이나 근부에 난다.
분포 한국, 일본, 중국, 대만, 필리핀, 호주

황갈색범부채버섯(소형)

Coltricia cumingii (Berk.) Teng

형태 자실체는 비교적 소형이며 균모는 지름 4~5㎝. 위에서 보면 원형, 편평형 또는 거의 술잔 모양이다. 색깔은 적갈색. 표면은 털이 있고 띠는 있는 것도 있고 없는 것도 있다. 균모의 자루는 길이 3~4㎝, 굵기 0.8~1㎝, 적갈색이며, 대부분이 편심생이다. 포자는 크기 3.5~5×3~4㎛이며 류구형, 표면은 매끈하고 투명하고 무색이다.

생태 여름~가을 / 숲속의 땅에 단생-군생한다.

분포 한국, 중국

주름반점구멍버섯

Polystictus radiato-rugosus Lloyd

형태 자실체는 비교적 소형. 균모는 지름 3.5~7㎝, 두께 4㎜, 반원형 또는 콩팥형이다. 색은 우유빛 황색에 옅은 황토색 무늬가 있으며, 광택이 나고 밋밋하다. 방사상의 무늬와 동심원상의 띠가 있다. 가장자리는 얇고 예리하다. 살은 얇고 백색 혹은 동색이다. 관은 길이 2㎜, 벽이 두껍고 가지런하며 원형이다. 색은 옅은 살색 또는 진한색이며 3~4개/㎜가 있다. 포자는 크기 6.5~7.5×3~3.2㎛, 류원통형이며 무색이다. 표면은 광택이 나고 매끈하며 투명하다.

생태 연중 / 썩은 고목, 철도 갱목 등에 발생한다.

분포 한국, 중국

조개흑백각피버섯

Pyrrhoderma sendaiens (Yasuda) Imazeki

형태 자루가 있다. 균모는 치우친 편평-패각상에 만곡지며, 지름 3~10㎝, 두께 3~10㎜. 표면은 각피, 계피색-회갈황색. 희미한 광택이 나며, 방사상의 주름 요철과 얕고 둥근 골이 있다. 자루는 균모의 옆 또는 편심으로 붙는다. 직립성, 길이 5~10㎝, 굵기 5~15㎜, 표면은 두껍고, 견고한 각피를 만든다. 균모의 살은 두께 2~5㎜, 건조 시 견고하며 탄력성을 잃는다. 색은 황갈색이며 이 속의 특성인 흰 균사속과 각피상의 단단한 검은 조직이 혼재한다. 균모의 하면은 회갈색, 관공은 두께 3~5㎜, 원형, 7~8개/㎜로 미세하다. 포자는 5~6.5×5㎛, 류구형, 포자벽은 박막. 표면은 매끈하고 투명하며, 무색이다. 1개의 큰 기름방울을 함유한다.
생태 연중 / 활엽수의 고목, 나무의 절주에 난다. 드문 종.
분포 한국, 일본

주름균강 》 소나무비늘버섯목 》 소나무비늘버섯과 》 반쪽버섯속

물방울반쪽버섯

Pseudoinonotus dryadeus (Pers.) Wagner & Fisch.
Inonotus dryadeus (Pers.) Murr.

형태 자실체는 반배착생. 균모 부분의 절반과 하면 및 자루 부분의 절반이 기물에 부착된 특이한 형태를 하고 있다. 균모는 반원형으로 전후 6~15㎝, 좌우 10~25㎝ 정도. 표면은 울퉁불퉁한 결절이나 낮게 패인 구멍이 있기도 하여 요철면을 이룬다. 밀모가 있고 크림색이다가 이후 황갈색-담배갈색이 되며, 적갈색 물방울이 생기기도 한다. 가장자리는 둔각을 이룬다. 살은 유연하지만 질기고 즙이 많으며 적갈색. 자실층은 두껍게 형성되어 기물에 부착하며, 회백색-황갈색. 관공은 원형, 3~4개/㎜, 길이 5~20㎜. 포자는 7.5~8.5×5.5~6.5㎛, 광타원형, 매끈하고 투명하며 벽이 두껍다.
생태 여름~가을 / 참나무나 밤나무의 기생성 버섯으로 흔히 밑동에 발생한다. 부근의 낙엽층으로 피복된다. 침엽수의 죽은 가지에도 난다. 백색부후균. 흔한 종.
분포 한국, 일본, 유럽, 북미, 호주

주름균강 》 소나무비늘버섯목 》 소나무비늘버섯과 》 장수버섯속

장수버섯

Sanghuangporus baumi (Pilát) L.W. Zhou & Y.C. Dai
Phellinus baumi Pilát

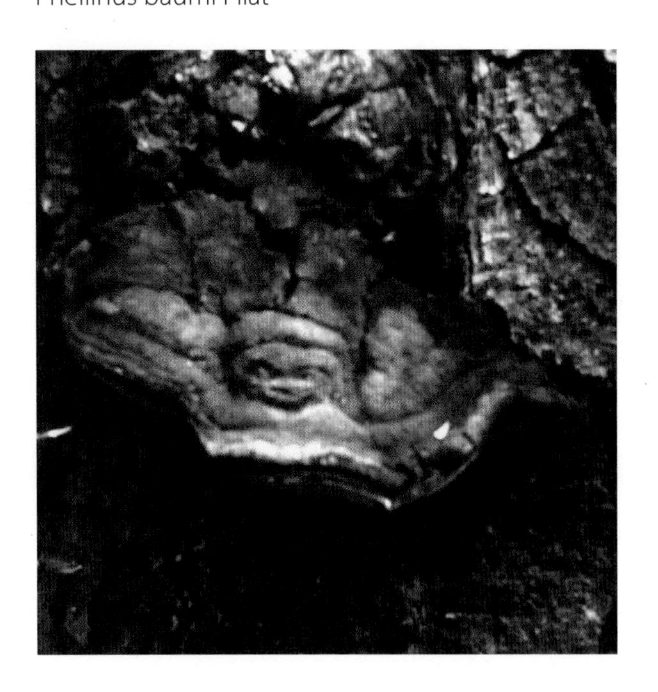

형태 자실체는 좌우 4~10㎝, 전후 3~8㎝. 자루 없이 기주에 직접 부착된다. 반원, 말발굽 또는 조개껍질 모양이며 두께는 4.5㎝. 표면은 미세한 융털에 둔한 계피색이다가 털이 없어지고 회갈색, 검은 색이 된다. 뚜렷한 테 모양으로 골이 생기고 종횡으로 균열이 생긴다. 가장자리는 둔하거나 잘라낸 모양 혹은 층 모양. 살은 연한 황갈색-갈색, 목질. 자실층은 관공상, 다층으로 황갈색-갈색. 구멍은 원형에 8~10개/㎜, 미세하다. 표면은 연한 갈색, 밤갈색, 보라색을 띤 암갈색이다. 포자는 3~3.5×5~6.5㎛, 아구형, 표면이 매끈하고 연한 갈색이다.
생태 연중, 다년생 / 활엽수의 줄기 또는 가지에 난다. 백색부후균.
분포 한국, 일본, 중국, 필리핀, 유럽

흑장수버섯

Sanghuangporus lonicerinus (Bondartsev) Sheng H.Wu, L.W. Zhou & Y.C. Dai
Porodaedalea lonicerina (Bond.) Imaz., Fomes lonicerinus Bond.

형태 균모는 말발굽형-반원형이며 둥근 산 모양을 이룬다. 폭 5~8㎝, 두께 2~4㎝의 중형. 표면은 처음에는 다갈색의 미세한 털이 덮여 있으나 곧 탈락하고 흑갈색-거의 흑색이 된다. 가장자리는 폭이 좁고 황갈색 테가 있으며 현저한 테 모양의 줄무늬 홈선이 나타난다. 하면의 관공 층은 암갈색-황갈색, 균모의 살은 다갈색. 관공은 여러 층이 있으며 각 두께는 2㎜ 정도. 구멍은 5~6개/㎜로 미세하다. 포자는 4~5×3~3.5㎛, 아구형, 매끈하고 연한 황갈색이다.

생태 연중 / 활엽수의 고목 또는 병꽃나무속 등에 주로 발생한다. 백색부후균.

분포 한국, 일본, 시베리아

상황열대구멍버섯

Tropicoporus linteus (Berk. & M.A. Curtis) L.W. Zhou & Y.C. Dai
Phellinus linteus (Berk. & Curt.) Teng

형태 자실체는 다년생이며 목질이다. 균모는 반원형-말발굽형으로 둥근산 모양을 이루며 기물에 직접 부착된다. 전후 6~12㎝, 좌우 10~20㎝, 부착된 부분의 두께는 5~10㎝ 정도의 대형. 표면은 암갈색의 짧은 털이 밀생하다가 얼마 안 되어 벗겨진다. 흑갈색이고 현저한 테 모양의 홈이 있으며 종횡으로 많은 균열이 생겨 거친 모양을 이룬다. 가장자리의 신생부는 선황색. 때로는 균모의 표면에 이끼류가 나기도 한다. 하면의 관공은 선황색이다가 황갈색이 되며, 관공은 여러 층이 있고 각 두께는 2~4㎜. 구멍은 원형에 미세하다. 포자는 지름 3~4㎛로 아구형, 표면은 매끈하고 투명하며 연한 황갈색이다.

생태 연중 / 뽕나무, 버드나무, 참나무류 등 활엽수의 입목에 침입 기생하는 백색부후균. 항암 성분이 많아 약용으로 쓰인다. 드문 종.

분포 한국, 일본, 중국, 동남아, 호주, 북미

주름균강 》 소나무비늘버섯목 》 소나무비늘버섯과 》 관털버섯속

먼지관털버섯

Tubulicrinis accedens (Bourd. & Galz.) Donk

형태 자실체는 배착생. 기질에 단단히 부착한다. 얇고 다소 연속적으로 막편이 수 센티미터로 퍼져 나간다. 표면은 밋밋하고 미세한 가루상이며 회백색이다. 가장자리 쪽으로 얇아서 곰팡이 실처럼 보이기도 한다. 포자는 크기 4~5(5.5)×3~3.5㎛, 광타원형이며 표면이 매끈하고 투명하며 기름방울을 함유한다. 담자기는 원통-곤봉형, 크기 12~14×4~5㎛로 2, 4-포자성이다. 기부에 꺽쇠가 있다.
생태 가을 / 썩은 침엽수, 특히 관목류에 배착 발생한다. 보통종이 아니다.
분포 한국, 유럽, 북미, 아시아

주름균강 》 소나무비늘버섯목 》 소나무비늘버섯과 》 관털버섯속

북방관털버섯

Tubulicrinis borealis J. Erikss

형태 자실체는 완전 배착생. 기질에 단단히 부착하여 얇게 형성되며, 털-가루상으로 드물게 막질의 막편이 수 센티미터로 퍼진다. 표면은 확대경으로 보면 미세한 가루-털상이다. 가장자리는 가지런하지 않으며 표면 전체가 백색-회백색이다. 견고하며 왁스같고 유연하다. 포자는 크기 5~6×2~2.5㎛, 타원형-원통형 혹은 약간 아몬드형. 표면은 매끈하고 투명하다. 담자기는 짧은 곤봉형, 8~12×4~5㎛로 2, 4-포자성이며 기부에 꺽쇠가 있다.
생태 연중 / 활엽수와 구과식물의 썩은 부위에 배착 발생한다.
분포 한국, 유럽

주름균강 》 소나무비늘버섯목 》 소나무비늘버섯과 》 관털버섯속

열관털버섯

Tubulicrinis thermometrus (G. Cunn.) M.P. Christ.

형태 자실체는 전체가 배착생. 기질에 단단히 붙어 있으며, 얇은 막질을 형성하면서 수 센티미터 크기로 퍼진다. 표면은 밋밋, 섬세한 분상이지만 확대경으로 보면 솜털 모양으로 덮여 있으며 회백색이다. 가장자리는 엷게 펴져 있다. 포자는 지름 3.5~4.8㎛에 구형-아구형으로 표면이 매끈하고 투명하며 기름방울이 들어 있다.

생태 가을~봄 / 침엽수 땅에 쓰러진 나무나 가지의 아래쪽 하면에 난다.

분포 한국, 일본, 유럽, 북미, 러시아

주름균강 》 소나무비늘버섯목 》 좀구멍버섯과 》 좁쌀돌기버섯속

좁쌀돌기버섯

Alutaceodontia alutacea (Fr.) Hjortstam
Grandinia stenospora (P. Karst.) Jülich

형태 자실체는 완전 배착생으로 기질에 단단히 부착된다. 자실체는 얇고, 막질의 각질로 된 막편이 수 센티미터로 퍼져 나간다. 표면은 어릴 때 거의 밋밋하다가 결절상, 사마귀 반점 또는 치아상처럼 된다. 유연하고 왁스처럼 끈적인다. 어릴 때 백색, 이후 황토색이 된다. 가장자리는 막질이 있다. 포자는 크기 7~8×1.5~2㎛, 좁은 원주형, 아몬드형이며 표면이 매끄럽고 투명하다. 담자기는 가는 곤봉형, 13~17×4~5㎛, 4-포자성이다. 기부에 꺽쇠가 있다.

생태 여름~가을 / 죽은 썩은 고목의 표면에 배착 발생한다. 보통 종이 아니다.

분포 한국, 유럽, 아시아, 북미

가시구멍버섯

Echinoporia hydnophora (Berk. & Broome) Ryvarden

형태 자실체는 반 배착생. 균모는 미발달한 흔적이 남아 있다. 균모의 표면은 유백색-담갈색, 가는 침이 피복한다. 침의 선단은 분(분생자)으로 싸여 있다. 균모의 살은 유백색, 육질이다. 구멍은 소형이며 유백색-담갈색이다.

생태 봄~가을 / 활엽수목에 난다. 백색부후균.

분포 한국, 일본

주름균강 》 소나무비늘버섯목 》 좀구멍버섯과 》 솜털돌기버섯속

솜털돌기버섯

Fibrodontia gossypina Parmasto

형태 자실체는 배착생. 기질에 퍼져 나가며 자실층탁은 치아상으로 작은 가시가 많다. 색은 크림색-황토색. 가장자리는 다소 털상. 균사 조직은 헛 2균사형, 일반균사는 꺽쇠가 있고 폭은 2~3㎛이고 투명하다. 헛 골격균사는 일반균사로부터 분생자형성 균사층에서 만들어진다. 둔한 가시 부분을 제외하고 벽은 두껍다. 폭은 2.5~3.5㎛로 평풍처럼 둘러싸인다. 담자포자는 3.5~4.5(5)×2.5~3.5㎛, 타원형-류구형, 표면은 매끈하고 투명하며 벽이 얇다. 낭상체는 없다. 담자기는 곤봉형, 10~20×3.5~5.5㎛, 4-포자성, 기부에 꺽쇠가 있다.
생태 연중 / 죽은 고목에 배착 발생한다.
분포 한국, 유럽

주름균강 》 소나무비늘버섯목 》 좀구멍버섯과 》 돌기고약버섯속

수염돌기고약버섯

Hyphodontia barba-jovis (Bull.) Erikss.
Grandinia barba-jovis (Bull.) Jülich

형태 자실체는 배착생. 기질에 다소 느슨하게 부착하지만 위에서 납작하게 눌린다. 막편은 얇게 형성되며 섬유상의 막편이 수 센티미터로 퍼진다. 표면은 치밀하고 돌기 원추는 길이 0.5㎜ 정도의 침 모양이며 침 끝은 빗 모양, 크림색-황토색이며 때때로 약간 녹색을 띤다. 가장자리는 그물눈의 구멍과 연한 색으로 분명하게 경계를 이루며, 섬유상, 막질이며 유연하다. 포자는 4.5~6×3.5~4.5㎛, 류구형-난형, 표면이 매끈하고 투명하다. 담자기는 가는 곤봉형, 가운데가 응축하며 4.5~6×3.5~4.5㎛, 4-포자성이다. 기부에 꺽쇠가 있다.
생태 봄~가을 / 죽은 활엽수의 나무, 땅에 쓰러진 나뭇등걸과 가지에 배착 발생한다.
분포 한국, 유럽

혀돌기고약버섯

Hyphodontia spathulata (Schrad.) Paramasto
Grandinia spathulata (Schrad.) Jülich

형태 자실체 전체가 배착생으로 기물표면에 넓게 퍼지며 얇고 밀납질이다. 자실층은 미세한 점상 사마귀가 많이 있다. 색깔은 연한 오렌지 황색이다. 가장자리는 같은 모양이거나 또는 백색이다. 사마귀는 길이 1.5-3㎜이고 모양은 현저히 변화가 많다. 사마귀 모양은 혀모양, 이빨모양, 추모양, 원통모양 등이다. 선단은 균사가 휘감겨서 닭벼슬 모양이다. 포자는 크기 4-6×3-4㎛, 타원형, 표면은 매끈하고 투명하다.
생태 연중/ 활엽수 또는 침엽수에 백색부후를 일으킨다.
분포 한국, 일본, 유럽, 북미

회색돌기고약버섯

Kneiffiella cineracea (Bourdot & Galzin) Jülich & Stalpers
Hyphodontia cineracea (Bourdot & Galzin) J. Erikss. & Hjortstam

형태 자실체는 완전 배착생. 자실체는 기질에 단단히 부착하며, 얇게 형성된다. 가루 같은 막편은 수 센티미터로 퍼진다. 표면은 밋밋하고 가루상-섬유상이며 회백색이다. 가장자리는 얇고 유연하며 쉽게 펴지지만 쉽게 사라진다. 포자는 5.5~7×2.5~3㎛, 좁은 타원형-약간 아몬드형, 표면이 매끈하고 투명하며 어떤 것은 몇 개의 기름방울을 함유하기도 한다. 담자기는 가는 곤봉형, 15~20×4~5㎛, 4-포자성이다. 기부에 꺽쇠가 있다.
생태 가을~봄 / 땅에 쓰러진 단단한 나무의 껍질에 발생한다. 드문 종.
분포 한국, 유럽

좀구멍버섯

Schizopora paradoxa (Schrad.) Donk
Poria versipora (Pers.) Sacc.

형태 자실체는 배착생으로 기질에 단단히 붙는다. 처음에는 작고 둥근 막이 형성되나 후에 융합되기도 하면서 수~수십 센티미터로 퍼진다. 때로는 2.5~15×5~30㎝까지 불규칙하게 퍼지기도 한다. 자실층의 두께는 5㎜ 정도, 관공은 백색-크림색 또는 크림황토색. 가장자리 부분이 유백색으로 더 밝다. 구멍은 1~4개/㎜로 원형, 장방형, 각형, 미로형 등 다양하다. 생육 시 유연하지만 건조하면 단단하다. 포자는 크기 4.5~6×3-4㎛, 광타원형-난형, 표면이 매끈하고 투명하며 기름방울을 함유하기도 한다.
생태 연중 / 활엽수의 죽은 가지 낙지 등에 나고 드물게 침엽수에도 난다.
분포 한국, 유럽, 북미

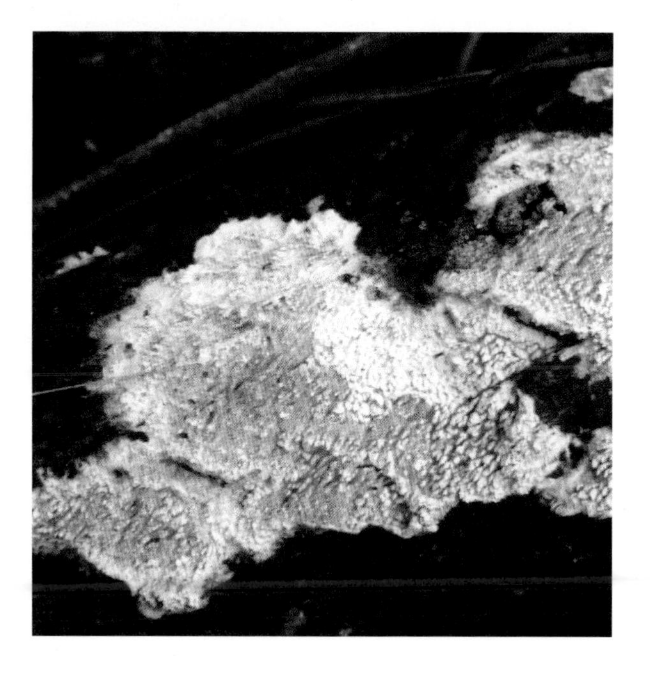

흰돌기고약버섯

Xylodon brevisetus (P. Karst.) Hjortstam & Ryvarden
Grandinia breviseta(P. Karst.) Jülich, Odontia breviseta (P. Karst.) Erikss.

형태 자실체는 배착생. 자실층탁은 돌출되며 짧은 가시가 있고 밀집하여 배열된다. 색은 크림색. 균사 조직은 1균사형이며 꺽쇠가 있고, 폭은 3~4㎛. 벽은 얇거나 약간 두껍다. 낭상체는 다소 매듭형이어서 응축이 있다. 담자포자는 크기 4~5×3~3.5㎛, 좁은 타원형, 표면이 매끈하고 투명하며 포자벽은 얇다. 담자기는 곤봉형-원통형, 중간이 응축되며 20~25×4~5㎛, 4-포자성이다. 기부에 꺽쇠가 있다.
생태 연중 / 주로 전나무류 등 침엽수의 죽은 수간, 가지에 붙어 있거나 떨어진 낙지에 난다. 혼효림 내 활엽수에도 난다.
분포 한국, 유럽

주름균강 》 소나무비늘버섯목 》 좀구멍버섯과 》 잔돌기버섯속

거친잔돌기버섯

Xylodon detriticus (Bourdot) K.H. Larss., Viner & Spirin
Hypochinicium detriticum (Bourdot) J. Erikss. & Ryvarden, Lagarobasidium detriticum (Bourdot) Jülich

형태 자실체 전체가 배착생으로 기질에 느슨하게 붙어 있으며 필름처럼 얇은 막으로 수 센티미터 정도 퍼진다. 표면은 미세한 비듬 모양-미세한 쌀겨 모양이 덮여 있다. 색깔은 백색-백회색. 충분히 자라면 약간 이빨처럼 보이기도 한다. 가장자리는 더 얇게 퍼져 있다. 포자는 크기 4.5~5.5×4~4.5㎛, 아구형-광타원형, 표면이 매끈하고 투명하다. 포자벽이 두껍고 기름방울을 함유한다.
생태 가을 / 땅에 넘어진 침엽수 줄기의 지면 쪽에 난다. 여러 가지 초본류의 썩은 곳에도 난다.
분포 한국, 유럽

주름균강 》 소나무비늘버섯목 》 좀구멍버섯과 》 잔돌기버섯속

부푼잔돌기버섯

Xylodon nesporii (Bres.) Hjortstam & Ryvarden

형태 자실체는 배착생, 쉽게 기질에서 떨어진다. 건조 시 다소 가루상, 자실층탁은 돌출되며 작은 가시가 밀집하여 배열하고, 꼭대기는 털상이다. 색은 크림색. 가장자리는 가루상. 균사 조직은 1균사형, 꺽쇠가 있으며 폭은 3~4㎛, 벽은 두껍고, 가시 꼭대기의 돌출 균사 폭은 4~5㎛. 보통 많이 싸인 것은 둥글고 큰 크리스탈을 가지고 있다. 낭상체는 없다. 두부상인 균사 끝이 몇몇 있으며, 자실층, 류자실층의 기원이 된다. 담자포자는 4.5~6×2~2.5㎛, 류원통형, 약간 부풀고, 표면이 매끈하고 투명하다. 벽은 얇고 기름방울을 함유하기도 한다. 담자기는 류원통형, 중간이 응축하며, 15~25×4~5㎛. 4-포자성이며 기부에 꺽쇠가 있다.
생태 연중 / 죽은 고목의 등걸, 가지 등에 배착 발생한다.
분포 한국, 유럽

줄잔돌기버섯

Xylodon radula (Fr.) Tura, Zmitr., Wasser & Spirin
Basidioradulum radula (Fr.) Nobles, Hyphoderma radula (Fr.) Donk

형태 자실체는 전체가 배착생. 처음에는 둥근 반점이 덮게 모양으로 기질 표면에서 발생하다가 서로 합쳐지기도 하면서 수십 센티미터 크기로 퍼진다. 어릴 때 표면은 불규칙하게 결절하여 사마귀 모양 요철이 생긴다. 이들의 길이는 서로 다르고 뭉툭한 거치상이며, 폭 5㎜, 높이 1㎜ 정도에 이른다. 이 거치들은 송곳, 원통 또는 다소 평평한 모양으로 균사가 퍼진다. 신선할 때는 유연하고 밀납 같고, 건조하면 단단하고 각질이 된다. 포자는 8.5~10×3~3.5㎛, 원주형-약간 소시지형, 표면이 매끈하고 투명하다. 담자기는 20~30×5~6㎛, 원통형-곤봉형, 4-포자성, 기부에 꺽쇠가 있다.

생태 여름~가을 / 서 있는 죽은 나무나 쓰러진 활엽수, 드물게는 침엽수 줄기나 가지에 난다. 오리나무나 전나무, 벚나무 등에 많이 난다.

분포 한국, 유럽, 북미

석회잔돌기버섯

Xylodon sambuci
Hyphodontia sambuci (Pers.) Erikss, Lyomyces sambuci (Pers.) P. Karst.

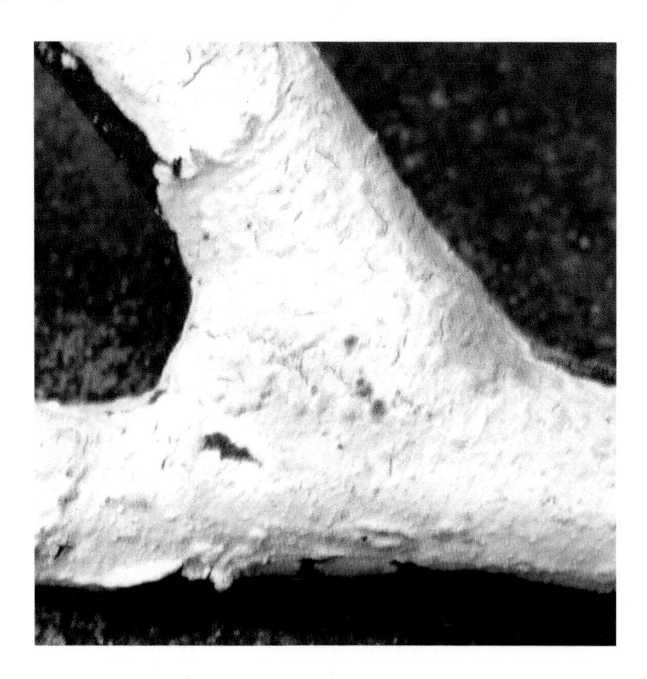

형태 자실체 전체가 배착생으로 얇은 막을 형성하면서 수~수십 센티미터까지 퍼지고 기질에 단단히 부착된다. 자실체는 얇고 다소 각질이며, 백색 페인트를 칠한 것 같다. 표면은 다소 결절 모양이고 사마귀가 많다. 색깔은 백색-연한 크림색. 광택은 없고 건조할 때는 약간 갈라져 회반죽처럼 보인다. 가장자리는 얇게 퍼지거나 분명한 경계가 생긴다. 포자는 5~6×3.5~4㎛, 난형이며 표면이 매끈하고 투명하다. 1~3개의 기름방울이 있으며 벽이 다소 두껍다.

생태 연중 / 활엽수의 죽은 나무에 나며 관목, 가지에도 난다. 흔히 가지나 줄기에 나는데 수피가 있거나 없어도 난다. 특히 딱총나무 줄기에 많이 난다.

분포 한국 등 전 세계

가는꼴망태버섯

Ileodictyon gracile Berk.
Clathrus gracilis Berk.

형태 자실체는 어릴 때 백색-연한 회갈색의 구형 또는 알 모양. 지름 2~4㎝. 펴지기 전의 외피 표면은 내부 가지의 영향으로 다소 요철이 있다. 알 모양이 펴지면 둥근 초롱 모양의 지름 3~7㎝ 가지가 나타난다. 초롱 모양 가지는 다각형-아구형을 이루는데 6~12개가 붙어 있다. 가지의 굵기는 2.5~4㎜, 유백색. 가지의 내측에 점액화된 암녹색-암녹갈색의 기본체가 붙어 있다. 악취는 없지만 다소 냄새가 난다. 포자는 4.5~6×2~2.5㎛, 장타원형, 무색이다.

생태 초여름~늦가을 / 활엽수 또는 침엽수의 숲속 또는 지상에 발생한다. 드문 종.

분포 한국, 일본, 중국, 뉴질랜드, 호주, 남아프리카

찐빵버섯

Kobayasi nipponica (Kobay.) Imai & Kawam.

형태 자실체는 지름 3~7㎝, 찌그러진 공 모양. 표면은 연한 백회색의 얇은 외피로 덮여 있고, 기부의 한쪽 끝에서 뿌리를 내린다. 내부의 기본체는 중심으로부터 방사상으로 늘어선 혀 또는 유방 모양의 구획으로 갈라진다. 속은 우무의 조직으로 차 있으나 점차 액화되어 없어져 비게 된다. 유방 모양의 기본체는 흑록색으로 연골질에 단단하고, 자실층은 기본체 속의 작은 방 내벽에 형성된다. 포자는 크기 4~5×2㎛, 타원형, 표면이 매끄럽고 투명하며 암녹색을 띤다.
생태 여름~가을 / 숲속의 땅에 단생하며 부생 생활을 한다.
분포 한국, 일본 중국

주름균강 》 말뚝버섯목 》 말뚝버섯과 》 바구니버섯속

바구니버섯

Clathrus ruber Micheli ex Pers.

형태 자실체는 어릴 때 구형, 백색이며 지름 2~4㎝로 알 모양. 유균이 깨지기 전 외피의 표면은 여러 가지(대)로 인해 거북이 등 모양 요철이 생긴다. 자루는 여러 가지가 둥글게 붙은 채 가운데 큰 구멍이 있고, 자루들 사이에 9개 전후의 긴 다각형 구멍이 뚫려 바구니 모양이다. 지름 3~7㎝, 선명한 홍색, 안쪽은 더 진하다. 굵기는 2.5~4㎜. 자루의 표면에 가로로 가는 홈선이 있고 안쪽에 사마귀 모양 돌기가 있다. 기본체는 암녹갈색의 점액화된 물질로 붙어 있다. 오래되면 자루 위쪽 끝이 떨어지면서 바깥쪽이 휜다. 포자는 5~6×1.6~2㎛, 원주형, 표면이 매끈하고 투명, 황색, 기름방울이 들어 있다.

생태 여름~늦가을 / 숲속의 지상에서 발생한다. 드문 종.

분포 한국, 일본, 중국, 호주, 뉴질랜드, 남아프리카

주름균강 》 말뚝버섯목 》 말뚝버섯과 》 발톱버섯속

게발톱버섯

Laternea columnata Ness
Linderia bicolumnata (Llyod) G. Cunn.

형태 버섯 알의 지름은 1.5~2㎝, 어린 버섯은 난형. 성숙한 자실체의 높이는 3~8㎝, 집게 발처럼 2개의 팔이 있고 끝부분에서 서로 결합한다. 버섯의 아래쪽은 크림색 또는 오렌지 황색이며 위쪽은 적색이다. 기본체는 팔의 접합부의 안쪽에 있으며 흑갈색이고 인분 냄새가 난다. 포자는 크기 3.5~4.5×1.5~2㎛, 타원형이다.

생태 가을~겨울 / 대나무 숲, 잔디밭, 숲속의 땅에 무리 지어 나며 부생 생활을 한다. 식용여부는 불분명하다.

분포 한국, 일본, 중국, 북미

새주둥이버섯

Lysurus mokusin (L.) Fr.
Lysurus mokusin f. sinensis (Lloyd) Kobay.

형태 버섯의 높이 5~12㎝, 굵기 1~1.5㎝이고 성숙한 버섯은 4~6개의 각주 모양이며 단면은 별 모양, 연한 크림색이다. 위쪽에 자루의 능선과 같은 수의 팔이 각 모양으로 갈라져 있으나 안쪽에서는 서로 붙어 있으며 자실체는 하나로 뭉쳐져 있다. 팔의 안쪽은 붉은 색, 그곳에 흑갈색의 끈적이는 액의 기본체가 붙는다. 포자는 4~4.5×1.5~2㎛, 방추형, 한쪽 끝이 가늘다. 연한 올리브색을 띤다.

생태 초여름~가을 / 여름에 자주 발견된다. 아파트의 풀밭, 숲속에 나며 특히 불탄 자리에 1~2개, 가끔 무리지어 나기도 한다. 부생 생활을 한다. 식용과 약용으로 이용하며 독 성분도 가지고 있다.

분포 한국, 일본, 대만, 중국, 호주

용문새주둥이버섯

Lysurus mokusin f. **sinensis** (Lloyd) Kobay.

형태 자실체가 성숙하면 4~5각형의 자루와 그 위에 머리가 돌출한다. 자실체는 새주둥이버섯과 똑같은데 그와 달리 머리끝이 새주둥이처럼 뾰족하게 돌출되며 구부러지는 특징이 있다. 머리는 홍색-연한 홍색이고 세로로 줄의 홈이 파인 곳에 끈적이는 액상의 암갈색 기본체가 부착한다. 자루는 연한 홍색을 띠거나 유백색. 포자는 크기 4~5×2㎛로 타원형, 표면이 매끈하고 투명하다.
생태 여름 / 숲속의 땅, 정원, 길가 등에 단생-군생한다.
분포 한국, 중국, 일본, 호주, 북미

붉은머리뱀버섯

Mutinus borneensis Ces.
Jansia borneensis (Ces.) Yoshimi

형태 자실체는 어릴 때 소형의 긴 알 모양이고 백색이다가, 성숙하면 각피가 찢어지면서 높이 3~4㎝, 지름 5~8㎝ 정도의 자루와 머리가 돌출한다. 머리는 자루가 연장된 모양이며 끝이 가늘어진다. 머리의 표면은 적갈색-적색이고 가로로 테두리 모양 주름이 있고 그 위에 흑갈색의 점액화된 기본체가 붙어 있다. 과일즙과 같은 달콤한 향기가 난다. 자루는 원통형, 속은 비어 있으며 백색이다. 포자는 크기 3.5~4×1.4~1.8㎛, 타원형, 표면이 매끈하고 투명하다.

생태 여름 / 활엽수 숲속에 낙엽층이나 부후목에 발생한다.

분포 한국, 일본, 동남아시아

뱀버섯

Mutinus caninus (Huds.) Fr.

형태 자실체는 어릴 때 알 모양이며 2~3.5㎝. 이후 높이 7~10㎝, 굵기 0.8~1.5㎝ 자루가 원통형으로 길게 뻗어 나오면서 머리 부분이 원추형으로 가늘어진다. 머리 부분은 진한 홍색, 사마귀 또는 주름살 모양 융기가 있고 그 위에 암녹 갈색의 점액화된 기본체가 있다. 약간 악취가 난다. 자루는 전체가 홍색-담홍색, 백색이 드러나는 끝검은뱀버섯과 뚜렷한 차이가 있다. 자루는 속이 비어 있고 스펀지 모양으로 구멍이 많으며 연약하다. 자루의 기부에는 알이 찢어져서 주머니 모양을 이룬다. 포자는 크기 4~5×1.5~2.5㎛, 타원형, 표면이 매끈하고 투명하다.

생태 여름 / 숲속의 땅이나 길가 정원, 목질을 버린 쓰레기 부근 등에 단생한다.

분포 한국, 일본, 유럽, 북미

포자괴뱀버섯

Mutinus ravenelii (Berk. & M.A. Curtis) E. Fisch

형태 자실체는 처음에 알 모양, 난형, 길이 3.5㎝, 폭 1~2㎝로 백색이며 기부에 가근을 가진다. 끈적임이 있고, 자루가 위로 뻗은 것처럼 꼭대기는 찢어지며, 기부에 주머니 같은 모양이 있다. 두부는 분화되어 윗부분에 부푼 포자 집단 지대가 있다. 자루는 높이 5~9㎝, 두께 1~1.5㎝, 속이 비었고 작은 구멍이 많다. 부푼 머리는 아래로 굵거나 가늘다. 꼭대기에 둔한 점들이 있다. 질은 카민색 또는 적색, 점질층, 기부로 연한 색이다. 대주머니는 백색, 막질이며 거칠다. 점질층은 고약한 냄새가 나며 1/4 정도가 덮인다. 포자는 1.55~2.2×3.5~5㎛, 타원형, 표면이 매끈하고 투명하며 연한 노랑 녹색. 포자문은 올리브 녹색에서 올리브 갈색이다.
생태 여름~가을 / 흙에 단생 또는 집단, 속생한다. 가끔 썩은 나뭇등걸에 발생한다.
분포 한국, 북미

주름균강 》 말뚝버섯목 》 말뚝버섯과 》 뱀버섯속

끝검은뱀버섯

Mutinus bambusinus (Zoll.) Fisch.

형태 자실체는 알 모양에서 자루가 뻗어 나오며 머리 쪽이 가늘어지는 뾰족한 모양을 이룬다. 높이 8~10㎝, 굵기 1㎝ 정도. 전체의 1/3 정도에 해당하는 머리 부분은 진한 홍색, 그 위에 흑갈색의 끈적이는 기본체가 덮여 있다. 강한 악취가 난다. 자루의 위쪽은 연한 홍색, 아래쪽으로 색이 옅어지다가 백색이 되며 속은 비어 있다. 자루는 스펀지 모양으로 작은 구멍이 많고 매우 연약하며 기부에 유균 때의 알이 찢어져서 주머니 모양으로 남아 있다. 포자는 크기 3.5~4×1.5~1.8㎛로 장타원형, 표면이 매끈하고 투명하다.
생태 여름~가을 / 비가 온 후에 가을까지 죽림, 밭, 숲속의 풀밭에 단생-군생한다.
분포 한국, 일본, 북반구 일대, 남미, 특히 열대 지방

주름균강 》 말뚝버섯목 》 말뚝버섯과 》 말뚝버섯속

사마귀붉은말뚝버섯

Phallus aurantiacus Mont.

형태 균뢰(알)는 2~3×1~1.5㎝, 백색. 벽은 2~3층의 작은 방이 되며, 연한 오렌지 황색. 균모는 종 모양, 열리거나 폐쇄된 구멍이며, 높이 1.5~3㎝, 최대부 지름 2~15㎜. 아래의 가장자리는 약간 좁고 자루에 접한다. 치아 모양이 될 때도 있다. 표면에 가는 사마귀 돌기가 있고 유착하며, 가장자리 근처는 낮은 평행 능선이 되거나 약간 망목상이 되기도 한다. 점액은 녹갈색. 악취가 난다. 자루는 길이 7~9㎝, 굵기 0.7~1.2㎝, 원주상이다. 포자는 4~4.8×1.7~2.1㎛, 타원형, 담녹색이다.
생태 여름~가을 / 숲속의 땅에 단생한다.
분포 한국, 일본

노란말뚝버섯

Phallus flavocostatus Kreisel
Phallus costaus (Penz.) Lloyd

형태 어린 버섯은 백색의 난형이며 지름 2.5~3㎝로 비가 온 뒤 난형의 주머니를 뚫고 생장하여 흑록색의 균모와 황색의 자루가 나온다. 균모는 끝에 구멍이 있고, 표면은 선황색, 불규칙하고 작은 그물눈이 있으며 암녹색의 고약한 냄새가 나는 점액질 물질에 포자가 붙는다. 자루는 위쪽은 황색, 기부는 황록색, 원주상, 속이 비어 있다. 포자는 3.5~4.3×1.5~2㎛, 타원형, 연한 녹색이다.
생태 여름~가을 / 깊은 산의 활엽수(너도밤나무)의 썩은 나무에 군생한다. 활엽수 목재의 2차 분해균이다.
분포 한국, 중국, 일본, 아시아

말뚝버섯

Phallus impudicus L.

형태 자실체의 높이는 9~15㎝, 두부와 자루로 나뉜다. 두부는 원추상의 종 모양으로 백색 또는 연한 황색의 그물눈 융기가 있고 불규칙하다. 꼭대기에 구멍이 있고 어두운 녹색의 냄새가 고약한 점액질이 있다. 어린 알(버섯)은 백색의 공모양, 지름 4~5㎝, 내부의 우무질은 두껍고 황토색이다. 세로로 자르면 중축부에 눌린 자루와 바깥쪽 모자 모양의 균모가 될 부분이 있고 그 위에 암녹색 기본체와 우무질을 볼 수 있다. 자루는 원주상, 백색, 속은 비어 있다. 포자는 3.5~4.5×2~2.5㎛, 연녹색, 타원형이고, 양끝에 알맹이가 있는 것도 있다.

생태 여름~가을 / 숲속의 땅에 단생하며 부생 생활한다. 식용, 약용. 항암 작용을 한다.

분포 한국, 일본 등 전 세계

망태말뚝버섯

Phallus indusiatus (Vent.) Desv.
Dictyophora duplicata (Bosc) Fischer, Dictyophora indusiata (Vent.) Desv.

형태 어린 버섯의 알은 지름 3~5㎝, 백색, 문지르면 연한 적자색이 된다. 알에서 자루가 나오면 위에 있는 종 모양의 균모 내부에서 흰 그물 모양의 망토를 편다. 그물 망토의 자락을 넓게 펴면 지름 10㎝ 이상, 길이 10㎝ 정도. 자루는 길이 15~18㎝, 굵기 2~3㎝, 표면은 백색이고 매끄럽지 않다. 꼭대기는 고약한 냄새가 나는 올리브색의 끈적이는 물질로 덮여 있다. 포자는 3.5~4.5×1.5~2㎛, 타원형, 포자벽이 두꺼운 것도 있다.
생태 여름~가을 / 주로 대나무숲 또는 혼효림의 땅에 단생 또는 산생하며 부생 생활한다. 식용, 약용, 항암작용을 한다.
분포 한국, 일본, 중국, 북미

주름균강 》 말뚝버섯목 》 말뚝버섯과 》 말뚝버섯속

망태말뚝버섯(겹망태형)

Dicytiophora duplicata (Bosc) Fischer

형태 자실체는 비교적 대형으로 높이 12~18㎝, 균탁(대주머니)은 분회색, 지름 4~5㎝, 균모의 높이와 폭은 3.5~5㎝로 둔형이며, 녹갈색, 격자무늬가 있다. 냄새가 나며 점액질에 포자가 포함되어 있다. 꼭대기는 편평하고 유일한 주둥이인 구멍이 있다. 균망(망토)은 백색, 3~5㎝, 균모에 수직으로 매달린다. 균망의 눈은 원형이며 지름 1~4㎜이다. 포자는 4~4.5×1.5~2㎛, 타원형, 표면이 매끈하고 투명하며 무색이다.
생태 여름~가을 / 숲속의 땅에 단생-군생한다. 식용이다.
분포 한국, 중국

주름균강 》 말뚝버섯목 》 말뚝버섯과 》 말뚝버섯속

붉은자루망태버섯

Phallus rubicundus (Bosc) Fr.

형태 자실체는 중형-대형으로 높이 10~20㎝에 이른다. 균모는 높이 1.5~3㎝, 폭 1~1.5㎝의 둔형. 윗면에 악취가 나는 회흑색 점액질이 있으며, 홍색 등의 점액질이 피복한다. 꼭대기는 편평하고 홍색이며 구멍이 있다. 자루는 길이 9~19㎝, 굵기 1~1.5㎝, 원통형, 홍색이다. 자루는 해면질, 아래는 점차 껄껄하며 담색 또는 백색이며 상부는 진한 색이다. 꼭대기는 홍색 내지 진한 홍색, 자루의 속은 비어 있다. 포자는 크기 3.5~4.5×2~2.3㎛, 타원형이며 무색이다.
생태 여름~가을 / 숲속의 땅, 길가의 땅에 군생한다.
분포 한국, 중국

노란망태버섯

Phallus luteus (Liou & L. Hwang) T. Kasuya
Dicytiophora indusiata f. lutea (Liou & Hwang) Kobay.

형태 자실체는 어릴 때 백색의 알 모양이며 만지면 담적자색을 띠기도 한다. 성장하면 각피 위쪽이 찢어지면서 머리, 자루, 망태가 나온다. 망태버섯과 거의 흡사한 구조로 머리와 자루는 연한 황색이거나 백색이다. 망토의 망태 부분은 선명한 오렌지 황색을 띠는 특징이 있다. 포자는 3.5~4.5×1.5*μm*, 타원형, 표면이 매끈하고 투명하다.
생태 여름~가을 /숲속의 지상에 산생한다.
분포 한국, 일본

붉은말뚝버섯

Phallus rugulosus (E. Fisch.) Lloyd

형태 어린 버섯은 백색-연한 자색에 난형이며 크기는 2.5~3×2㎝이다. 균모는 긴 종 모양. 꼭대기는 닫혀 있다. 표면에는 비단결 같은 주름이 있다. 본체는 암적색, 점액질은 암흑 갈색이며 고약한 냄새가 난다. 자루는 높이 10~15㎝, 굵기 1~1.3㎝, 기부는 백색이고 위쪽은 분홍색-암적갈색이다. 포자는 크기 3.5~4×2~2.5㎛로 타원형이다.

생태 가을 / 숲속, 밭 등의 땅에 단생한다.

분포 한국, 중국, 일본, 아시아, 대만

세발버섯

Pseudocolus fusiformis (E. Fisch.) Llyod
Pseudocolus schellenbergiae (Sumst.) Johnson

형태 자실체는 어릴 때 알 모양이고 지름 2~3㎝. 밑동에는 뿌리 모양의 백색 균사속이 있다. 성숙한 자실체는 높이 4~8㎝. 자루는 1개이나 머리 부분은 3~4개의 구부러진 팔 모양으로 분리되며 그 끝이 결합되어 있으나 후에 떨어지기도 한다. 위쪽은 백색, 아래쪽으로는 유백색. 자루는 짧고 속이 비어 있고, 살은 작은 구멍들이 있다. 세 가닥으로 갈라진 머리 안쪽에 흑갈색 점액질 기본체가 부착되어 있다. 가닥의 안쪽은 약간 황백색이고, 악취가 난다. 포자는 3.5~4~7×2~3㎛, 긴타원형, 표면이 매끈하고 투명하다.

생태 여름~가을 / 숲속의 땅, 정원, 길가 죽림 등 비옥한 곳에 단생 또는 군생한다. 적홍색 계통이 있고 또 황색계통도 있다. 매우 흔한 종.

분포 한국, 일본, 중국, 북반구 일대, 호주, 뉴질랜드

참고 세발버섯과 색만 약간 다르고 그 외에는 모두 비슷하다.

세발버섯(백색형)

Pseudocolus fusiformis (E. Fisch.) Llyod

형태 자실체는 어릴 때 알 모양이고 지름 2~3㎝. 밑동에는 뿌리 모양의 백색 균사속이 있다. 성숙한 자실체는 높이 4~8㎝. 자루는 1개이나 머리 부분은 3~5개의 구부러진 팔 모양으로 분리되며 그 끝이 결합되어 있으나 후에 떨어지기도 한다. 위쪽은 황색-적황색, 아래쪽으로는 유백색. 자루는 짧고 속이 비어 있고, 살은 작은 구멍들이 있다. 세 가닥으로 갈라진 머리 안쪽에 흑갈색 점액질 기본체가 부착되어 있다. 악취가 난다. 포자는 4~7×2~3㎛, 긴타원형, 표면이 매끈하고 투명하다.

생태 여름~가을 / 숲속의 땅, 정원, 길가, 퇴비를 쌓아놓은 비옥한 곳에 단생 또는 군생한다. 매우 드문 종.

분포 한국, 일본, 유럽

털구름버섯

Cerena unicolor (Bull.) Murr.
Coriolus unicolor (Bull.) Pat.

형태 자실체의 가장자리에 균사가 재생하며 2년 차 생장을 한다. 좌생 또는 반배착생이며 중생한다. 균모는 좌우 0.5~5×2~8㎝, 두께 2~5㎜로 반원형, 부채형, 조개껍질 모양이고 가죽질이다. 표면은 백색, 회색, 연한 갈색으로 말무리가 착생하여 녹색이고, 긴 유모와 강모가 있고 고리 무늬 또는 홈선이 있다. 살은 백색. 관은 길이 1~4㎜, 백회색-다갈색, 미로상이나 침이 생기고 가장자리는 물결 모양. 포자는 4~6×3~4㎛, 난형, 표면이 매끈하고 투명하다. 담자기는 18~25×5~6㎛, 곤봉형, 4-포자성. 낭상체는 없다.

생태 연중 / 활엽수의 고목과 재목상에 백색부후를 일으킨다.

분포 한국, 중국, 아시아, 유럽, 북미

긴송곳버섯

Radulodon copelandii (Pat.) Maek
Mycoacia copelandii (Pat.) Aosh. & Furu., Sarcodontia copelandii (Pat.) Imazeki

형태 자실체는 배착생으로 기물에 넓게 부착된다. 부정형으로 주변부를 제외하고 전면이 다수의 침을 가진다. 전체가 백색, 이후 크림색이나 연한 다색이 되며, 건조 시 어두운 오렌지색이 된다. 살은 얇고, 두께 1㎜ 내외. 처음에 연하다가 혁질이 되며, 박막으로 꺽쇠가 있고, 때로 분지하며 폭은 3~5㎛의 균사로 구성된다. 1균사형이다. 침은 지름 1㎜ 내외, 길이 0.5~1㎝. 포자는 5~6×6㎛, 구형, 무색, 표면이 매끈하고 투명하며, 2~3개의 기름방울을 함유한다. 난아미로이드 반응을 보이며 낭상체는 없다.

생태 연중 / 활엽수의 고목 등에 흔히 난다. 백색부후균. 표고 원목의 피해균이다.

분포 한국, 일본, 필리핀

작은돌기칠버섯

Crustomyces subabruptus (Bourd. & Galz.) Jül.
Odontia subabrupta Bourd. & Galz.

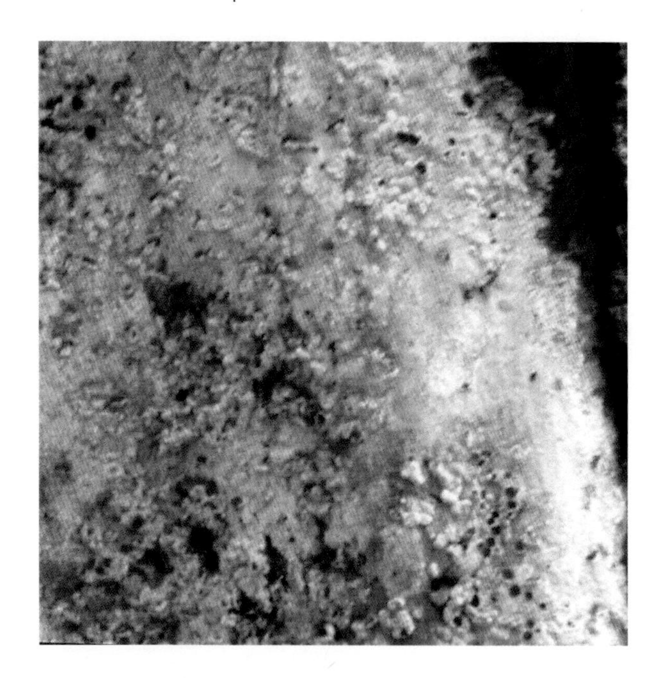

형태 자실체 전체가 배착생으로 기질에 견고히 부착된다. 전면에 피복되며 얇은 막이 수 센티미터까지 펴진다. 표면은 거칠고 미세한 사마귀가 덮인다. 사마귀는 뭉툭하고 높이 0.5㎜까지 달하며 다소 산재하거나 밀집되어 있다. 색깔은 유백색-크림색 또는 황회색. 기질층은 두께 0.3㎜. 가장자리는 기주와 뚜렷한 경계를 이룬다. 전체적으로 밀납질이나 건조할 때는 단단하다. 포자는 4~5×2~2.5㎛, 난형, 표면이 매끈하고 투명하다. 기름방울을 함유하기도 한다.
생태 가을~겨울 / 침엽수의 쓰러진 나무나 가지에 난다.
분포 한국, 유럽

꽃갯솜구멍버섯

Spongiporus floriformis (Quél.) Zmitr.
Oligoporus floriformis (Quél.) Gilb. & Ryvarden

형태 자루는 대개 없지만 간혹 비슷한 것이 있기도 하며, 부채형-콩팥형, 측생으로 서로 유착하며 폭 2~4㎝, 두께 3~5㎜다. 불임성 표면은 백색, 미세한 털상, 방사상으로 거칠고 노쇠하면 매끈해진다. 가장자리는 얇고, 물결형, 구멍은 백색, 건조 시 크림색. 둥글다가 각진형, 6~8개/㎜. 살에 테는 없고, 백색, 섬유상, 건조 시 부서지기 쉽고 단단하며, 두께 1~2㎜. 관의 층은 구멍과 동색이며 두께 0.5~2㎜. 맛은 쓰다. 균사 조직은 1균사형, 일반균사는 투명, 분지하며, 벽은 얇다가 두꺼워진다. 꺽쇠가 있고 폭은 2.5~5.6㎛. 담자포자는 3.5~4.5(5)×2~2.5㎛, 장방형-류원주형, 표면이 매끈하고 투명하다. 포자벽은 얇고 보통 기름방울을 함유한다. 담자기는 투명, 곤봉상, 15~20×4~4.5㎛. 낭상체는 없다. 기부에 꺽쇠가 있다.

생태 연중 / 고목의 표면에 발생한다.

분포 한국, 유럽

주름균강 》 구멍장이버섯목 》 후추고약버섯과 》 후추고약버섯속

후추고약버섯

Dacryobolus sudans (Alb. & Schw.) Fr.
Hydnum sudans Alb. & Schw.

형태 자실체는 전체가 배착생. 얇은 밀납질의 자실체가 수~수십 센티미터 크기로 퍼진다. 기질에 단단히 붙고, 표면은 칙칙한 백색, 크림색-황백색이다. 어릴 때 사마귀 모양의 반점이 있다. 오래되면 작은 젖꼭지 모양 또는 뭉뚝한 원추형의 불규칙한 1㎜ 크기 정도의 가시가 덮인다. 오목하게 들어간 면에 자실체에서 배출된 갈색빛의 투명한 물방울이 들어 있으며 마른 후에는 가시 끝부분이 갈색빛을 띤다. 가시의 이빨은 가장자리 쪽으로 점차 작아진다. 포자는 6~8×1.5㎛, 원주형-소시지형, 표면이 매끈하고 투명하며 기름방울이 들어 있다.

생태 봄 / 땅에 떨어진 소나무, 분비나무, 가문비나무 등 침엽수림의 지면 쪽으로 발생한다.

분포 한국, 유럽, 북미

주름균강 》 구멍장이버섯목 》 잔나비버섯과 》 주름구멍버섯속

흰주름구멍버섯

Antrodia albida (Fr.) Donk
Antrodia serpens (Fr.) Karst., Daedalea albida Schwein.

형태 자실체는 완전 배착생으로 기물에 고착한다. 균모를 만들지 않으며 두께는 1㎜ 이하. 자실체는 혁질, 바깥 가장자리는 폭이 좁고 무성(불임성) 지대는 가장자리가 된다. 백색이며 안쪽은 관공을 밀생한다. 관공은 매우 얕다. 황백색 내지 연한 나무색을 나타낸다. 구멍은 중등 정도의 크기, 가장자리는 대부분 평탄하다. 포자는 10~17×4~6㎛, 타원형, 표면이 매끈하고 투명하며 무색이다.

생태 연중 / 활엽수 고목이나 가지의 아랫면에 발생한다.

분포 한국, 일본

흰주름구멍버섯(그물미로형)

Daedalea albida Schwein.

형태 자실체는 일반적으로 반배착생. 균모는 반원형-조개껍질형 또는 서로 연결되어 선반(띠) 모양을 이루거나 다수 중첩해서 층생이 하기도 한다. 기질에 부착된 관공은 자루에 대하여 내린주름살형. 개개의 균모는 폭 1~3㎝, 표면은 거의 밋밋하며 선명한 테 무늬가 있다. 색깔은 유백색-회백색. 살은 1㎜ 내외이며 가죽질. 하면의 관공은 극히 변화가 많으며 일반적으로 미로상이나 주름 모양 등을 이루기도 한다. 간격은 1㎜ 정도, 회백색-회갈색. 포자는 크기 6~7×3.5㎛, 장타원형, 표면이 매끈하고 투명하다.
생태 연중 / 길옆의 경계 말목, 길가의 말뚝, 침엽수와 활엽수의 죽은 나무 등에 군생한다. 갈색부후균. 흔한 종.
분포 한국 등 전 세계

주름균강 》 구멍장이버섯목 》 잔나비버섯과 》 주름구멍버섯속

그물주름구멍버섯

Antrodia heteromorpha (Fr.) Donk
Daedalea heteromorpha Fr.

형태 균모는 반원형 또는 선반 모양. 반원형은 폭 1~4㎝, 두께 0.5~2㎝. 보통 둥근 산 모양에서 약간 말발굽형이 되지만 쓰러진 나무에서는 가로로 길게 선반 모양의 균모를 만든다. 표면은 백색에서 점차 탁한 황색을 띠며 거의 털이 없고 방사상으로 주름 모양의 미세한 요철과 테 모양의 홈선이 있다. 살은 백색-황백색, 가죽질-코르크질로 두께 1~2㎜. 하면의 관공은 백색, 길이 2~10㎜. 구멍은 부정한 원형, 각진형, 미로상-주걱 모양 등이며 구멍의 입구는 거치상이다. 포자는 7~11×3~4.5㎛, 장타원형, 표면이 매끈하고 투명하다.
생태 연중 / 아고산 지대에 많다. 침엽수 심재에 갈색부후를 일으킨다.
분포 한국, 북반구 온대 이북

주름균강 》 구멍장이버섯목 》 잔나비버섯과 》 주름구멍버섯속

산주름구멍버섯

Antrodia alpina (Litsch.) Gilb.& Ryvarden

형태 자실체는 배착생. 균모의 표면은 결절형. 구멍의 표면은 선명한 노란색이고 건조 시 연하다. 구멍은 둥글고 각지며, 3~6개/㎜가 있다. 살은 백색에 두껍고 쓴맛이며, 위로 솟은 것은 두께 10~15㎜. 보통 관의 층을 이루며 살과 동색, 각 두께는 2㎜ 정도. 균사 조직은 2균사형, 일반균사는 얇은 벽이 있고 분지하며 폭 3.5~4.5㎛, 꺽쇠가 있다. 골격균사는 벽이 두껍고, 폭 3~5㎛. 낭상체는 없다. 담자포자는 4~5×1.8~2.3㎛, 장방형-방추형, 벽은 얇으며 표면이 매끈하고 투명하다. 담자기는 투명, 곤봉상, 12~15×4~5㎛. 기부에 꺽쇠가 있다.

생태 연중 / 숲속의 죽은 고목 등에 배착 발생한다.

분포 한국, 유럽

주름균강 》 구멍장이버섯목 》 잔나비버섯과 》 주름구멍버섯속

사과주름구멍버섯

Antrodia malicola (Berk. & Curt.) Donk

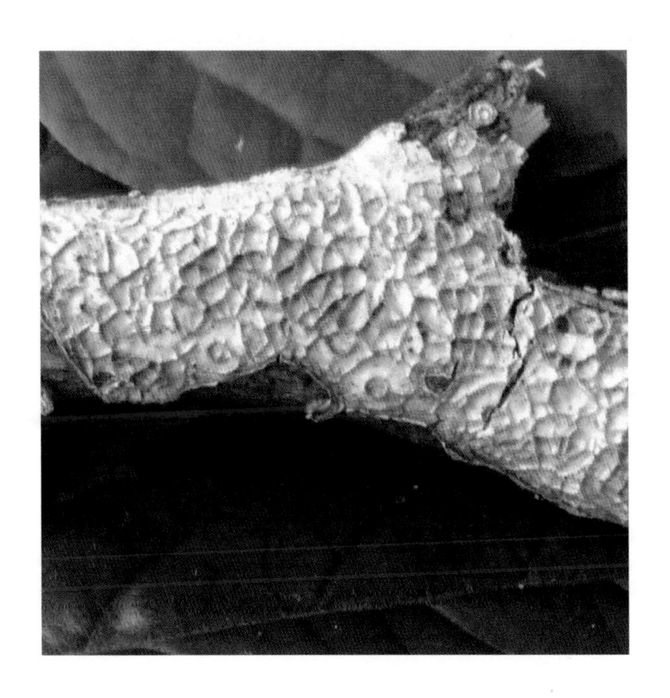

형태 자실체는 배착생에서 반배착생. 기질에 단단히 붙으며 수 센티미터 넓이로 퍼진다. 가장자리에 있는 작은 균모는 폭 1~3㎝, 전면 0.5~1.5㎝ 정도의 크기. 균모의 위쪽 표면은 결절 모양이며 밋밋하고 미세한 털이 있다. 색깔은 크림색-밝은 갈색. 자실층을 형성하는 구멍들은 유백색이다가 연한 갈색-황갈색이 된다. 구멍은 다각형에서 긴 각진형, 1.5~2개/㎜. 구멍이 커서 벌집처럼 보인다. 관공은 3~8㎜, 가장자리 중 배착성인 부분은 기질과 뚜렷한 경계층을 이루지만 때로 술(총채) 모양으로 균사가 퍼진다. 다소 코르크질이고 부드럽지만 건조할 때는 딱딱하다. 포자는 7~9.5×2.4~3.5㎛, 원주형-타원형, 표면이 매끈하고 투명하다.

생태 가을~봄 / 포플러, 오리나무, 물푸레나무 등 활엽수의 죽은 나무에 난다. 흑색부후균.

분포 한국, 유럽, 북미

유황주름구멍버섯

Antrodia xantha (Fr.) Ryv.
A. xantha f. pachymeres (Erikss.) Erikss.

형태 자실체는 전체가 배착생. 자실체는 기질에 단단히 붙어 있다. 두꺼운 곳은 10㎜로 수~수십 센티미터까지 퍼진다. 표면은 유백색, 크림색, 연한 황색 또는 황색. 기질에 수직 방향으로 작은 말발굽 모양의 작은 균모가 생긴다. 어떤 것은 서로 유착되고 도드라져 5(8)㎜ 정도에 이른다. 관공은 길이 3~5㎜, 구멍은 둥근형-각진형, 4~6개/㎜. 자실체 밑의 생장균사는 간혹 두께 1㎜ 정도. 신선할 때는 부드럽고, 건조할 때는 깨지기 쉬우며 분필 같다. 포자는 크기 4~5×1~1.5㎛로 원주형-소시지형, 표면이 매끈하고 투명하다.

생태 여름~가을/ 물기가 많은 곳의 침엽수, 활엽수 목재에 난다. 땅에 있는 그루터기, 수간, 가지에도 난다. 갈(흑)색부후균.

분포 한국, 유럽

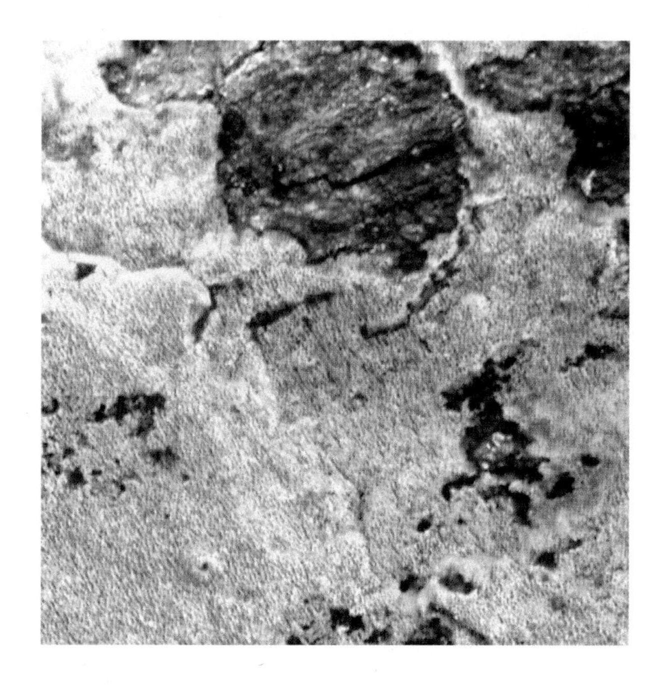

참나무비단포자버섯

Buglossoporus quericinus (Schrad.) Kotl. & Pouzar
Piptoporus quericina (Schrad.) P. Karst.

형태 자실체는 배착생. 균모는 부채 또는 둥근 모양, 길이 15㎝, 두께 5㎝이며 기부는 수축한다. 불임성의 표면은 백색에 털상이다가 갈색에 매끈해진다. 구멍의 표면은 백색, 상처 시 검은 갈색. 오래되면 갈라진다. 구멍은 둥글고 2~4개/㎜. 살은 두께 4㎝, 백색, 단단하다. 관의 층은 두께 4㎜. 균사 조직은 2균사형, 일반균사는 투명하다가 갈색, 꺽쇠가 있고 분지하며, 벽이 얇고 폭은 2.5~5.5㎛. 골격균사는 방추형, 육질 속에만 있다. 벽은 두껍고 분지하지 않다가 이후 많이 분지한다. 담자포자는 6~8×2.5~3.5㎛, 원주형-방추형, 매끈하고 투명하며 벽은 얇다. 담자기는 25~30×7~9㎛, 곤봉형, 투명하며, 기부에 꺽쇠가 있다. 낭상체가 있다.

생태 연중 / 죽은 고목의 껍질에 배착 발생한다.

분포 한국, 유럽

등갈색미로버섯

Daedalea dickinsii Yasuda

형태 자실체는 일년생-다년생. 균모는 편평하거나 반원형, 약간 말발굽형. 기물에 직접 부착하며 흔히 여러 층으로 난다. 부착된 부분 쪽으로 두꺼워져 단면은 쐐기 모양. 폭 5~15㎝, 두께 1~2㎝, 부착 부분이 더 두껍기도 하다. 때로 작은 가지에 보통보다 훨씬 소형으로 나기도 한다. 균모 표면은 신선할 때 코르크색, 이후 탁한 갈색. 동심원상으로 얕은 테 모양 골이 있다. 때로는 가는 주름이 얕게 돌출되어 사마귀 모양의 작은 결절을 형성하거나 덧칠한 모양이 나타나기도 한다. 살은 두께 1~1.5㎝, 코르크색. 하면의 관공 층은 깊이 3~10㎜, 벽은 두껍고 1~2개/㎜. 구멍은 원형 혹은 미로상. 포자는 2.5~6.7×2.5~3.5㎛, 거의 구형-타원형.
생태 연중 / 참나무류, 가시나무류 등 활엽수의 벌채한 그루터기 또는 쓰러진 나무에 발생한다. 흔히 중첩해서 층생한다. 갈색부후균. 매우 흔한 종.
분포 한국, 일본, 중국, 대만, 인도

미로버섯

Daedalea quericina (L.) Pers.

형태 자실체의 균모는 불규칙한 반원형. 갓은 전후 10~20㎝, 좌우 10~20(30)㎝, 부착된 부위의 두께는 3~5㎝. 표면은 결절이 있거나 다소 동심원상의 굴곡이 있어서 평평하지는 않으며 연한 갈색-회갈색으로 미세한 눌린 털이 있다. 가장자리는 날카롭고 어릴 때는 밝은 황갈색. 아래의 자실층면은 미로상의 주름살이 있고 베이지색, 때로는 분홍색을 띤다. 주름살은 길이 1~3㎝, 두께 1.5~2㎜, 주름살 사이의 간격은 1~2㎜. 살은 밝은 갈색-커피갈색, 코르크질. 포자는 5~7×2.5~3.5㎛, 타원형, 표면이 매끈하고 투명하다.
생태 일년생, 다년생 / 참나무류나 밤나무 등 활엽수의 그루터기, 건축물로 사용된 용재, 상처 부위의 썩은 부분 등에 난다. 갈(흑)색부후균.
분포 한국, 중국, 유럽, 북미

자작나무잔나비버섯

Fomitopsis betulina (Bull.) B.K. Cui, M.L. Han & Y.C. Dai
Piptoporus betulinus (Bull.) P. Karst.

형태 균모 크기 10~20㎝, 두께 2~6㎝의 대형균. 보통 콩팥형, 원형 또는 반원형이면서 낮은 둥근 산 모양이거나 말발굽형. 한쪽에 짧고 굵은 자루가 측생으로 붙는다. 표면은 털이 없고 밋밋하며 얇은 표피가 덮여 있다. 크림색이다가 이후 황갈색-회갈색이 된다. 흔히 오래되면 표피가 갈라지고 떨어져 백색 살이 드러난다. 가장자리는 얇고 안쪽으로 굽는다. 살은 백색, 연하고 코르크질이며 질기다. 신맛 또는 쓴맛이 난다. 관공은 백색이다가 연한 회갈색이 된다. 구멍은 원형, 3~4개/㎜. 포자는 5~7×1.5~2㎛, 소시지형, 표면이 매끈하고 투명하다. 어떤 것은 2개의 기름방울을 함유한다.

생태 여름~가을 / 자작나무의 죽은 줄기나 가지에 난다. 악산 지대의 자작나무에 발생한다. 갈색부후균. 불식용.

분포 한국, 북반구 온대 이북

말굽잔나비버섯

Fomitopsis offcinalis (Vill.) Bond. & Sing.
Laricifomes officinalis (Vill.) Kotl. & Pouz., Fomes offcinalis (Vill.) Bres.

형태 자실체는 말발굽형이다가 길어지거나 종 모양이 되며, 기물에 부착된다. 좌우 10~15㎝, 전후 5~15㎝, 높이 10~20㎝에 달하는 대형 버섯이다. 표면은 처음 백색이다가 점차 탁해져 회색 또는 회흑색이 된다. 가로세로로 현저하게 균열이 생기고 약간 선명하지 않은 테 무늬가 나타난다. 살은 백색-황백색, 극히 쓰다. 가장자리는 뭉툭하고 팽창된 모양이며 크림색-황백색. 하면의 관공은 크림색-황갈색. 관공은 다층으로 각 두께는 5~10㎜, 구멍은 부정원형으로 3~4개/㎜. 포자는 4.5~5.5×3~3.5㎛, 타원형, 표면이 매끈하고 투명하며 기름방울이 있다.
생태 연중 / 주로 낙엽송 또는 종비나무 등의 살아있는 나무 또는 쓰러진 나무의 줄기에 난다. 드문 종.
분포 한국 등 북반구 온대 이북

소나무잔나비버섯

Fomitopsis pinicola (Swartz.) Karst.

형태 자실체는 다년생, 백색. 반구형의 혹 모양에서 반원형이 되고 둥근 산 모양의 균모가 생겨 지름 10~50cm, 두께 20~30cm에 이른다. 균모 표면은 회흑색-흑색. 단단한 각피를 둘러싸고 광택 있는 적갈색 띠가 있다. 가장자리는 황백색. 상면(표면)은 생장 과정을 나타내는 고리 홈이 있으며 살은 하얀 재목색, 단단한 나무질이다. 균모의 자실층인 하면은 황백색, 관공은 다층이고 각 두께 2~5mm, 구멍은 4~5개/mm로 미세하다. 포자는 6~8×4~5μm, 난형, 표면이 매끈하고 투명하며 끝에 돌기가 있다. 담자기는 13~24×6~8μm, 4-포자성, 기부에 꺽쇠가 있다. 낭상체는 관찰되지 않는다.

생태 연중 /주로 살아있는 침엽수나 넘어진 나무에 난다. 갈색부후를 일으킨다.

분포 한국, 중국, 일본, 북반구 온대 이북

흰장미잔나비버섯

Fomitopsis roseoalba A.M.S. Soares, Ryvarden & Gibertoni
Fomitopsis rosea (Albert. et Schw.) Karst.

형태 자실체는 다년생, 기물에 직접 붙거나 반배착생, 균모는 반원형이면서 둥근 산-약간 말발굽 모양. 전후 1~4㎝, 좌우 2~10㎝, 두께 1~3㎝다. 균모의 표면은 각피상, 테 모양의 홈이 있고 분홍 갈색, 회갈색 또는 회흑색. 털은 거의 없다. 가장자리는 처음에 연한 분홍색을 띤다. 살은 단단한 코르크질, 연한 분홍색. 하면의 자실층인 관공은 분홍 백색이나 자색, 관공은 다층이며 각 두께는 1~3㎜. 구멍은 둥글거나 길쭉하며 3~5개/㎜. 포자는 6~7×2.5~3㎛, 원주상의 타원형이고 표면이 매끈하고 투명하며 간혹 기름방울이 있다. 담자기는 10~15×4~5.5㎛, 원통형의 배불뚝이형, 4-포자성, 기부에 꺽쇠가 있다. 낭상체는 관찰되지 않는다.

생태 연중, 다년생 / 소나무류 등 쓰러진 죽은 침엽수, 그루터기에 발생한다. 땅에 묻힌 건축용 자재에도 난다. 갈색부후균. 흔한 종.

분포 한국, 중국, 일본, 아시아, 유럽, 북미

주름균강 》 구멍장이버섯목 》 잔나비버섯과 》 잔나비버섯속

중국복령

Macrohyporia cocos (Schwein) I.Johans. & Ryvarden
Poria cocos (Schwein.) A.F. Wolf.

형태 자실체는 매우 크며 표면이 조잡하고 거칠다. 균핵은 지름 20~50㎝, 거의 구형 또는 불규칙한 모양이다. 진한 갈색 혹은 암갈색, 내부는 백색 혹은 분홍색이다. 신선할 시 연하지만 때로는 단단하다. 자실체는 전부가 배착생이며 균모를 만들지 않는다. 관이 밀생한다. 관은 길이 2~20㎜, 구멍은 원형-다각형, 가장자리는 톱니 모양이다. 살은 육계색-백색. 포자는 크기 7.5~9×3~3.5㎛, 원주상, 표면이 매끄럽고, 무색이다. 주금 구부러져 있고 한쪽 끝이 뾰족하다. 균핵은 지하 10~30㎝에 있는 소나무 뿌리에 형석된다. 부정형이며 지름 30㎝, 무게 1kg 이상인 것도 있다. 표면은 흑적갈색으로 주름이 있고 내부는 백색-홍색이다.
생태 연중 / 소나무 뿌리에 기생한다. 한약으로 쓰인다.
분포 한국, 일본, 중국, 북미

주름균강 》 구멍장이버섯목 》 잔나비버섯과 》 쑥떡버섯속

녹슨쑥떡버섯

Parmastomyces taxi (Bondartsev) Y.C. Dai & Niemelä
Tyromyces taxi (Bondartzev) Ryv. & Gilb.

형태 자실체는 길이 3㎝, 폭은 4㎝, 두께 0.8㎝, 표면은 연한 황갈색이다가 점차 녹슨 갈색이 된다. 가장자리는 녹색이고 둥글다. 기부에 방사상으로 압착된 털이 있다. 관공의 층은 살 가까이는 녹황색, 길이는 2㎜이다. 구멍은 올리브녹색, 각진형, 대개 2~3개/㎜. 살은 연한 황갈색, 유연한 섬유상, 두께 6㎜. KOH 용액에서 흑색이 되고, 냄새가 강하며 좋지 않다. 자루는 편심생, 기부는 좁고 신선할 시 부드럽고 스폰지 같다. 건조 시 부서지기 쉽다. 포자는 4.5~5×2.2~2.5㎛, 타원형-장방형, 표면이 매끈하고 투명하다. 비아미로이드 반응을 보인다. 낭상체는 없다. 담자기는 곤봉형, 20~24×5.5~6.5㎛, 4-포자성, 기부에 꺽쇠가 있다.
생태 연중 / 죽은 나무 또는 살아있는 나무의 껍질에 배착한다.
분포 한국, 중국, 유럽

층새주름구멍버섯

Neoantrodia serialis (Fr.) Audet
Antrodia serialis (Fr.) Donk, Daedalea serialis (Fr.) Aoshi.

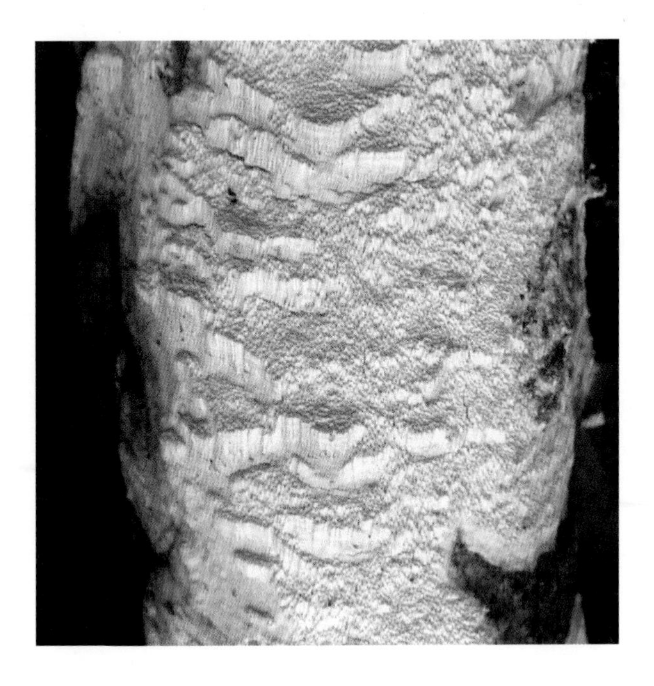

형태 자실체는 일반적으로 배착생이나 때로 가장자리가 반전되어 얇고 작은 균모를 만들기도 한다. 자실층은 기질에 느슨하게 부착되고 1~6㎝ 정도의 두꺼운 막편을 만들면서 수~수십 센티미터 크기로 퍼진다. 표면은 다소 치마 모양, 위쪽은 얇고 아래쪽은 두껍게 형성된 자실층들이 형성되는 특이한 형태다. 색깔은 백색-크림색, 오래되면 약간 황토색을 띠며 다른 기생균의 침입을 받은 곳은 분홍색 점상을 나타낸다. 관의 구멍은 치마 모양 부분의 아래쪽에 형성되며 원형이고 2~4개/㎜. 관의 길이는 5㎜ 정도. 살은 백색, 유연한 가죽질이며 질기다. 포자는 6.5~9×3~4㎛, 타원형, 표면이 매끈하고 투명하다.
생태 일년생 / 소나무, 전나무, 가문비나무, 낙엽송 등 수분 많은 지역에 매몰한 건축재 또는 이들의 그루터기나 넘어진 줄기에 난다. 흑(갈)색부후균.
분포 한국, 일본, 유럽, 시베리아, 북미

살색붉은잔나비버섯

Rhodofomes cajanderi (P. Karst.) B.K. Cui, M.L. Han & Y.C. Dai
Fomitopsis cajanderi (P. Karst.) Kotl. & Pouzar

형태 자실체는 반배착생이고 반원형의 균모를 형성한다. 균모는 편평하며 약간 조개껍질 모양. 여러 층으로 나고 기부는 상하가 연결된 내린 주름살형. 가로로 유착되기도 한다. 폭은 보통 2~10㎝, 두께 0.5~1㎝, 표면은 다갈색의 털이 있다가 없어지고 암갈색-흑갈색이 된다. 폭이 좁은 얕은 테 모양의 골과 환문이 있고 방사상으로 가는 주름살이 나타난다. 가장자리는 얇고 연한 포도색. 살은 가죽질-코르크질, 복숭아색을 띤 연한 다색. 표면에 얇은 각피가 있다. 관공은 길이 1~4㎜, 진한 분홍갈색. 구멍은 4~5개/㎜로 미세하다. 포자는 5~6×1.5㎛, 원통형-약간 소시지형, 무색이며 표면이 매끈하고 투명하다.

생태 일년생 / 쓰러진 침엽수나 벌채한 나무 밑동에 다수가 층층으로 군생한다. 갈색부후균.

분포 한국, 일본, 아시아 동북부, 북유럽, 북미

주름균강 》 구멍장이버섯목 》 잔나비버섯과 》 복령속

복령

Wolfiporia extensa (Peck) Ginns
W. cocos (Wolf) Ryv. & Gilbn.,

형태 버섯은 균모를 만들지 않으며 겉면은 적갈색-적색을 띤 흑갈색이며 표면에 거친 사마귀 반점이 있다. 속은 백색, 관공은 밀생한다. 관공은 길이 0.2~2㎝, 구멍은 원형 또는 다각형, 가장자리는 톱니 모양이다. 살은 계피색-백색. 균핵은 지하 10~30㎝ 깊이에 있는 소나무 뿌리에 형성되며, 부정형이고 지름 30㎝, 무게 1kg 이상일 때도 있다. 포자는 7.5~9×3~3.5㎛, 원주상, 조금 구부러져 있다.

생태 연중 / 소나무 뿌리에 균근을 형성하여 공생한다. 항암작용, 약용. 외생균근.

분포 한국, 일본, 중국, 북미

주름균강 》 구멍장이버섯목 》 수지구멍버섯과 》 황토수지버섯속

가는황토수지버섯

Obba rivulosa (Berk. & M.A. Curtis) Miettinen & Rajchenb
Ceriporiopsis rivulosa (Berk. & M.A. Curtis) Gilb. & Ryvarden, Rigidoporus rivulosus (Berk. & M.A. Curtis) A. David

형태 자실체는 배착생, 신선할 시 끈적임이 있고 건조 시 부서지기 쉽다. 구멍의 표면은 크림색에서 연한 황토색, 변색하지 않으며, 수지(樹脂)상이다. 살은 두께 2~3㎜, 맛은 쓰다. 균사 조직은 1균사형, 일반균사는 투명하고 꺽쇠가 있으며 많이 분지여 엉킨다. 분생자형성 균사층에 있으며 폭은 2~3.5㎛. 낭상체는 방추형-핀형, 꼭대기가 둥글다. 담자포자는 4.5~6×4~5㎛, 구형-류구형, 표면이 매끈하고 투명하다. 벽은 얇고, 1개의 기름방울을 함유한다. 담자기는 곤봉형, 16~18(20)×5.5~7㎛.

생태 연중 / 고목에 배착 발생한다.

분포 한국, 유럽

고랑나사버섯

Heliocybe sulcata (Berkeley) Redhead & Ginns

형태 균모는 지름 1~4㎝, 뚜렷한 이랑이 있으며 둥근 산 모양에서 차차 편평해진다. 색깔은 오렌지 갈색, 중앙은 검은 갈색, 건조할 때는 방사상의 인편이 분포한다. 주름살은 자루에 대하여 올린 주름살-바른 주름살, 밀생하며 폭은 비교적 넓다. 가장자리는 성장하면 톱니처럼 된다. 자루는 길이 1~3㎝, 굵기 2~5㎜, 속이 차 있고 위아래가 같은 굵기다. 그을린 분홍색으로 기부에 인편이 있다. 살은 백색이고 단단하다. 냄새와 맛은 온화하다. 포자는 11~16×5~7㎛, 콩 모양. 표면이 매끈하고 투명하다. 난아미로이드 반응을 보인다. 포자문은 백색이다.
생태 여름~가을 / 고목이나 건물의 재목, 건조하고 썩은 나무토막에 단생 또는 몇 개가 집단으로 발생한다.
참고 『백두산 버섯도감』에 배착잣버섯(Lentinus adhaerens)으로 기재된 것을 바로잡는다.

주름균강 》 구멍장이버섯목 》 잎새버섯과 》 잎새버섯속

잎새버섯

Grifola frondosa (Dicks.) S.F. Gray
G. albicans Imaz.

형태 자실체는 무수히 분지한 자루와 가지 끝에 다량의 균모 집단이 되며 전체 지름 30㎝ 이상, 무게 3kg 이상인 것도 있다. 균모는 부채 또는 주걱 모양, 반원형 등이고 폭 2~5㎝, 두께 2~4㎜로 연한 육질이다. 표면은 흑색이나 흑갈색-회색으로 방사상의 섬유 무늬가 있다. 살은 희다. 균모 하면의 관은 백색, 구멍은 원형-부정형. 자루는 백색, 속은 차 있다. 포자는 5.5~9×3.5~5㎛로 난형-타원형, 표면이 매끈하고 투명하며 기름방울이 있기도 하다. 담자기는 20~25×6~8㎛, 곤봉형, 4-포자성. 기부에 꺾쇠는 없다. 낭상체는 없다.

생태 여름~가을 / 활엽수 고목의 밑동에 난다. 특히 물참나무의 심재를 썩히는 백색부후균. 식용이며 재배 가능.

분포 한국, 중국, 일본, 북반구 온대 이북

주름균강 》 구멍장이버섯목 》 잎새버섯과 》 잎새버섯속

잎새버섯(백색형)

Grifola albicans Imaz.

형태 자실체는 강인한 육질, 자루가 있고, 다시 삼분지하여 균모를 측생한다. 균모는 부채 또는 기와 모양, 지름 2~5㎝. 잎새버섯과 비슷하다. 표면은 담색 또는 거의 백색, 담회색-갈색이 된다. 살은 육질, 백색, 지름 약 4㎛의 실 모양 균사로 비대하다. 격막 지름은 7~27㎛, 균사를 형성한다. 관공은 길이 약 2㎜, 섬세하고 지름 2.5~3㎛의 균사를 형성한다. 구멍은 미로상으로 부서지기 쉽다. 포자는 5~7×4㎛, 타원형-난형, 표면이 매끈하고 투명하며 무색이다. 한쪽 끝이 뾰족하다.

생태 일년생 / 썩은 나무에 집단으로 발생한다. 맛은 없다.

분포 한국, 일본

새잣버섯

Neolentinus lepideus (Fr.) Redhead & Ginns
Lentinus lepideus (Fr.)Fr.

형태 균모는 지름 5~16㎝, 반구형이다가 편평해지며 중앙부가 약간 오목하거나 돌출한다. 표면은 건조성, 백색 또는 연한 황색. 표피는 파열되어 동심원으로 배열되거나 산재하며 연한 갈색-홍갈색 반점 모양의 인편이 된다. 가장자리는 물결 모양. 육질은 백색, 두껍고 질기며, 마르면 굳으며 맛이 부드럽고 송진 냄새가 난다. 주름살은 자루에 홈 파진-내린 주름살, 폭이 넓다. 주름살의 길이가 같지 않고 백색이다가 연한 황색이 되고, 가장자리는 톱날처럼 째진다. 자루는 길이 2~10㎝, 굵기 0.7~2.5㎝, 원주형이며 편심생 또는 중심생으로 균모와 동색이다. 기부는 흑갈색, 인편 또는 미세한 털이 있고 가끔 가근상이다. 속은 차 있다. 포자는 8~12×4~4.5㎛, 타원형-장방형, 표면이 매끈하고 투명하다. 포자문은 백색이다.

생태 여름~가을 / 썩은 잣나무, 가문비나무, 분비나무, 낙엽송에 군생-속생한다. 식용.

분포 한국, 중국, 일본 등 전 세계

주름균강 》 구멍장이버섯목 》 껍질구멍버섯과 》 각질구멍버섯속

각질구멍버섯

Skeletocutis amorpha (Fr.) Kotl. & Pouz.

형태 자실체는 배착생. 가장자리가 얇은 막으로 반전되기도 한다. 반전된 균모는 선반-조개껍질 모양. 기질에서 1cm 정도 돌출되고 폭은 2.5cm 정도. 기질로부터 쉽게 떨어진다. 윗면은 미세하게 면모상, 희미한 테가 생기기도 한다. 표면은 밋밋하고 회백색. 균모의 가장자리는 날카롭고 유백색. 자실체 두께는 2mm, 관공 층은 1mm 정도. 자실층 면의 구멍은 어릴 때 유백색, 곧 분홍황색-오렌지 분홍색 또는 연어색. 구멍은 원형-각진형, 3~4개/mm. 살을 잘라보면 2개의 층이 있고 위쪽은 유백색, 관공과 연접한 층은 황색. 포자는 3~4×1~1.5μm, 원주형-소시지형. 표면은 매끈하고 투명하다.

생태 여름~가을 / 소나무, 가문비나무 등 침엽수의 목재에 난다. 백색부후균.

분포 한국, 유럽

주름균강 》 구멍장이버섯목 》 껍질구멍버섯과 》 각질구멍버섯속

흰각질구멍버섯

Skeletocutis nivea (Jungh.) J. Keller

형태 자실체는 완전 배착생. 표면에 분명한 돌출이 있고, 막편이 기질에서 5~30mm까지 퍼진다. 개별 자실체는 길이 10~60mm, 흔히 유착하여 수 센티미터로 열을 형성한다. 기질로부터 쉽게 분리된다. 자실체 표면은 미세한 털이 있다가 매끈해진다. 약간 결절상, 백색-흑갈색. 가장자리는 고르게 성장하며 두께 2~4mm, 백색-크림색, 흔히 회색이나 녹색 반점이 (7)8~9개/mm가 있으며 둥글고 잘 보이지 않는다. 살은 백색-맑은 갈색, 신선할 때 코르크질이며 질기고, 건조 시 단단하다. 맛은 쓰고 냄새도 난다. 포자는 3.5~4×0.5~0.7μm, 원주형, 아몬드형, 표면이 매끈하고 투명하다. 담자기는 원주형-곤봉상, 8~10×3~3.5μm, 4-포자성. 낭상체는 없다.

생태 여름~가을, 연중 / 활엽수의 죽은 나무, 가지 등에 발생한다. 백색부후균.

분포 한국, 유럽, 북미, 아시아

잿빛각질구멍버섯

Skeletocutis carneogrisea A. David

형태 자실체는 배착생, 가장자리가 반전한다. 균모는 지름 10~20㎜, 기질에 다소 단단히 부착한다. 막편은 1~2㎜의 두께로 약 70㎜까지 퍼진다. 표면의 구멍은 회백색, 각진형, 4~6개/㎜이고, 관은 길이 0.5~1㎜, 가장자리에 분명한 경계가 있으며 백색이다. 건조 시 기질에서 떨어진다. 육질은 2겹으로 점성이 있고, 조직층은 관의 위에 있다. 포자는 크기 3~4×1~1.3㎛, 원주형-아몬드형, 표면이 매끈하고 투명하다. 담자기는 원통형-곤봉형, 10~14×3.5~4㎛, 4-포자성. 기부에 꺽쇠가 있다.

생태 봄~가을, 연중 / 침엽수의 죽은 나무에 배착생한다. 백색부후균. 보통종이 아니다.

분포 한국, 유럽, 북미

주황개떡버섯

Tyromyces incarnatus Imaz.

형태 자실체는 자루 없이 기물에 직접 부착한다. 균모는 흔히 중첩해서 나고 보통 반원형이며 편평하다. 좌우 6~20㎝, 전후 5~13㎝의 대형 버섯. 생육 시 표면은 살색-암갈색 밀모가 있지만 피막상으로 눌어붙는다. 마르면 밋밋해지고 색이 퇴색하여 유백색이 된다. 살은 생육 시 물기가 많고 연하며 홍적색이지만 점차 토색이 되고 건조하면 백색이 된다. 살은 해면질. 관공은 균모와 같은 색, 길이 3~15㎜. 건조하면 백색. 구멍은 작고 부정원형-다각형, 끝이 얇고 흔히 세로로 갈라진다. 포자는 4~5.5×2~2.5㎛, 타원형-배의 종자 모양, 표면이 매끈하고 투명하다.

생태 일년생 / 참나무류 등 활엽수의 그루터기, 죽은 나무에 난다. 백색부후균.

분포 한국, 일본, 중국

명아주개떡버섯

Tyromyces sambuceus (Lloyd) Imaz.

형태 자실체는 대형이며 일년생. 균모는 반원형, 폭 10~20㎝, 두께 1~3㎝이다. 표면은 육계색-암갈색의 밀모로 덮이며 희미한 고리 무늬가 있다. 살은 다습하고 연하며 연어 살색이나, 건조하면 퇴색하여 백색이 되고 가벼운 갯솜형 섬유질이 된다. 아랫면의 관은 살과 같은 색, 길이 3~15㎜로, 건조하면 백색이 된다. 구멍은 부정형-다각형, 벽은 세로로 갈라진다. 포자는 4~5.5×2~2.5㎛로 타원형-종자형이다. 표면은 매끄럽고 투명하다.
생태 연중 / 활엽수의 고목에 난다. 어릴 때는 식용할 수 있다.
분포 한국, 일본

흰가죽버섯

Byssomerulius corium (Pers.) Parmasto
Merulius corium (Pers.) Fr.

형태 자실체는 배착생이다가 반배착생, 막질을 형성하며 두께 0.5~1㎜의 막편이 수~수십 센티미터로 퍼진다. 넘어진 나무의 분지에서 밖으로 계속 자란다. 테 무늬처럼 균모의 언저리는 기질로부터 돌출하여 3~10(20)㎜ 정도, 수직의 가지로 흔히 균모가 겹친다. 균모의 표면 위는 백색-황토색, 섬유상-털상, 희미한 환문이 있다. 표면 아래의 자실층탁은 어릴 때 거의 밋밋하하다가 분명한 그물꼴의 구멍이 생겼다가 단순한 구멍이 된다. 표면에 강한 사마귀 반점이 있고, 백색-황토색, 노쇠하면 갈색. 가장자리는 미세하게 갈라지고, 가죽질, 막질. 냄새나 향기는 없다. 포자는 5~6×2.5~3.5㎛, 원주형-타원형, 표면이 매끈하고 투명하다. 담자기는 가는 곤봉형, 25~30×4~6㎛, 4-포자성. 기부에 꺽쇠는 없다.

생태 연중 / 보통 분지된 가지 아래 덤불 더미에서 자란다. 여러 단단한 나무의 죽은 가지에 배착생한다.

분포 한국, 유럽

그을린그물구멍버섯

Ceriporia alachuana (Murrill) Hallenb.

형태 자실체는 배착생. 자실체 구멍의 표면은 크림색-그을린색. 구멍은 각진형, 3~5개/㎜, 얇고, 고르고, 미세한 솜털 같은 것이 격벽을 이룬다. 처음 컵 모양, 임성의 가장자리는 흔히 분명하고, 분생자형성 균사층은 두께 400㎛로 얇다. 층은 두께 2.5㎜. 관은 건조성이며 부서지기 쉽고, 쉽게 갈라진다. 균사 조직은 1균사형, 동색, 균사는 얇고, 단단한 벽을 함유한다. 담자포자는 4~5×2~2.5㎛, 원통형-약간 장방형의 타원형. 담자기는 12~19×0.5~5.5㎛, 곤봉형, 4-포자성. 기부에 간단한 격막이 있는 것도 있다. 낭상체가 있다.

생태 연중 / 소나무, 포플러이 표면 수긴에 난다.

분포 한국, 유럽, 동남아

분홍그물구멍버섯

Ceriporia purpurea (Fr.) Donk

형태 전체가 배착생. 기질에 단단히 부착되며 관공으로 덮인다. 자실체는 수~수십 센티미터까지 퍼진다. 구멍은 원형, 장방형 또는 가늘고 길며 4~5개/㎜. 관공의 길이는 2~4㎜, 어릴 때는 유백색-분홍색, 엷은 살색-자주색 점상이 나타나기도 한다. 후에 연한 오렌지색 또는 자주색이 되고 건조하면 자갈색-포도주 적색. 가장자리는 관공이 없는 부분은 백색. 밀납처럼 부드럽다가 건조하면 단단하고 깨지기 쉽다. 포자는 6~7×2~2.3㎛, 원통형-소시지형, 표면이 매끈하고 투명하다. 어떤 것에는 기름방울이 들어 있다.

생태 봄~가을 / 물푸레나무, 참나무 등 활엽수의 죽은 나무나 넘어진 나무의 수간 또는 가지에 난다.

분포 한국, 유럽

주름균강 》 구멍장이버섯목 》 갈퀴버섯과 》 그물구멍버섯속

흰그물구멍버섯

Ceriporia reticulata (Hoffm.) Dom.

형태 자실체는 전체가 배착생. 기질에 느슨하게 부착되며 1㎜ 정도 두께로 수 센티미터까지 퍼진다. 표면은 다각형의 관공이 있다. 어릴 때는 유백색-담황토색, 후에는 황토색-연한 오렌지 황토색. 관공은 다각형, 3~5개/㎜, 입구는 다소 치아상. 자실체의 하층은 매우 얇고 백색. 가장자리는 섬유상의 균사가 퍼진다. 신선할 때는 유연한 밀납질, 건조하면 깨지기 쉽다. 포자는 7~8.5×2.5~3㎛, 타원형-소시지형, 표면이 매끈하고 투명하다. 어떤 것은 기름방울을 2개 함유한다.
생태 봄~가을 / 썩은 활엽수의 지면 쪽, 드물게는 썩은 침엽수에 난다. 드문 종.
분포 한국, 유럽, 북미

주름균강 》 구멍장이버섯목 》 갈퀴버섯과 》 그물구멍버섯속

두꺼운그물구멍버섯

Ceriporia spissa (Schwein. ex Fr.)
Poria spissa (Schwein. ex Fr.) Cooke

형태 자실체는 배착생. 자실체는 유연하고 휘기 쉬우며, 표면은 구멍이 있고 신선할 때 오렌지색, 건조 시 적갈색. 막편이며 임성의 균사체로부터 발생한다. 구멍은 7~9개/㎜, 둥글다가 각진형이 된다. 관우 길이 0.5~1㎜, 오렌지색, 임성 부근은 백색에서 연한 오렌지 백색 또는 분홍색. 털이 있고 유연하다. 냄새와 맛은 불분명하다. 포자는 4~6×1.5~2㎛, 원주형이지만 약간 휘었고, 표면이 매끈하고 투명하다. 난아미로이드 반응을 보인다. 포자문은 백색, 낭상체는 없다. 균사 조직은 1균사형, 균사에 꺽쇠는 없다.
생태 봄~가을 / 죽은 단단한 나무 또는 죽은 침엽수에 배착 발생한다. 보통종이 아니다. 식용 여부는 불분명하다.
분포 한국, 북미

녹색그물구멍버섯

Ceriporia viridans (Berk. & Br.) Donk

형태 자실체 전체가 배착생. 기질에 단단하게 부착되며 2㎜ 정도 두께로 수 센티미터 크기로 퍼진다. 표면은 유연한 밀납질의 관공이 있다. 구멍은 원형-타원형 또는 장방형, 3~5(6)개/㎜. 관공은 길이 1~2㎜, 백색-크림색, 희미하게 분홍 자색빛의 얼룩이 있다. 만져도 변색되지 않는다. 건조하면 담황토색 또는 녹색이나 자색빛을 띤다. 어릴 때는 가장자리에 유백색의 자실 하층이 퍼져 나가나 후에는 관공 층으로 분명한 경계를 이룬다. 신선할 때는 유연한 밀납질이나 건조하면 부서지기 쉽다. 포자는 3.4~5×1.5~2㎛, 원주형-다소 소시지형, 표면이 매끈하고 투명하다.

생태 여름~가을 / 참나무류 등 넘어진 활엽수의 줄기나 가지에 난다. 드문 종.

분포 한국, 유럽, 북미

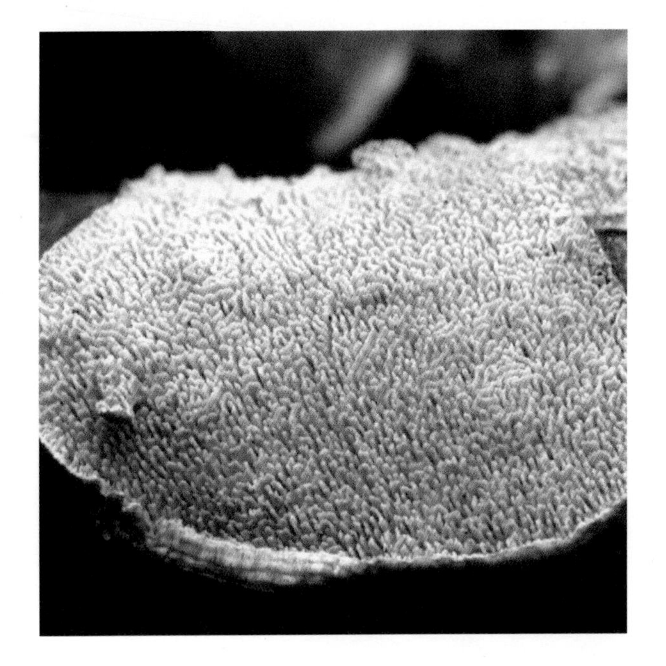

갈무른구멍장이버섯

Gloeoporus taxicola (Pers.) Gilb. & Ryv.
Meruliopsis taxicola (Pers.) Bond.

형태 자실체의 전체가 배착생. 흔히 수 센티미터의 막질로 퍼진다. 두께 1~3㎜, 기질에 단단하게 붙어 있다. 표면은 쭈글쭈글하고 불규칙한 관공이 안쪽으로 형성된다. 구멍은 불규칙한 원형, 2~3(4)개/㎜, 어릴 때는 오렌지 황토색, 이후 오렌지 적갈색~암적갈색. 가끔 동심원상의 띠 모양이 형성된다. 가장자리는 유백색, 비로드상, 경계가 뚜렷하다. 관공은 길이 1㎜ 정도. 포자는 3~4.5×1.5㎛, 원주형-소시지형, 표면이 매끈하고 투명하며 2개의 기름방울이 있다. 담자기는 원통-곤봉형, 20~35×3~5㎛. 낭상체는 약간 송곳형, 12~20×2.5~3㎛.

생태 여름~가을, 연중 / 소나무 등 침엽수 목재의 수피에 난다. 주로 작은 가지에 나며 입목이 죽은 나무에 난다. 소나무 같은 껍질에 배착생한다.

분포 한국, 중국, 유럽, 북미

송곳니기계충버섯

Irpex consors Berk.
Cerrena consors (Berk.) K.S. Ko & H.S. Jung, Coriolus consors (Berk.) Imaz.

형태 자실체는 반배착생. 자루가 없이 기물에 직접 부착한다. 극히 많은 균모가 생겨 중첩해서 층상을 이루며, 부착되는 부분은 항상 자루에 내린 주름살형, 상하는 서로 연결되어 있다. 개개의 균모는 거의 반원형, 폭 1~3cm, 두께 1~2mm의 소형. 얇은 가죽질이고 건조할 때는 강하게 하측으로 만곡된다. 가장자리는 얇고 날카로우며 둥근 모양이나 때로는 좁은 거치상을 나타낸다. 표면은 크림색이다가 살색-적갈색. 털이 없고 밋밋하다가 가는 방사상의 섬유 무늬와 불명료한 테 무늬가 생긴다. 살은 극히 얇고 강인하며, 건조하면 단단하다. 하면의 자실층은 길이 1~2mm, 유백색-살색, 미세한 이빨 모양 돌기가 있다. 포자는 4.5~6×2~3μm, 타원형, 표면이 매끈하고 투명하다.
생태 여름~가을 / 참나무류, 가시나무류, 밤나무, 구실잣밤나무 등의 그루터기, 죽은 나무 등에 군생한다. 매우 흔한 종.
분포 한국, 일본, 아시아, 호주

주름균강 》 구멍장이버섯목 》 갈퀴버섯과 》 기계충버섯속

기계충버섯

Irpex lacteus (Fr.) Fr.

형태 자실체는 반배착생, 드물게 전체가 배착생인 것도 있다. 기질에 넓게 배착된다. 자실층의 가장자리에서 반전된 균모는 기질로부터 좌우 1~2㎝, 전후 0.5~1(2)㎝ 정도의 줄로 형성된다. 표면은 털이 있고 테 무늬가 생기며 방사상의 얕은 골이 있다. 색깔은 유백색-칙칙한 황색. 가장자리는 날카롭고 약간 안쪽으로 말려있다. 자실층은 0.5㎜ 이하의 이빨 모양, 유백색-황토색, 다소 무딘 형이 되기도 한다. 하층의 두께는 0.5~1㎜, 자실체와 같은 색, 가죽질. 배착성 부분은 분명한 경계를 이루거나 얇은 솜 모양으로 균사가 퍼진다. 포자는 5~6.5×2.2~2.8㎛, 원주상의 타원형, 표면이 매끈하고 투명하다.
생태 연중 / 물푸레나무 등 활엽수의 죽은 나무에 난다. 드문 종.
분포 한국, 일본, 유럽

주름균강 》 구멍장이버섯목 》 갈퀴버섯과 》 겹무른구멍버섯속

겹무름구멍장이버섯

Vitreoporus dichrous (Fr.) Zmitr.
Gloeoporus dichrous (Fr.) Bres.

형태 자실체는 배착생. 좁은 선반 모양으로 지름 10㎝, 폭 4㎝, 기부의 두께 0.5㎝이며 날카롭다. 가장자리는 흔히 굽고 작으며 물결형. 표면은 백색-크림색, 테 무늬가 있고 펠트는 거칠게 되며, 잔니 같은 털상이거나 밋밋하다. 균사 조직은 1 균사형. 자라는 동안 기후에 따라 달라진다. 관은 신선할 때 고무 같고, 건조하고 노쇠하면 수지상에서 뿔처럼 되며 점성이 있다. 구멍들은 4~6개/㎜, 둥글다가 각지며, 표면은 적색-흑자갈색, 노쇠하면 갈색. 흔히 뿌연 가루로 피복된다. 살은 두께 4㎜, 관보다 두꺼워지며 솜처럼 부드럽고 느슨하게 된다. 색깔은 순백색. 포자는 3.5~5.5×0.7~1.5㎛, 원주형, 표면이 매끈하고 투명하다.
생태 가을~연중 / 죽은 단단한 나무에, 때로는 침엽수와 구멍장이버섯 등에 나기도 한다. 식용하지 않는다.
분포 한국, 북미

갈색떡버섯

Ischnoderma benzoinum (Wahl.) P. Karst.

형태 자실체는 크기 40~200×30~15㎜로 선반 또는 부채, 후드 모양으로 기질에 부착한다. 관공은 기질에 대하여 좁은 또는 넓은 올린 주름살. 표면은 물결형, 방사상으로 줄무늬 홈선이 있고, 어릴 때 약간 솜털상이나 나중에 매끈해지며, 검은 적갈색에서 거의 흑색이 된다. 가장자리의 띠는 자랄 때 백색, 예리하고 얇고 물결형. 자실층인 하면의 관공은 미세하고 백색이다가 황토색, 신선할 때 손으로 만지면 갈색 얼룩이 생긴다. 구멍은 둥글고 4~6개/㎜, 관의 길이 5~8㎜. 살은 밝은 황토색, 두께 10~20㎜, 즙이 나오며 부드럽다. 냄새는 없고 맛은 온화하다. 포자는 5.5~6×2~2.5㎛, 원통형, 매끈하고 투명하다. 담자기는 곤봉형, 12~16×4~5㎛, 기부에 꺽쇠가 있다. 강모체는 없다.

생태 연중 / 고목의 그루터기나 등걸에 중첩하여 단생-군생한다. 백색부후균. 드문 종.

분포 한국, 유럽, 북미, 아시아

떡버섯

Ischnoderma resinosum (Schrad.) P. Karst.

형태 자실체는 주로 반원형 또는 선반(띠) 모양, 자루가 없이 기물에 직접 부착된다. 다수가 중첩해서 층으로 나기도 한다. 균모는 크기 3~10㎝, 두께 1~2㎝의 중형-대형. 처음에는 수분이 풍부한 유연한 육질이다가 건조하면 거의 코르크질이 된다. 표면은 얇고 유연한 표피가 덮여 있고 다갈색-흑갈색, 미세한 털이 덮여 있다. 불명료한 테 무늬와 방사상의 얕은 주름살이 나타난다. 살은 재목색-코르크색. 하면은 처음에는 회백색, 만지면 암갈색. 관공은 길이 1~9㎜, 구멍은 미세하고 원형, 4~6개/㎜. 포자는 5.5~6×2㎛, 원주형, 표면이 매끈하고 투명하다.

생태 활엽수나 침엽수의 죽은 나무, 쓰러진 나무 등에 다수가 중첩해서 층으로 난다. 백색부후균. 초기의 유연한 자실체는 소금물에 담갔다가 식용이 가능하다.

분포 한국, 북반구 온대 이북

붉은덕다리버섯

Laetiporus miniatus (P. Karst.) Overeem
L. sulphureus var. miniatus (P. Karst.) Imaz.

형태 표면은 맑은 붉은색 또는 황적색이나 마르면 백색이 된다. 부채 또는 반원형의 큰 규모가 겹쳐 한곳에 나며 크기는 30~40㎝. 살은 붉은 살색, 나중에 단단해지나 부서지기 쉽다. 관공의 길이는 0.2~1㎝, 구멍은 불규칙하며 2~4개/㎜. 포자는 6~8×4~5㎛, 무색의 타원형이다.
생태 연중 / 침엽수의 고목 또는 살아있는 나무 그루터기에 군생하며 부생 생활로 목재를 썩힌다. 어릴 때는 식용하고 북한에서는 약용으로 이용한다. 목재부후균, 갈색부후균.
분포 한국, 일본, 아시아 열대 지방

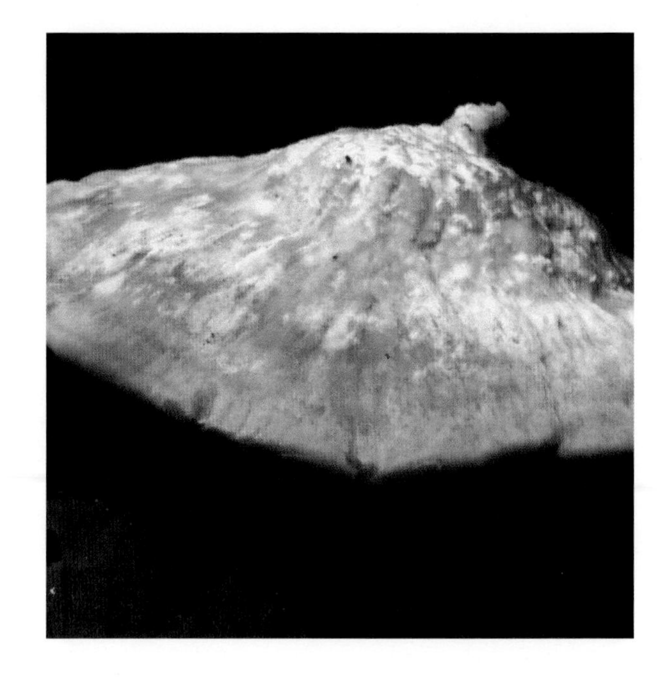

붉은덕다리버섯(주황색형)

L. sulphureus var. **miniatus** (P. Karst.) Imaz.

형태 균모는 지름 5~20㎝, 두께 1~2.5㎝, 부채꼴-반원형의 대형으로 공통의 뿌리에서 다수의 균모가 퍼져 중첩된다. 때로는 30㎝ 이상의 크기로 퍼진다. 개개의 균모는 폭 20㎝에 달하며 두께 2~3㎝ 정도. 방사상으로 골 모양이 된다. 색은 주홍-주황색. 살은 담홍색-연어색이나 건조하면 백색-탁한 백색. 어릴 때는 식용하며 맛은 보통. 관공은 길이 2~6㎜, 열은 황적색, 구멍은 2~4개/㎜, 작고 원형이다. 자루는 없고 균모 일부가 직접 기주에 부착한다. 포자문은 백색. 포자는 5.5~6.8×3.5~4.5㎛, 광타원형-난형, 매끈하다. 난아미로이드반응을 보인다.
생태 침엽수 또는 각종 활엽수의 썩은 부위, 죽은 나무나 가지, 그루터기 등에 난다. 갈색부후균.
분포 한국, 일본, 전 세계

덕다리버섯

Laetiporus sulphureus (Bull.) Murr.

형태 균모는 크기 5~20×4~12㎝, 두께 0.5~2.5㎝, 반원형 또는 부채꼴이다. 황색 또는 밝은 오렌지 황색에서 퇴색하며 띠가 있고 미세한 털이 있기도 하다. 가장자리도 같은 색이며 얇고 물결형, 얕게 갈라진다. 살은 백색-연한 황색, 연하다가 단단해진다. 관공은 길이 0.1~0.4㎝, 유황색. 구멍은 각진형 또는 불규칙한 모양, 벽이 얇으며 갈라진다. 포자는 5.5~7×4~5㎛, 난형-아구형, 표면이 매끄럽고 투명하며 기름방울을 가진 것도 있다.

생태 활엽수나 침엽수의 그루터기 줄기 또는 드물게 침엽수의 그루터기나 줄기에 군생하며 부생 생활한다. 식용, 약용, 항암기능. 갈색부후균.

분포 한국, 일본, 북반구 온대 이북

참고 붉은덕다리버섯은 살이 붉은색이고 덕다리버섯은 백색-담황색인 것으로 구분한다.

덕다리버섯(변색형)

Laetiporus versisporus (Lloyd) Imaz.

형태 자실체는 처음에 기주의 수간 위에 반구상의 혹처럼 발생하여 점차 덩어리로 생장한다. 흔히 여러 편평한 반원형-부정형 선반 모양 등의 균모가 발달하여 전체 10~20㎝가 된다. 개개의 균모는 폭 5~15㎝, 두께 1~4㎝ 정도. 표면은 선황색-탁한 백색이다가 점차 탁한 갈색이 된다. 어릴 때는 탄력이 있지만, 점차 딱딱해져 부서지기 쉬워진다. 내부의 살은 처음에는 백색, 점차 암갈색이 되고 가루 모양으로 변한다. 그 가루는 후막포자인데 살이 가늘게 조각조각 갈라진 것으로 크기 5~10×8~10㎛, 난형-아구형, 표면이 매끈하고 투명하다.

생태 연중 / 각종 활엽수의 썩은 부위나 죽은 나무에 난다. 갈색부후균. 드문 종.

분포 한국, 일본

해면버섯

Phaeolus schweinitzii (Fr.) Pat.

형태 균모는 지름 20~30㎝, 두께 0.5~1㎝, 반원형-부채꼴이며 큰 집단을 만든다. 균모의 표면은 황갈색이다가 적갈색-검은 갈색이 되고 비로드 모양의 털로 덮여 있으며 희미한 고리 무늬를 나타낸다. 살은 모피 같다. 살은 건조하면 부서지기 쉬운 갯솜질이 되며 검은 갈색을 띤다. 관공은 길이 0.2~0.3㎝, 구멍은 불규칙한 모양, 0.1㎝ 사이에 1~3개가 있다. 자루는 있는 것도 있고 없는 것도 있다. 포자는 6~7×4~4.5㎛, 무색의 타원형이다.
생태 여름~가을 / 침엽수의 그루터기나 살아있는 나무의 뿌리에 군생하며 부생 생활을 한다.
분포 한국, 북반구 온대 이북의 침엽수림대

왕잎새버섯

Meripilus giganteus (Pers.) P. Karst.
Grifola gigantea (Pers.) Pilát

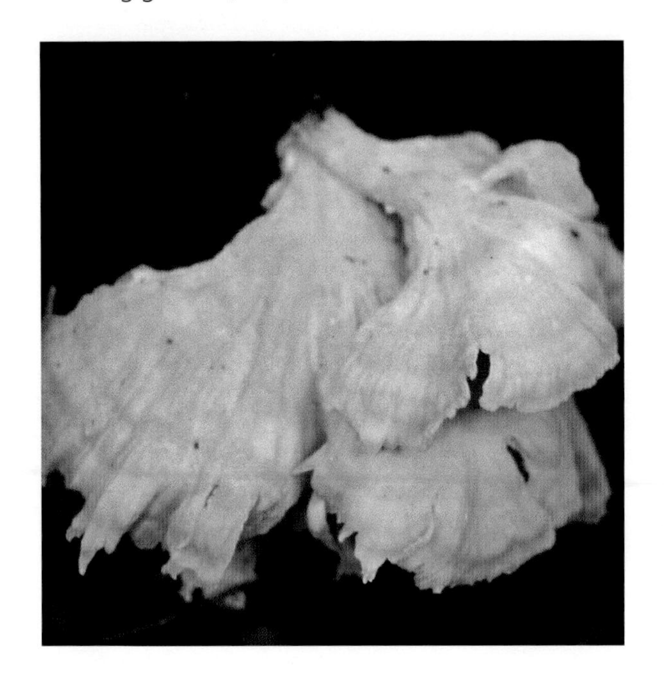

형태 자실체는 굵고 자루가 있으며 밑동에서 비교적 소수의 균모가 중첩해서 퍼져 지름 30㎝ 또는 그 이상의 거대한 집단을 형성한다. 각 균모는 부채꼴, 물결 모양으로 굴곡되며, 가장자리가 약간 찢어질 때도 있다. 폭 5~20㎝, 두께1~2㎝, 유연하지만 약간 강인한 육질. 표면은 황갈색-다갈색, 적갈색으로 동심원상의 테 무늬가 있다. 방사상 주름 모양이 나타나고 거의 밋밋하지만 미세한 털이 있을 때도 있다. 살은 백색이다가 점차 흑색. 하면의 관공면은 백색이지만 만지면 암흑색. 관공은 깊이 2~3㎜, 구멍은 미세하고 원형, 3~5개/㎜. 포자는 4.5~6×4~5.5㎛, 난형-광타원형, 표면이 매끈하고 투명하다. 난아미로이드 반응을 보인다.

생태 여름 / 참나무류나 너도밤나무의 뿌리 부근 또는 자른 밑동에서 발생한다. 백색부후균.

분포 한국, 일본, 아시아 유럽, 북미

오징어각목버섯

Rigidoporus lineatus (Pers.) Ryv.
R. zonalis (Berk.) Imaz.

형태 자실체는 반배착생. 균모는 반원형-선반형, 편평하거나 쐐기 모양. 건조하면 조개껍질 모양으로 밑으로 굽는다. 폭 2~10㎝, 두께 3~5㎜, 표면은 밀짚색-황토색. 흔히 다갈색 테 모양이 섞여 있으며 홈선이 있거나 방사상으로 달리는 주름이 잡히기도 한다. 살은 황백색. 균모 아래쪽은 다소 살색, 유연한 가죽질-목질. 관공은 약간 살색-오렌지색을 나타낸다. 관공은 길이 1~3㎜, 구멍은 원형으로 미세하고 5~7개/㎜. 자루는 없다. 포자는 지름 2.5~5㎛, 구형, 표면이 매끈하고 투명하다.

생태 일년생 / 생목의 나무 밑동에 흔히 나지만 위쪽에도 난다. 활엽수 뿌리를 썩힌다. 백색부후균.

분포 한국, 일본, 동아시아, 북미, 남미, 호주

주름균강 》 구멍장이버섯목 》 왕잎새버섯과 》 각목버섯속

각목버섯

Rigidoporus microporus (Swartz) Overeem.
R. lignosus (Klotz.) Imaz.

형태 자루가 없이 기물에 직접 붙거나 반배착생. 균모는 반원형-부채꼴, 조개껍질 모양처럼 편평하다. 좌우 7~15㎝, 전후 4~10㎝, 두께 1~2㎝, 드물게 두께 4~6㎝에 이르기도 한다. 표면은 오렌지 갈색-적갈색이다가 재목색, 상처를 입으면 밤갈색. 얕은 테 모양 홈선이 있다. 가장자리는 얇거나 둔하며 물결 모양, 때로는 얕게 째진다. 살은 유연한 가죽질-목질, 백색이다가 황색이 된다. 관공은 적갈색, 담갈색. 구멍은 미세하며, 관공은 층을 이루고 길이 3~7㎜. 포자는 지름 약 3㎛, 구형, 표면이 매끈하고 투명하다.
생태 다년생 / 살아있는 활엽수 근부나 수간 하부에 층으로 난다. 열대 지방의 고무나무에 백부병을 일으키는 큰 해균이다.
분포 한국, 일본, 대만, 말레이시아, 호주, 중남미

주름균강 》 구멍장이버섯목 》 왕잎새버섯과 》 각목버섯속

혈색각목버섯

Rigidoporus sanguinolentus (Alb. & Schwein.) Donk
Physisporinus sanguinolentus (Alb. & Schwein.) Pilát

형태 자실체는 완전 배착생, 촘촘히 기질을 덮으며 다소 큰 집단이 된다. 측생으로 자란 자실체는 돌출이 없다. 두께 2~4㎜, 백색의 구멍이 있다. 노쇠하면 크림-백색, 점같은 것이 있고, 손으로 만지면 적색이 사라지고 갈색이 된다. 표면의 구멍은 둥글다가 각진형, 3~5개/㎜. 관은 길이 1~2㎜, 끈적임이 있고 가장자리는 경계가 분명하다. 약간 냄새가 나고 맛은 온화하다. 건조 표본은 적갈색, 반점상, 강하게 주름진다. 포자는 지름 5~6㎛, 구형, 매끈하고 투명, 기름방울을 함유한다. 담자기는 곤봉형, 25~30×6~8㎛, 2, 4-포자성, 기부에 꺽쇠는 없다.
생태 여름~가을 / 활엽수와 침엽수림의 죽은 나무, 등걸, 산 나무의 주위에 배착 발생한다. 백색부후균.
분포 한국, 유럽, 북미

주름균강 》 구멍장이버섯목 》 왕잎새버섯과 》 각목버섯속

황색각목버섯

Rigidoporus ulmarius (Sowerby) Imazeki
Fomitopsis cystisina (Berk.) Boud et Sing.

형태 자실체는 중형-대형, 목질버섯. 균모는 지름 2.5~7㎝, 두께 5~3.5㎜, 기왓장처럼 포개지며, 거의 백색이다가 점차 홍갈색. 가장자리는 거의 백색, 표면은 광택이 나고 밋밋하며, 불명료한 무늬 혹은 거친 편평형. 가장자리는 물결 모양이거나 갈라지며, 백색. 살은 거의 백색, 신선할 시 옅은 살색, 두께 30㎜, 목질, 띠가 있다. 관공은 살색과 비슷하며 길이 2~10㎜, 단층, 벽이 얇다. 구멍 입구는 백색, 연한 분회색 내지 옅은 갈색, 거의 원형-다각형, 4~6개/㎜. 포자는 4~7.5×3~5㎛, 난원형, 무색, 표면이 매끈하고 투명하다.
생태 여름~가을, 다년생 / 숲속 산 활엽수의 밑동에 중첩허여 발생한다. 백색부후균.
분포 한국, 일본

주름균강 》 구멍장이버섯목 》 왕잎새버섯과 》 각목버섯속

황색각목버섯(흑색형)

Fomitopsis cytisinus (Berk.) Sacc.

형태 자실체는 중형, 목질버섯. 균모는 2.5~7×3~12㎝, 두께 5~3㎜, 기왓장처럼 겹친 모양. 표면은 광택이 나고 밋밋, 분명치 않은 테 무늬 혹은 거친 편평형. 처음엔 거의 백색, 차차 홍갈색. 가장자리는 백색, 툴설형, 균열이 있다. 살은 거의 백색, 두께 4~30㎜, 목질로 테가 있다. 관공은 살색, 길이 2~10㎜, 벽이 얇다. 구멍은 백색, 분회색 또는 옅은 갈색, 원형-다각형, 4~6개/㎜. 살과 관공은 KOH 용액에서 흑색이 된다. 포자는 4~7.5×3~5㎛, 난원형, 무색, 표면이 매끈하고 투명, 난원형이다.
생태 다년생 / 활엽수 밑동에 겹쳐서 발생한다. 항암 기능. 백색부후균.
분포 한국, 일본, 중국

주름균강 》 구멍장이버섯목 》 왕잎새버섯과 》 각목버섯속

물결각목버섯

Rigidoporus undatus (Pers.) Donk

형태 자실체는 배착생, 폭이 넓고, 신선할 때는 질기고 건조 시 단단하고 치밀하다. 가장자리는 얇다. 구멍은 베이지색, 건조 시 검은색. 둥글고 각진형이며 7~9개/㎜로 조밀하고 매우 얇다. 관공 층은 베이지색, 두께 3㎜, 균사 조직은 1균사형. 일반균사는 간단한 격막이 있다. 벽은 두껍고, 강하게 뭉치고, 폭 2.5㎛. 포자는 지름 5~6㎛, 구형, 표면이 매끈하고 투명하며 포자벽은 얇다. 담자기는 14~18×6~8㎛, 곤봉형, 간단한 격막이 있다. 낭상체는 곤봉형, 벽은 두껍고 조직에 묻히며 폭은 4~8㎛.

생태 연중 / 고목에 배착생한다.

분포 한국, 중국

주름균강 》 구멍장이버섯목 》 아교버섯과 》 밀구멍버섯속

점성밀구멍버섯

Ceriporiopsis guidella Bernicchia & Ryvarden

형태 자실체는 배착생. 표면은 편평하고 넓게 퍼지며, 유연하다. 신선할 때 육질, 단단하고, 점성이 있다. 건조 시 위축된다. 가장자리는 매우 얇다. 구멍 표면은 번들거리며, 둔한 노란색-녹색. 건조 시 어둡고, 갈라지며, 네모상. 구멍들은 투명하며 둥글고 약간 각진형, 4~5개/㎜, 가지런하다. 오래되면 찢어진다. 자실층 형성균사층은 거의 소실되고, 관의 층은 두께 4~6㎜. 균사 조직은 1균사형, 일반균사는 꺽쇠가 있고, 벽이 얇고 폭 2~3㎛, 기름방울이 많다. 기부는 부풀고 기질에 근접한다. 담자포자는 4~5×2~2.4㎛, 원통형, 얇은 벽, 매끈하고 투명하다. 낭상체는 없다. 담자기는 류구형이다가 곤봉형, 15~20×4~5㎛, 4-포자성. 기부에 꺽쇠가 있다.

생태 연중 / 죽은 고목에 배착 발생한다.

분포 한국, 유럽

아교밀구멍버섯

Ceriporiopsis mucida (Pers.) Gilb. & Ryv.
Porpomyces mucidus (Pers.) Jül.

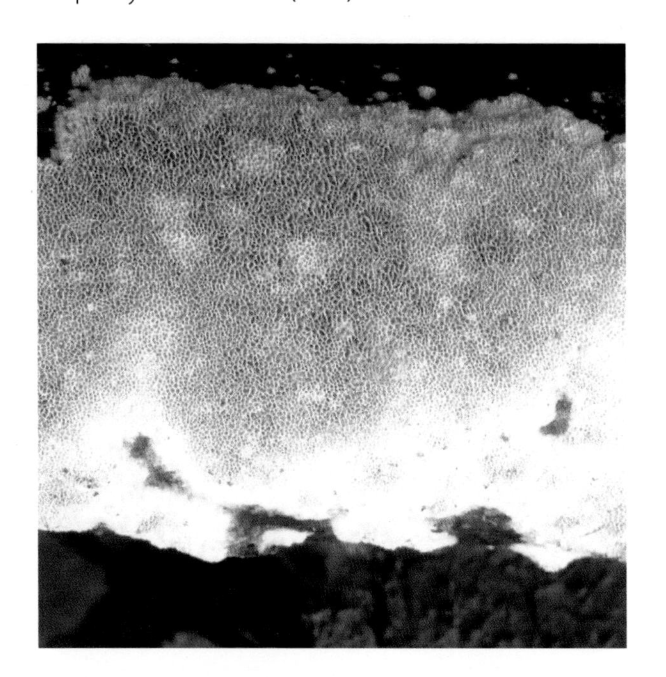

형태 자실체는 완전 배착생. 기질의 옆에 막질의 막편을 형성하며, 두께 1~4㎜, 수~수십 센티미터로 퍼진다. 기질에 느슨하게 경계를 이루고, 표면은 밋밋하거나 약간 고르지 않고, 미세한 구멍이 있다. 구멍은 다각형, 3~5개/㎜. 관은 길이 1~2㎜, 표면은 백색-크림색이다가 노란색-오렌지색. 가장자리에 분명한 경계가 있으며 분산된 테, 미세한 균사속이 있다. 살은 유연하고 냄새는 곰팡이 같다. 맛은 온화하다가 쓰다. 포자는 2.5~3.5×2~2.5㎛, 광타원형-아구형, 매끈하고 투명하다. 때로 작은 기름방울을 함유한다. 담자기는 짧은 곤봉상, 7~10×4.5~5.5㎛, 4-포자성. 기부에 꺽쇠가 있다.

생태 연중, 가을 / 썩은 침엽수의 목재에 난다. 보통종이 아니다.

분포 한국, 유럽, 북미, 아시아

장미수염버섯

Climacodon roseomaculatus (Henn. & Nyman) Jül.

형태 자실체는 균모와 자루가 있고 부채꼴-혀 또는 2~3개가 모여서 불완전한 깔대기 모양이 된다. 크기는 5~7×3~5㎝, 균모의 표면은 진한 홍색-분홍색, 섬유상의 선이 방사상으로 무수히 생긴다. 진한 부분과 연한 부분이 교대로 배열되어 띠 모양을 이룬다. 오래되면 황토색, 건조 된 것은 담황갈색. 자실층은 이빨-침 모양, 연한 분홍색, 길이 0.5~1㎜, 내린 주름살형. 자루는 측생한다. 표면은 섬유상, 균모와 같은 색 또는 담황갈색, 2~3개가 유착되기도 한다. 포자는 4.5~6×2~3㎛, 타원형, 표면이 매끈하고 투명하다.

생태 연중 / 지상 또는 땅속에 매몰된 재목에서 발생한다.

분포 한국, 일본, 아시아 유럽, 북미

수염버섯

Climacodon septentrionalis (Fr.) P. Karst.
Creolophus septentrionalis (Fr.) Banker

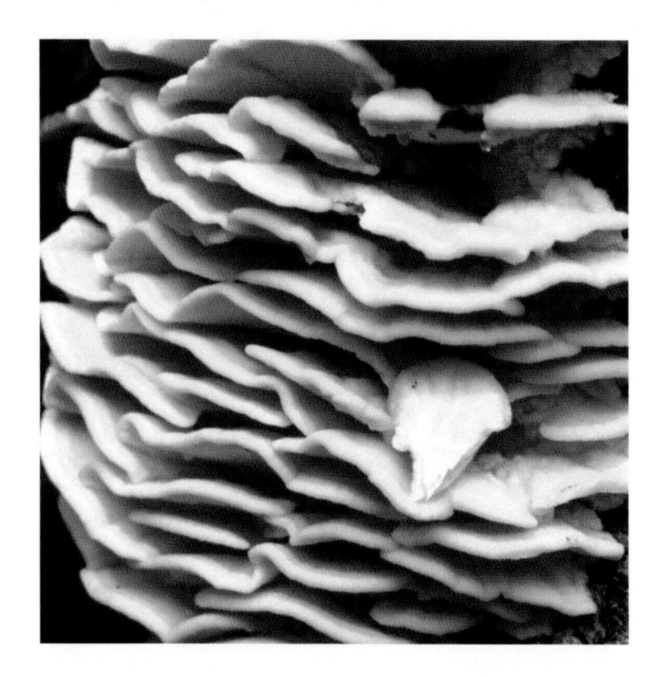

형태 자실체에 자루는 없으며 편평한 패각상에 만곡진다. 크기는 보통 2~15×3~15㎝, 다수의 균모가 중첩해서 밑동이 유합된 거대한 덩어리 모양이 되어 15~20㎝까지 달한다. 살은 백색, 약간 강인하고, 개개의 균모는 약간 편평하며 표면에 가는 털이 밀생한다. 신선할 때는 백색이나 건조할 때는 적황색을 띤 황토색. 가장자리는 안쪽으로 굽는다. 하면은 침상, 밀생, 신선할 때는 백색, 건조할 때는 적갈색. 침은 길이 6-18㎜, 끝이 예리하다. 포자는 2.5~3.5×4~6㎛, 타원형, 표면이 매끈하고 투명하다.

생태 연중 / 활엽수 입목의 상처부에 난다. 식용하지만 맛은 좋지 않다.

분포 한국, 일본, 아시아, 유럽, 북미, 호주

황금고약버섯

Crustodontia chrysocreas (Berk. et M.A. Curtis) Hjortstam & Ryvarden
Corticium chrysocreas Berk. et Curt.

형태 자실체 전체가 배착생, 나무껍질에 넓게 퍼져 발생하고 떨어지지 않는다. 길이 3~8㎝, 폭 1~3㎝ 정도. 다소 두껍다. 자실층은 매끄러우나 때로는 젖꼭지 모양의 사마귀 같은 것이 여기저기 분포하기도 한다. 얇고 건조할 때 가장자리는 균열이 생기기도 한다. 노란 자색 또는 녹황색-칙칙한 황백색이다. 포자는 크기 4.5~5×2.5~3㎛, 타원형, 표면이 매끈하고 투명하다. 포자문은 백색이다.
생태 연중 / 활엽수의 죽은 가지나 그루터기에 배착생으로 난다.
분포 한국, 일본, 중국, 북미

황금맥수염버섯

Hydnophlebia chrysorhiza (Eaton) Parmasto
Phanerochaete chrysorhiza (Eaton) Budington & Gilb.

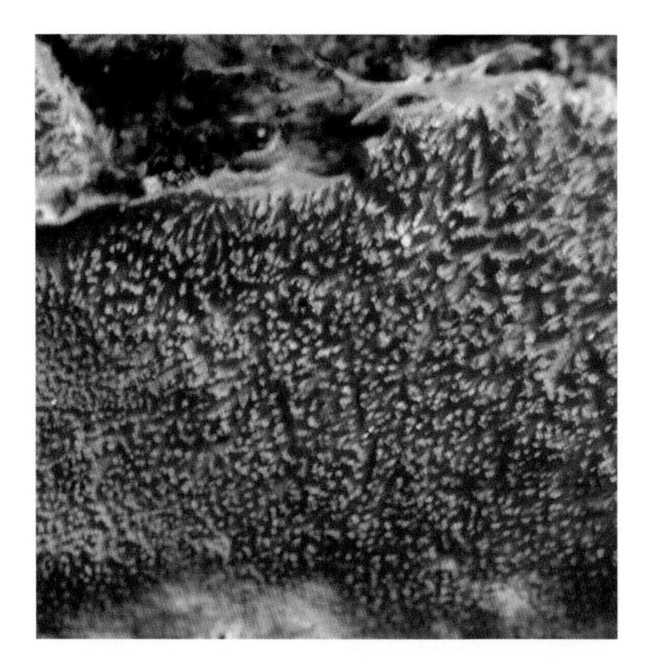

형태 자실체는 배착생. 막편상으로 기물로부터 쉽게 떨어지기 쉽다. 색은 황색의 오렌지색-적색. 가장자리는 처음에 백색이지만 후에 맑은 황색이 된다. 긴 균사다발을 만든다. 침은 길이 1~4㎜, 가늘고 선단이 뾰족한 원통형, 2~3개가 유착하기도 한다. 침의 선단에 자실층은 없다. 살의 균사는 폭 5~7.5㎛, 박막으로 이루어지며 침 같은 결정이 붙을 때가 있다. 포자는 크기 4×2.5㎛, 타원형, 표면이 매끈하고 투명하다. 담자기는 곤봉형, 크기는 10~15×4~6㎛이다.
생태 일년생 / 침엽수와 활엽수의 수피에 발생한다. 백색부후균.
분포 한국, 일본, 북미, 시베리아 동부

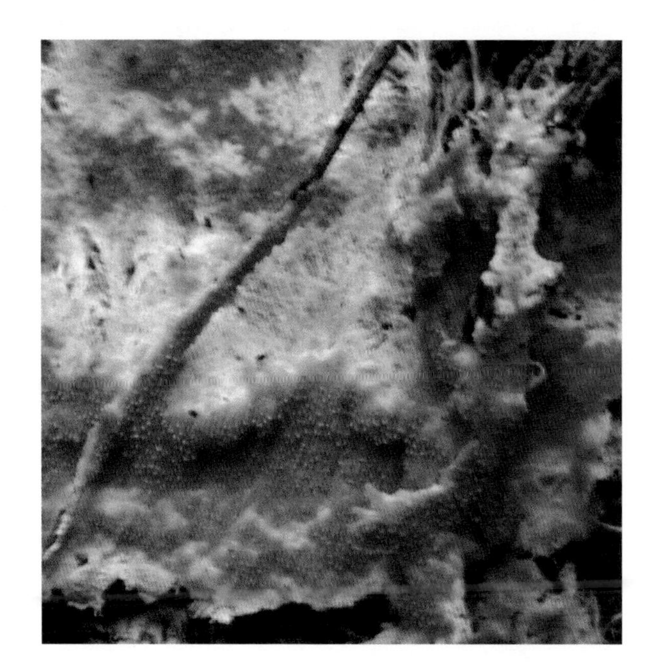

노란송곳버섯

Mycoacia aurea (Fr.) Erikss. & Ryv.

형태 자실체 전체가 배착생. 기질에 수 센티미터로 단단히 부착된다. 표면에 가늘고 밀집된 침 모양의 돌기가 무수히 형성된다. 크림색이다가 오래되면 연한 황색-황토색이 된다. 침은 길이 1~2㎜ 정도 밋밋하지만 때로 침 끝에서 다시 자라기도 한다. 침의 끝부분은 2~3개의 작은 첨단으로 갈라지기도 한다. 가장자리로 갈수록 침이 작아진다. 포자는 4~5.5(6)×1.5~2㎛, 원주상의 타원형, 표면이 매끈하고 투명하다.
생태 여름~가을 / 활엽수의 죽은 줄기나 가지에 난다. 드문 종.
분포 한국, 유럽, 북미

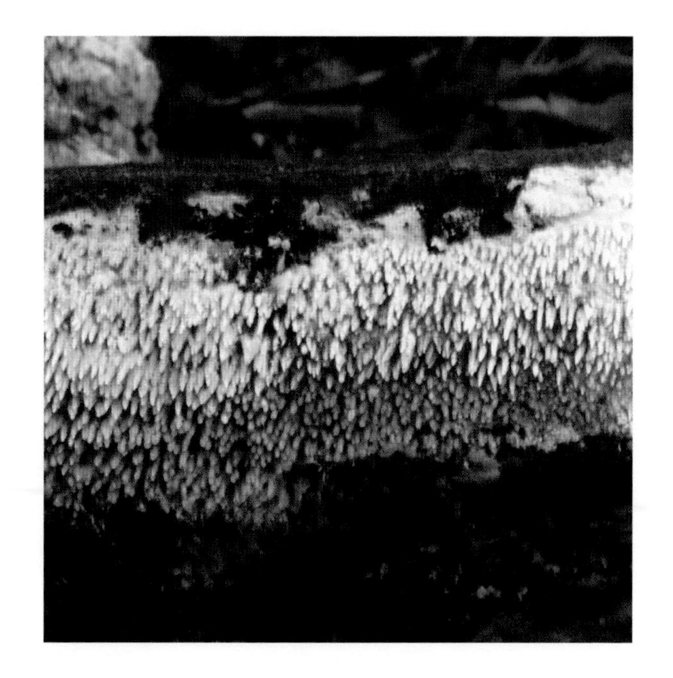

젖은송곳버섯

Mycoacia uda (Fr.) Donk

형태 자실체 전체가 배착생. 기질에 유착되어 수 센티미터, 드물게는 수십 센티미터까지 퍼진다. 표면은 얇은 밀납질의 기질층과 침 모양이 무수히 돌출된 얇은 자실층이 된다. 침은 길이 1~2㎜, 유황색-황토색, 한 개씩 형성되며 가끔 침의 밑부분이 융합하기도 한다. 침의 끝은 밋밋하거나 드물게 꽃술 모양이 되기도 한다. 가장자리 부분은 다소 연한 색이다. 포자는 크기 5~6×2~3㎛, 난형, 표면이 매끈하고 투명하다. 담자기는 15~20×4~5㎛, 가는 곤봉형, 4-포자성. 낭상체는 20~25×4㎛, 방추형.
생태 연중 / 땅에 쓰러진 활엽수 등 고목의 밑에서 땅쪽 방향으로 난다.
분포 한국, 중국, 일본, 유럽, 북미

풀봉지불로초

Physisporinus vitreus (Pers.) P. Karst.

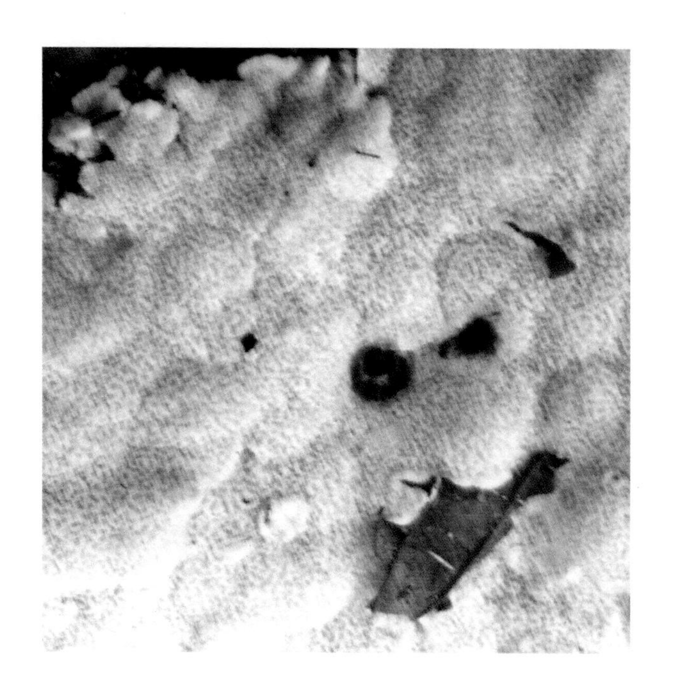

형태 자실체는 완전 배착생. 기질을 촘촘히 덮으며 크게 퍼진다. 편심적으로 자라며 흔히 혹 같은 돌기가 있고 두께는 3~6(10)㎜다. 어릴 때 크림-백색, 노쇠하면 황토색, 만져도 변색하지 않는다. 표면에 둥글고 3~6개/㎜의 미세한 구멍이 있다. 관은 길이 2~4㎜, 가장자리는 분명한 경계가 있고 왁스 같은 점성이 있다. 건조 시 각질이 되고 단단하다. 냄새는 좋지 않고 맛은 온화하다. 건조 표본에선 크림색-황토색. 포자는 4.5~5(5.5)㎛, 류구형, 표면이 매끈하고 투명하며 기름방울을 함유한다. 담자기는 곤봉형, 14~18×5~6㎛, 4-포자성. 꺽쇠는 없다.

생태 연중 / 죽은 활엽수와 침엽수의 축축한 곳에 발생한다. 백색부후균.

분포 한국, 유럽, 북미, 아시아

검은테버섯

Melanoporia nigra (Berk.) Murr.

형태 자실체는 말발굽, 종, 둥근 산 모양으로 기물에 직접 부착되어 배착생이 되기도 한다. 좌우 10~15(20)㎝, 두께 5~15㎝의 대형 버섯. 균모는 흑갈색-자흑색. 가장자리 신생부는 약간 밝다. 미세한 밀모가 덮여 가죽 만지는 느낌이 든다. 오래된 표피는 견고해져서 각피화한다. 표면은 생장 과정을 표시하는 테 모양의 폭넓은 고랑 모양 융기와 현저한 골이 생기고 완만한 요철이 있다. 가장자리는 두껍고 둔하다. 살은 두께 1~3㎝, 섬유질을 띤 코르크질, 암자갈색. 하면 자실층은 흑갈색-거의 흑색. 관공은 다층이고 각 두께는 3~10㎜, 구멍은 미세하며 5~6개/㎜, 구멍의 입구는 평탄하다. 포자는 지름 4~5㎛, 구형, 표면이 매끈하고 투명하다.

생태 다년생 / 참나무류나 밤나무 등의 입목, 죽은 나무에 난다. 갈색부후균. 드문 종.

분포 한국, 일본, 북미

검은잔나비버섯

Nigrofomes melanoporus (Mont.) Murr.

형태 균모는 말발굽, 종, 둥근 산 모양으로 기물에 직접 부착되어 배착생이 되기도 한다. 좌우 10~20㎝, 두께 5~20㎝의 대형 버섯. 균모는 황갈색, 흑갈색-자흑색. 가장자리 신생부는 약간 밝다. 미세한 밀모가 덮여 가죽 만지는 느낌이 든다. 오래된 표피는 견고해져서 각피화한다. 표면은 생장 과정을 표시하는 테 모양의 넓은 고랑 모양 융기와 현저한 골이 생기고 완만한 요철이 있다. 가장자리는 두껍고 둔하며 흰색이다. 살은 두께 1~3㎝, 섬유질을 띤 코르크질, 암자갈색. 하면 자실층은 흑갈색-거의 흑색. 관공은 다층이고 각 두께는 3~10㎜, 구멍은 미세하며 5~6개/㎜, 구멍의 입구는 밋밋하다. 포자는 지름 4.5~5.5㎛, 구형, 표면이 매끈하고 투명하다.

생태 다년생 / 참나무나 밤나무 등 활엽수의 껍질, 죽은 나무 등에 군생한다. 열대 지방에서 주로 발생한다. 갈색부후균. 드문 종

분포 한국, 일본, 중국, 유럽, 북미

비단깔때기비늘버섯

Cymatoderma elegans Jungh.
C. elegans var. lamellatum (Berk. & M.A. Curtis) D.A. Reid, C. lamellatum (Berk & M.A. Curtis) D.A. Reid

형태 자실체는 혁질, 자루가 있고 균모는 깔대기-부채형, 4~11×5~17㎝, 거의 백색, 황색 내지 회색. 표면에 융모가 있으며 턱받이는 없고 돌기가 있다. 살은 백색, 두께 1~2.5㎜. 가장자리는 얇다. 자실체는 백색 내지 황백색, 갈색 띠가 있고, 폭이 넓은 형태의 좁은 주름살이며 얇고 밀생한다. 표면에 작은 사마귀 반점이 있다. 자루는 길이 0.5~3㎝, 굵기 0.7~2.3㎝, 짧고 불규칙하다. 측생하며 회색 내지 회갈색, 융모가 있다. 포자는 6~9×3.5~5㎛, 타원형, 광택이 있고 표면이 매끈하다. 색은 무색, 난아미로이드 반응을 보인다. 담자기는 곤봉형, 26~30×4~5㎛, 2, 4-포자성. 색은 무색이다.
생태 봄~가을 / 숲속의 땅에 군생, 산생한다.
분포 한국, 일본

깔때기비늘버섯(주름형)

Cymatoderma lamellatum (Berk. & M.A. Curtis) D.A. Reid

형태 균모는 깔대기형, 높이 5~15㎝, 강인한 가죽질이다. 균모는 짚색-계피색, 특히 두꺼운 펠트상의 털을 가진다. 이 털은 집합 배열되어 예리한 이랑 모양의 융기를 형성한다. 살은 거의 백색, 두께 1~2㎜, 모피 사이에 암색의 하피가 발달한다. 하면의 자실층은 크림색, 미세하게 살색을 보이며, 뚜렷한 융기가 방사상으로 나란히 있다. 자루는 중심생, 두께 1㎝ 내외로 두꺼운 편이다. 포자는 6~9×4~5㎛, 광타원형, 무색, 매끈하고 투명하다. 난아마로이드 반응을 보인다. 낭상체는 30~50×13~15㎛, 방추형, 약간 혁질, 꼭대기에 크리스탈 결정이 있다.

생태 여름~가을 / 썩은 나무에 발생한다.

분포 한국, 일본

조갑지참버섯

Panus conchatus (Bull.) Fr.
Lentinus torulosus (Pers.) Lloyd

형태 균모는 지름 2~13㎝, 질긴 가죽질, 편평하다가 컵 또는 조개 모양이 된다. 표면은 라일락색이다가 적자색이 되며 중앙부터 황토색-적갈색으로 퇴색한다. 표면은 매끈해지며 광택이 난다. 중앙이 갈라져 불확실한 눌린 인편이 만들어지기도 한다. 가장자리는 얇고 안으로 말리며 물결형-엽편 모양. 어릴 때는 가루상. 때로 약한 짧은 털상. 깊게 내린 주름살이 능선으로 자루 아래로 퍼진다. 흔히 표면 위로 약간 엉키며, 보라색-자색이다가 백색-크림색. 폭은 2~4.5㎜로 빽빽하다. 언저리는 고르고 분홍색. 자루는 길이 1~3(4)㎝, 굵기 0.5~2.5㎝, 측생에서 거의 편심생, 때로 중심생. 기부로 가늘고, 속은 차 있다. 표면은 보랏빛이나 퇴색하여 연한 회색. 털은 짧은 솜털상. 포자는 5.2~6.5×2.3~3.5㎛, 타원형-짧은 원주형, 매끈하고 투명하며 벽이 얇다. 담자기는 23~36×5~6㎛, 긴 곤봉형, 4-포자성.

생태 일년생 / 고목, 낙지, 나무 등걸 등에 군생한다.

분포 한국, 유럽

애참버섯

Panus neostrigosu Drechsler-Stantos & Wartchow
Lentinus strigosus Fr.

형태 자실체는 가죽질. 균모는 지름 3~9㎝, 반구형, 부채형, 깔대기형이 된다. 표면은 건조하고 털이 밀생하며, 자갈색이다가 자색의 연한 황갈색이 된다. 가장자리는 아래로 말리다가 나중에 펴진다. 육질은 얇고 유연하다가 가죽질로 변하고, 마르면 코르크질이 된다. 맛은 쓰다. 주름살은 내린 주름살로 백색-연한 홍색에서 황갈색이 되며, 밀생하고 폭이 좁다. 자루는 길이 1~3㎝, 굵기 0.2~0.8㎝, 원주형, 편심생. 거친 털이 있고 혁질로 질기며, 속은 차 있다. 포자는 6~8×3~4㎛, 타원형, 매끄럽고 투명하다. 포자문은 백색. 낭상체는 45~50×10~13㎛, 원주형 또는 곤봉상.
생태 여름~가을 / 발나죽은 백양나무, 버드나무 등의 활엽수, 고목 또는 그루터기에 중첩하여 군생한다. 어린 것은 식용한다.
분포 한국, 중국, 일본

거친애참버섯

Panus rudis Fr.

형태 균모는 지름 2~5㎝의 소형. 둥근 산 모양이다가 약간 깔대기형이 된다. 육질이 매우 강인하고 점차 가죽질이 된다. 표면에 거친 털이 밀생하고 자갈색이었다가 연한 황토갈색-다갈색이 된다. 살은 얇다. 주름살은 내린 주름살로 촘촘하며 폭이 매우 좁고, 백색이나 자주색을 띠기도 하며 오래되면 연한 황토갈색이 된다. 자루는 길이 0.5~2㎝, 균모와 같은 색이며 가는 털이 피복되어 있다. 편심생-중심생이나 측생인 경우도 있다. 자루의 육질은 강인하며 가죽질. 포자는 4.5~5.5×2~2.5㎛, 긴 타원형, 표면이 매끈하고 투명하다. 포자문은 백색.

생태 여름~가을 / 여러 활엽수를 비롯하여 낙우송 등 침엽수의 쓰러진 나뭇등걸이나 밑동에 군생 또는 속생한다. 식용 불가. 백색부후균.

분포 한국, 전 세계

줄버섯

Bjerkandera adusta (Willd.) P. Karst.
Gloeoporus adustus (Willd.) Pilát

형태 자실체는 반배착생. 반전되어 균모를 형성하나 때로는 배착하지 않고도 균모를 형성한다. 균모는 반원형-조개껍질 모양, 줄로 나거나 다수가 중첩해서 층생이 되기도 한다. 개별 균모는 2~5㎝, 두께 2~4㎜. 흔히 곁에 발생한 균모와 유합되어 폭 10㎝, 두께 1㎝의 대형이 되기도 한다. 표면은 회백색-탁한 황백색. 어릴 때는 짧은 밀모가 있다가 없어진다. 방사상의 섬유 무늬가 나타나지만 테 무늬는 선명하지 않다. 살은 질긴 가죽질, 마르면 단단해지며 거의 백색-탁한 백색. 하면의 관공 층은 길이 1~2㎜, 구멍은 4~6개/㎜, 다소 둥근 모양. 연한 회색이다가 암회색-흑회색이 되고, 가장자리 쪽은 유백색, 만지면 흑색. 포자는 4.5~5.5×2~3㎛, 타원형, 표면이 매끈하고 투명하다.

생태 연중 / 흔히 수로 등 습한 곳에 매몰된 활엽수의 줄기에 많이 난다. 죽은 활엽수의 줄기나 가지, 그루터기 등에도 군생 또는 층생한다. 매우 흔한 종.

분포 한국 등 전 세계

흰둘레줄버섯

Bjerkandera fumosa (Pers.) Karst.

형태 자실체는 불규칙한 반원형으로 기질에 직접 부착된다. 흔히 줄지어 나거나 연접된 균모가 기와꼴로 융합되거나 중첩해서 층상으로 난다. 전후 8㎝, 좌우 10~15㎝, 두께 2~3㎝ 정도. 표면은 평탄하고 평활하며 다소 굴곡이 있다. 미세한 털이 있고 흡습성이며 때로 동심원상의 테 무늬가 있다. 색은 백갈색, 황갈색, 다갈색 등이며 만지면 갈색으로 변한다. 가장자리는 둔하다가 날카로워진다. 하면의 관공은 백색-크림색, 오래되면 회색, 만지면 갈색. 구멍은 원형 또는 각진형, 2~4개/㎜. 절단하면 중앙에 얇은 암갈색 선이 나타난다. 포자는 5~6.5×2.5~3.5㎛, 타원형, 표면이 매끈하고 투명하다.

생태 봄~가을 / 버드나무, 포플러, 물푸레나무, 참나무류 등의 그루터기, 죽은 나무 및 살아있는 입목의 상처부 등에 난다. 재목의 백색부후를 일으킨다. 드문 종.

분포 한국, 중국, 일본, 유럽, 북미

역아교고약버섯

Efibullella deflectens (P. Karst.) Zmitr.
Phlebia deflectens (P. Karst.) Ryvarden

형태 자실체 전체가 배착생. 기질에 0.3㎜ 정도 두께의 막편이 단단히 부착하며 수~수십 센티미터까지 퍼진다. 표면은 밀납질, 어릴 때는 밋밋하지만 후에는 약간 결절이나 사마귀 모양이 생기기도 한다. 담황토색이고 때때로 보라색 또는 회색을 띤다. 건조할 때는 찌진 틈이 생기기도 한다. 가장자리는 얇게 균사가 퍼져나가서 분명한 경계가 된다. 포자는 4~5.5×2.3~3㎛, 타원형, 표면이 매끈하고 투명하다.
생태 연중 / 활엽수나 잎갈나무, 가문비나무 등 침엽수의 넘어진 둥치 아래쪽에 난다. 낙엽층에도 피복한다.
분포 한국, 유럽

반달버섯

Hapalopilus rutilans (Pers.) Murrill

형태 자실체는 반원형-콩팥형, 기물에 넓게 부착되며 전후 1.5~8㎝, 좌우 2~12㎝, 두께 1~3㎝ 정도. 가장자리는 다소 예리하며 윗 표면은 둥근 산 모양, 대체로 밋밋하지만 때로는 약간 물결 모양이나 결절형인 것도 있다. 털이 있거나 밀모가 피복되기도 한다. 색은 계피갈색~황토갈색. 살은 섬유상, 스펀지형, 코르크질로 질기다. 하면의 관공 층은 두께 4~10㎜, 황갈색-계피색. 구멍은 원형, 각형 또는 장방형, 2~4개/㎜. 포자는 4~5.5×2~3㎛, 타원상의 난형. 표면이 매끈하고 투명하며 기름방울이 들어있다.

생태 여름~가을 / 각종 활엽수의 살아있는 줄기의 상처 부위나 죽은 줄기, 가지에 난다. 때로는 침엽수에도 난다. 드문 종.

분포 한국, 중국, 일본, 유럽, 북미, 호주

물렁얇은구멍버섯

Leptoporus mollis (Pers.) Quél.

형태 자실체의 자루는 없다. 기주 표면에 퍼지나 끝이 뒤집히며, 배착생은 드물고, 길이 5~8㎝, 두께 10~20㎜. 육질이며 습기가 있다. 약간 털이 있고 백색이다가 후에 미끈거리고 분홍색, 적갈색-적자색이 되며 만지면 더 검어진다. 구멍은 3~4개/㎜, 상처 시 백색-자갈색이 된다. 살은 육질, 유연하고, 분홍색-황토색, 두께 7~10㎜. 테 무늬가 있다. 관의 층은 살보다 검고 두께 10㎜. 균사 조직은 1균사형, 생식균사는 벽이 얇고 투명하며 격막이 있고 분지한다. 폭은 2~5㎛. 담자포자는 5.5~6.5×1.8~2.2㎛, 아몬드형, 매끈하고 투명하다. 포자벽은 얇다. 담자기는 곤봉형, 12~20×4~5㎛, 투명하다. 기부에 간단한 꺽쇠가 있다. 낭상체는 없다.

생태 연중 / 고목에 발생한다.

분포 한국, 유럽

끈유색고약버섯

Phanerochaete filamentosa (Berk. & Curt.) Gresl. Nakasone & Rajchenb.

형태 자실체는 배착생. 기질에 다소 느슨하게 부착하며 0.5㎜ 정도 두께의 막편이 수~수십 센티미터로 퍼진다. 표면은 미세한 털이 덮여 있고 미세한 결절이 생기기도 한다. 색은 크림색-오렌지 갈색. 가장자리의 생장하는 부분은 유백색-황색으로 균사가 퍼져 나가나 후에는 분명한 경계를 이룬다. 유연한 밀납질이고 건조할 때는 약간 부서지기 쉽다. 수피 아래의 균사속은 황색이다. 포자는 4~5×2.5~3㎛, 타원형, 표면이 매끈하고 투명하다. 기름방울이 있는 것도 있다.

생태 연중 / 주로 활엽수, 드물게는 죽은 침엽수 목재의 껍질이나 목질 위에 난다.

분포 한국, 유럽, 북미

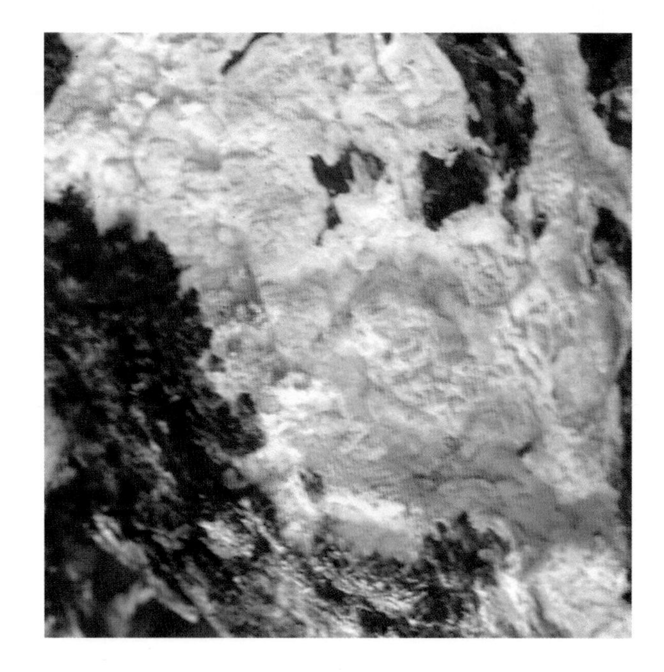

균열유색고약버섯

Phanerochaete laevis (Fr.) Erikss. & Ryv.

형태 전체가 배착생. 기질에 0.5㎜ 정도의 두께로 막질을 형성하며 수 센티미터로 퍼진다. 다소 단단하게 부착되지만 건조할 때는 분리되기도 한다. 신선할 때 표면은 편평하지 않고 미세한 결절이 있으나 건조할 때는 다소 편평하고 많은 균열이 생긴다. 색은 회황토색 또는 분홍황토색-오렌지황토색. 가장자리는 연하고 유백색, 미세하게 균사가 퍼지거나 분명한 경계를 이룬다. 유연한 막질이며 건조할 때는 벗겨지거나 부서지기 쉽다. 포자는 4.5~7.5×2.5~3.5㎛, 원주형-소시지형, 표면이 매끈하고 투명하다. 2개의 기름방울을 함유한다.

생태 연중 / 껍질을 가진 활엽수의 죽은 줄기 또는 가지에 난다.

분포 한국, 유럽

유색고약버섯

Phanerochaete sordida (P. Karst.) Erikss. & Ryv.
Peniophora cremea (Bres.) Sacc. & Syd.

형태 전체가 배착생. 기질에 얇고 느슨하게 부착한다. 막편은 수~수십 센티미터까지 퍼진다. 표면은 밋밋하거나 털이 덮여 있으며 크림색이다가 황토색이 된다. 가장자리는 미세한 분상 또는 실 모양. 부분적으로는 균사속이 없이 기질과 분명한 경계를 이룬다. 유연하고 밀납질이며 건조할 때는 다소 갈라진다. 포자는 5~7×2.5~3.5㎛, 좁은 타원형, 표면이 매끈하고 투명하다. 어떤 것은 기름방울이 있다.
생태 연중 / 죽은 활엽수 목재에 난다. 드물게는 침엽수에도 난다.
분포 한국, 유럽, 북미

주름균강 》 구멍장이버섯목 》 유색고약버섯과 》 유색고약버섯속

가시유색고약버섯

Phanerochaete aculeata Hallenb.

형태 자실체는 기질에 넓게 퍼지며, 막질이고 쉽게 분리된다. 임성 지역은 톱니형에서 혀모양이 교대한다. 색깔은 황백색, 황토색 돌출물이 있다. 1균사형, 모든 균사는 격막이 있다. 분생자형성 균사층의 균사는 5~7(8)㎛, 벽은 두껍고 투명하며, 규칙적으로 분지하며, 투명한 크리스탈이 있다. 조직은 돌출하며, 평행한 균사의 폭은 4~5㎛. 자실층의 균사는 폭 3~4.5㎛, 여러 번 분지한다. 낭상체는 40~60×6~7㎛, 원통형-관형, 벽이 얇고 크리스탈 껍질이 있다. 담자포자는 5~5.5(6)×2.2~2.5㎛, 원통형-좁은 타원형, 매끈하고 투명하며 벽이 얇다. 담자기의 돌출물은 높이 40㎛. 담자기는 곤봉형, 20~30×4~5.5㎛, 4-포자성. 기부에 격막이 있다.

생태 연중 / 활엽수의 죽은 나무에 발생한다.

분포 한국, 유럽

주름균강 》 구멍장이버섯목 》 유색고약버섯과 》 유색고약버섯속

비로드유색고약버섯

Phanerochaete velutina (DC.) P. Karst.

형태 자실체 전체가 배착생. 수~수십 센티미터로 막편 모양을 형성하면서 자라며 기질에 느슨하게 붙어 있다. 표면은 밋밋하거나 약간 결절이 있거나 비로드 모양. 색은 회황토색-분홍 크림색. 가장자리는 실이 퍼진 모양이며 때때로 균사속이 있다. 밀납질이며 부드럽다. 포자는 5.5~6.5×2.5~3.5㎛, 타원형, 표면이 매끈하고 투명하다. 한쪽 면이 편평하다.

생태 연중 / 주로 활엽수 목재의 껍질 위에 나며 드물게 침엽수에도 난다.

분포 한국, 유럽

밤털좀아교고약버섯

Phlebiopsis castanea (Lloyd) Imaz.
Cystidiophorus castaneus (Lloyd) Imazeki

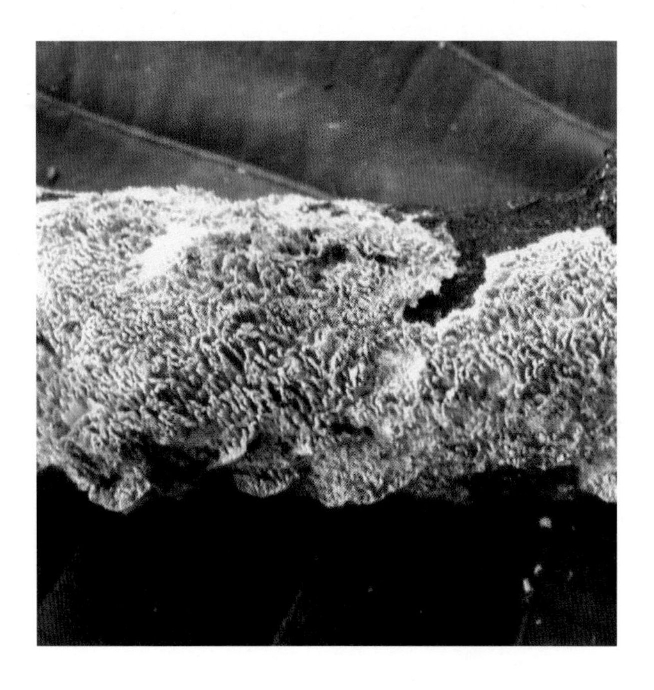

형태 자실체는 전체가 배착생. 기주 나무의 죽은 가지 하측에 길게 퍼진다. 어릴 때는 황갈색 후에 밤색이 된다. 두께 1~2㎜, 단단한 가죽질. 자실층은 불규칙한 그물상의 얕은 구멍이 형성된다. 구멍의 크기는 1㎜ 내외. 구멍의 칸을 막는 벽은 얇게 이빨 모양으로 찢어진다. 일부 자실층의 표면은 그물눈 모양을 형성하지 않고 둔한 침 모양이 된다. 가장자리는 오렌지색의 균사층이 얇게 퍼진다. 포자는 크기 5×2㎛, 타원형, 표면이 매끈하고 투명하다.
생태 일년생 / 소나무의 죽은 가지나 죽은 목재에 난다. 갈색부후균.
분포 한국, 일본, 시베리아

큰좀아교고약버섯

Phlebiopsis gigantea (Fr.) Jül.
Peniophora gigantea (Fr.) Mass.

형태 자실체 전체가 배착생. 막편이 0.5㎜ 정도 두께로 수~수십 센티미터 크기로 퍼진다. 신선할 때 막편은 기질에 단단히 붙지만 건조할 때는 가장자리가 분리되어 다소 위쪽으로 굽는다. 습기가 있을 때 표면은 회백색, 밋밋하거나 얕은 사마귀 모양 결절이 생긴다. 건조할 때는 가장자리가 분명한 경계를 이루며 기질에서 분리되어 약간 위쪽으로 굽는다. 습할 때는 유연하고 밀납질, 건조할 때는 딱딱해진다. 포자는 5~7×3~3.5㎛, 타원형, 표면이 매끈하고 투명하다.

생태 여름~가을 / 소나무, 기타 침엽수의 죽은 줄기, 가지, 그루터기 등에 난다. 드문 종.

분포 한국, 일본, 필리핀, 유럽, 북미, 남미

주름균강 》 구멍장이버섯목 》 유색고약버섯과 》 아교고약버섯속

보라아교고약버섯

Phlebia lilascens (Bourdat) J. Erikss. & Hjortstam

형태 매우 다양하게 연중 발생하는 부후균이다. 크림색이다가 적색빛이 도는 회색이 된다. 표면은 밋밋하다가 사마귀 반점처럼 된다. 포자는 크기 4~4.5×2~2.5㎛, 좁은 타원형, 표면이 매끈하고 투명하다. 균사에 꺽쇠가 있다. 낭상체는 없다.
생태 연중 / 쓰러진 나무의 등걸, 낙엽, 고목의 두꺼운 가지 표면에 난다.
분포 한국, 유럽

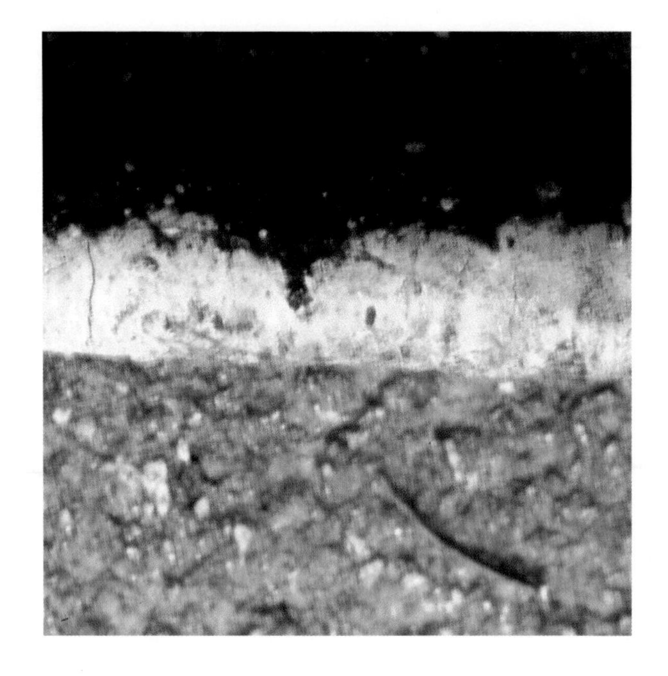

주름균강 》 구멍장이버섯목 》 유색고약버섯과 》 아교고약버섯속

가는아교고약버섯

Phlebia rufa (Pers.) M.P. Christ.

형태 자실체 전체가 배착생. 기질에 단단히 부착된다. 다소 둥근 점 모양으로 생겨나고 자라면서 서로 융합되어 수십 센티미터로 퍼진다. 표면은 울퉁불퉁하게 주름살이 있고, 불규칙하게 구멍이 뚫린다. 주름살이 방사상으로 형성되진 않는다. 담황토색이다가 적갈색이 된다. 어릴 때 가장자리 부근은 백색, 면모상의 균사가 퍼져 있다. 오래되면 박막질로 되어 좀더 분명한 경계를 이룬다. 신선할 때는 아교질이고 부드러우나 건조하면 다소 단단하고 각질이 된다. 포자는 4.5~5.5×2~2.5㎛, 타원형-약간 소시지형, 매끈하고 투명하다. 2개의 기름 방울이 들어 있다.
생태 가을~봄 / 죽은 참나무 등 활엽수에 발생한다.
분포 한국, 유럽 등 전 세계

방사아교고약버섯

Phlebia radiata Fr.

형태 자실체는 배착생. 기질에 단단히 붙어 있다. 때로 가장자리는 곧추서거나 반전되기도 한다. 초기 단계에는 수 센티미터 정도의 둥근 반점 모양으로 생기나 서로 합쳐지며 수십 센티미터에 이른다. 표면은 어릴 때 자실체나 가장자리가 흔히 방사상으로 골이 있고, 고르지 않으며 결절이 있다. 이후 사마귀 모양이 덮이거나 서로 겹친 모양이 된다. 연한 오렌지색-분홍 회색 또는 자회색. 가장자리는 연하거나 유백색, 빗살-털술 모양. 살은 신선할 때 부드럽고 젤라틴질, 건조할 때는 각질이고 딱딱하다. 포자는 4.5~5.5×1.5~2㎛, 원주형, 표면이 매끈하고 투명하다. 2개의 기름방울을 함유하기도 한다.

생태 봄~가을 / 숲속의 죽은 나무에 배착 발생한다.

분포 한국, 북미

아교고약버섯

Phlebia tremellosa (Schrad.) Naksone & Burds
Merulius tremellosus Schrad.

형태 자실체는 반배착생, 선반-반원형의 균모를 길게 형성한다. 균모는 2~8×1~3㎝, 두께 2~3㎜ 정도. 표면은 백색-분홍색으로 부드러운 털이 덮여 있다. 하면의 자실층은 불규칙한 주름이 종횡으로 심하고, 얕고 각진 주름 구멍을 형성한다. 생육 중에는 연한 황-오렌지 분홍색이나 오래되면 오렌지 갈색을 띤다. 살은 말랑말랑하고 건조할 때는 연골질이 된다. 포자는 3.5~4×1~1.5㎛, 원주형-소시지형, 표면이 매끈하고 투명하다. 어떤 것은 기름방울이 들어 있다. 담자기는 55~80×6~12㎛, 가는 곤봉형, 4-포자성. 기부에 꺽쇠가 있다.
생태 가을~초겨울 / 썩은 활엽수나 침엽수 둥치 등의 지면 쪽에 난다. 백색부후균. 흔한 종.
분포 한국, 중국 등 북반구 일대

흰단창버섯

Sarcodontia pachyodon (Pers.) Spirin
Spongipellis pachyodon (Pers.) Kotl. & Pouzar

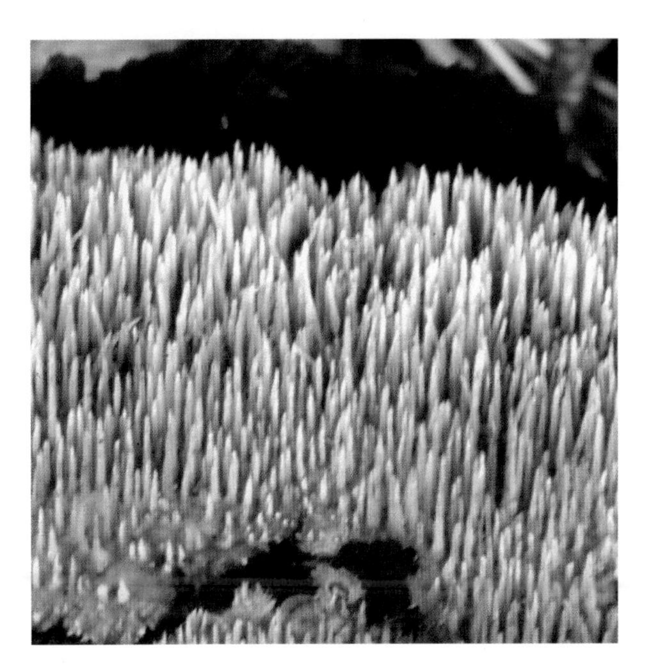

형태 자실체는 배착생-반배착생. 기질에 수 센티미터로 퍼지며, 가장자리는 폭 2~5㎝. 전후 1~3㎝의 얇고 좁은 반전된 균모가 형성된다. 균모의 표면은 밋밋하고 미세하게 면모. 백색-크림색이다가 후에 털이 갈색이 된다. 가장자리는 날카롭고 약간 안쪽으로 굽는다. 자실층 표면은 침 또는 바늘 모양의 많은 돌기가 형성되는데, 어떤 것은 납작하다. 가장자리의 어린 균사는 미로상 관공을 형성하기도 한다. 색은 백색-크림색. 이빨의 크기는 12㎜ 정도까지 달한다. 살은 두께 3~8㎜, 크림색. 포자는 5.5~7.5×5~6㎛, 난형, 표면이 매끈하고 투명하다. 다소 벽이 두껍고, 기름방울이 있다.

생태 여름~가을 / 참나무, 단풍나무, 호두나무 등 활엽수에 기생하거나 죽은 나무에 붙는다. 백색부후균.

분포 한국, 유럽

주름균강 》 구멍장이버섯목 》 유색고약버섯과 》 창버섯속

센털창버섯

Sarcodontia setosa (Pers.) Donk

형태 자실체는 완전 배착생으로 기질에 단단히 부착한다. 막편을 형성하여 수 센티미터로 퍼져 나가며 경계가 다소 분명하다. 조직은 황색, 왁스 같다. 향지성이 발달하였으며, 송곳 모양, 연한 색-밝은 노란색. 가시는 길이 5~10㎜, 굵기 0.2~0.6㎜이며 촘촘하다. 자실체는 와인색-적색. 냄새가 좋지 않고, 강한 과일 맛. 포자는 5~6×3.5~4㎛, 류구형, 물방울 모양. 표면이 매끈하고 투명하다. 벽은 두껍고, 기름방울을 함유한다. 담자기는 곤봉형, 20~30×4~6㎛, 4-포자성, 어떤 것은 응축한다. 기부에 꺽쇠가 있다.

생태 여름~가을 / 썩은 고목의 매듭, 고목의 아래의 껍질에 발생한다. 원칙적으로 나무의 찢어진 벽과 구멍사이에 난다. 백색부후균. 드문 종.

분포 한국, 유럽, 북미, 아시아

주름균강 》 구멍장이버섯목 》 유색고약버섯과 》 송곳버섯속

찢긴송곳버섯

Scopuloides rimosa (Cooke) Jülich

형태 자실체는 배착생, 약간 투명하고 다소 회색으로 납질이다. 자실층탁은 톱니상이며 작은 돌출이 있고, 현미경 아래선 털이 보이며 돌출된 낭상체가 있다. 균사 조직은 1균사형, 균사는 간단한 격막이 있다. 자실층에서는 벽이 얇고, 분생자형성 균사층에서는 벽이 두껍다. 폭은 3~6㎛. 빽빽한 구조에서는 모든 균사가 가지런하다. 담자포자는 3.5~4.5(5)×1.5~2(2.5)㎛, 류아몬드형, 표면이 매끈하고 투명하며 벽은 얇다. 낭상체는 원추형, 40~50×8~10㎛, 기부의 두꺼운 벽을 제외하고 딱딱한 게 껍질처럼 된다. 담자기는 10~12×3~4㎛, 류곤봉형, 4-포자성, 벽이 얇다. 기부에 간단한 격막이 있다.

생태 일년생 / 나무의 표면에 배착 발생한다.

분포 한국, 유럽

거품갯솜껍질버섯

Spongipellis spumeus (Sow.) Pat.

형태 자실체는 선반 모양, 기부로 뿌리처럼 길게 내리고 기질에 파묻힌다. 지름은 100~200㎜, 두께 100㎜로 기질로부터 돌출된다. 표면은 결절형, 크림색에서 황토색을 거쳐 회색-올리브갈색이 되고 미세한 솜털에서 거친 털이 된다. 가장자리는 날카롭다. 관공의 관은 길이 50~100㎜, 층을 이루지 않는다. 하면의 구멍은 백색-크림색, 2~4개/㎜. 살(조직)은 2층으로 윗층은 부드럽고 얇으며 비교적 단단하다. 아래층은 두껍고 부드럽다. 약간 냄새가 나고 맛은 온화하다. 담자포자는 6~8×4.5~5㎛, 난형, 표면은 밋밋하고 투명하며 벽이 두껍다. 담자기는 미세한 곤봉형, 27~35×5.5~7.5㎛, 기부에 꺽쇠가 있다. 강모체는 없다.

생태 여름~가을 / 활엽수 껍질에 단생한다. 백색의 목재부후균. 드문 종.

분포 한국, 중국, 유럽, 북미, 아시아

청자색모피버섯

Terana coerluea (Lam.) Kuntze
Pulcherricium coeruleum (Lam.) Parmasto

형태 전체가 배착생. 자실층은 초기에 크고 작은 원형상-타원상이다가 성장하면서 서로 융합하여 수~수십 센티미터 폭에 이르기도 한다. 페인트를 칠한 것처럼 막질이며, 두께는 0.5㎜ 정도다. 표면은 밋밋하거나 거칠다. 가장자리의 끝은 백색이나 곧 청록색이 되며 중앙부는 암색-회갈색을 띤다. 신선할 때는 다소 부드럽고 밀납질이나 건조하면 딱딱해진다. 포자는 크기 7~9×4~6㎛, 난상의 타원형, 표면이 매끈하고 투명하다.
생태 봄~가을 / 활엽수의 고사목 또는 낙지에서 발생한다.
분포 한국 등 전 세계

갈색살송편버섯

Trametopsis cervina (Schw.) Tomsovsky
Trametes cervina (Schw.) Bres.

형태 자실체는 어릴 때 완전한 백색, 길이 4~5*cm*, 폭 1*cm*, 두께 0.2~0.5*cm*로 광택이 나고 섬유상이며, 황토갈색이다가 암갈색이 되고, 위로 뒤틀린다. 백색 털이 있으나 테는 없으며 물결형이다. 구멍은 주름지고, 톱니상으로 미로형이다. 관공은 기주에 내린 관공, 지름은 0.5~1.5*mm*, 깊이 4*mm*, 광택이 나고, 황토색 또는 갈색이다. 살(조직)은 백색, 건조 시 광택이 나는 코르크질로 두께 0.1-3*mm*. 포자는 크기 5~7×1.5~2.5*μm*, 원주형, 표면이 매끈하고 투명하다.

생태 연중 / 낙엽송, 수로 너도밤나무의 줄기에 군생한다. 식용할 수 없다.

분포 한국, 중국

적갈색유관버섯

Abortiporus biennis (Bull.) Sing.

형태 균모는 지름 3~10㎝로 술잔, 부채의 빗살형, 반원형이며 서로 유착한다. 표면은 백색-황갈색, 건조하면 적갈색이 된다. 연한 털과 고리 무늬, 줄무늬 홈선이 있다. 가장자리는 연한 색이고 뒤집힌다. 살은 2층이며 상층은 섬유상에 갯솜질, 하층은 가죽질에 재목색. 자루는 1~5㎝로 중심생, 측생 또는 부정형이고 녹슨 색이며 어린 털이 있다. 자실층은 백색이다가 살색이 되며 미로상. 담자포자는 5~7.5×3~5㎛, 타원형, 표면은 매끄럽고 투명하며, 벽은 두껍고, 기름방울을 가지고 있다. 후막포자는 3~5×3~4.5㎛, 아구형, 벽이 두껍고 기름방울을 함유한다. 담자기는 17~34×4.5~6㎛, 가는 곤봉형, 4-포자성, 기부에 꺽쇠가 있다.
생태 연중 / 그루터기나 뿌리, 땅에 묻힌 나무에 난다.
분포 한국, 중국, 일본, 대만, 유럽, 북미, 호주

둘레배꽃버섯

Podoscypha multizonata (Berk. & Broome) Pat.

형태 자실체는 구두주걱형 또는 부채형이며 균모들이 융합하여 술(총채)처럼 된다. 자실체는 지름 5~8㎝, 위쪽 표면은 매끄럽고 장미색, 담황색 또는 황토색. 건조 표면에서는 담황색. 자실층탁은 밋밋하거나 굴곡지며, 크림 황토색, 자루 또는 관처럼 된다. 균사 조직은 2균사형, 일반균사는 벽이 얇고, 폭 3~5㎛, 분지되며, 격막과 꺽쇠가 있다. 꼬여서 리본처럼 된다. 골격균사는 벽이 두껍고, 폭 4~8㎛, 분지되지 않는다. 낭상체는 많고 원주형, 40~80×5~8㎛, 꼭대기는 둔하, 며 벽이 얇고, 기름 성분이 있다. 담자포자는 4~6×3.5~5㎛, 타원형-류구형, 매끈하고 무색하며 벽이 얇다. 담자기는 곤봉형, 25~40×5~6㎛, 4-포자성. 기부에 꺽쇠가 있다.

생태 일년생 / 고목이나 분지된 가지에 난다.

분포 한국, 유럽

검은민불로초

Amauroderma nigrum Rick

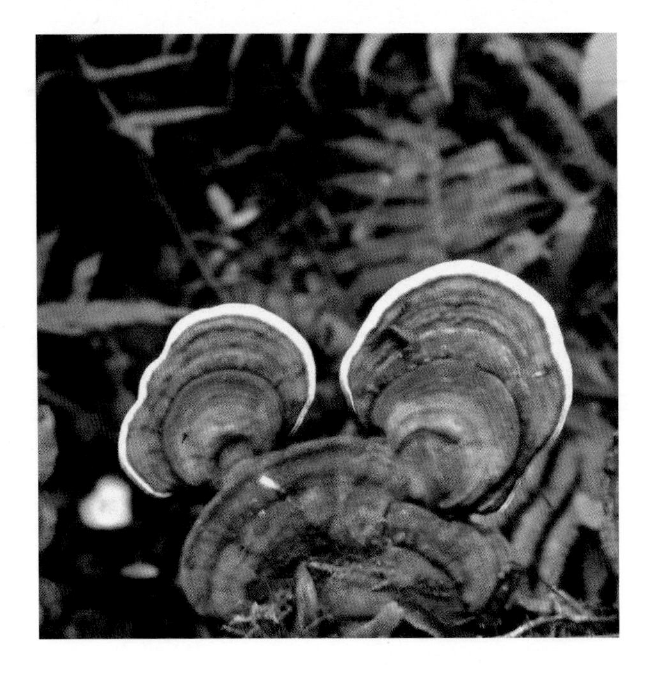

형태 균모는 크기 1.5~10×2~12㎝, 두께 0.2~0.4㎝. 목질이며 단단하고 측생한다. 색깔은 콩팥 혹은 부채형, 드물게 원형이며 흑갈색, 암청 갈색의 융모가 있다. 방사상 무늬가 있으나 이후 표면은 광택이 나고 밋밋하게 된다. 가장자리는 얇고, 물결형. 관의 길이는 1.3~2㎜, 두께 0.7~2㎜, 점차 암회색 또는 흑색이 되며 벽이 두껍다. 구멍은 원형, 지름 5~5.5㎜, 4~5개/㎜. 자루는 길이 12㎝, 굵기 1㎝로 원주형, 가늘고 길다. 측생하며 균모와 동색이다. 자루는 분지하며, 기부는 뿌리형, 회갈색이다. 포자는 6~9×6~8㎛, 아구형, 무색이다.

생태 일년생 / 살아있는 나무나 고목에 단생한다.

분포 한국, 중국

거친민불로초

Amauroderma rude (Berk.) Torrend

형태 자실체는 중형 내지 대형으로 목질. 균모는 지름 3~10㎝, 두께 0.5~0.7㎝, 콩팥형, 반원형. 표면은 거의 회갈색, 미세한 털과 동심원 띠가 있다. 가장자리는 얇았다가 두꺼워지며, 물결 모양. 살은 황색 내지 옅은 황토색, 두께 0.5~0.4㎝. 자루는 길이 4~12㎝, 굵기 0.3~1㎝, 원통형으로 균모와 동색. 만곡되며 미세한 털상, 측생이다. 관은 길이 0.2~0.3㎝, 살색. 구멍은 원형, 5~6개/㎜, 오백색. 가장자리는 홍색이다가 흑색이 된다. 포자는 8.7~12×8.7~10㎛, 구형, 포자벽은 2중, 표면의 가시는 불분명, 담황갈색이다.

생태 여름~가을, 일년생 / 썩은 고목에 발생한다.

분포 한국, 중국

주름균강 》 구멍장이버섯목 》 구멍장이버섯과 》 흰노랑구멍버섯속

가는흰노랑구멍버섯

Cerioporus leptocephala (Jack.) Zmitr.
Polyporus elegans Fr.

형태 균모는 지름 2~7㎝, 처음에는 약간 둥근 산 모양이다가 중앙이 들어간 편평형이 된다. 표면은 밋밋하고 약간 주름이 지고 가장자리는 물결형. 자루는 1~4㎝, 중앙이 심하게 편심생, 상당히 가늘다. 표면은 밋밋하고 기부는 검은색. 구멍의 표면은 백색-크림색이다가 회색, 갈색. 관은 깊이 0.5~2㎜, 백색-크림색, 심한 내린 관공. 구멍은 각진형, 4~5개/㎜. 살은 백색-크림색, 코르크질. 균사 조직은 2균사형. 포자는 7~9×2~3.5㎛, 원주형-타원형, 매끈하고 투명하다. 난아미로이드 반응을 보인다. 포자문은 백색, 낭상체는 없다.

생태 연중 / 활엽수 등 쓰러진 나무의 등걸, 가지에 작은 집단으로 발생한다.

분포 한국, 유럽

주름균강 》 구멍장이버섯목 》 구멍장이버섯과 》 흰노랑구멍버섯속

주름흰노랑구멍버섯

Cerioporus mollis (Sommerf.) Zmitr. & Kovalenko
Datronia mollis (Sommerf.) Donk, Antrodia mollis (Sommerf.) P. Karst.

형태 반배착생. 자실층은 수~수십 센티미터까지 막을 형성하면서 퍼진다. 자실층이 없을 때도 있다. 균모는 조개껍질 또는 띠 모양, 파상으로 굴곡되고 질긴 가죽질이며 전후 0.5~2.5㎝, 좌우 1~7㎝, 두께 2~6㎜. 표면은 비로드 모양으로 털이 밀생하다가 없어지고 갈색, 암갈색, 흑색이 된다. 살은 크림색-연한 갈색, 건조할 때 단단하고 부서지기 쉽다. 하면 자실층의 관공은 각형 또는 미로형, 각진형. 각진형은 폭 0.5~1㎜, 길이 5㎜에 이른다. 표면은 회갈색, 연한 황토갈색, 유백색 분말이 피복되어 있으나 만지면 분말이 벗겨지고 갈색이 된다. 포자는 8~10.5×3.5~4㎛, 타원형, 매끈하고 투명하며 어떤 것은 기름방울 함유한다.

생태 연중 / 참나무류나 활엽수의 생목, 죽은 나무에 난다. 백색부후균.

분포 한국, 일본, 유럽, 북미

비듬흰노랑구멍버섯

Cerioporus squamosus (Huds.) Quél.
Polyporus squamosus (Huds.) Fr.

형태 지름 10~25(50)㎝, 두께 1~5㎝의 극대형. 콩팥, 부채꼴, 반원형 등 다양하다. 표면의 바탕색은 담황-담황토색이며 갈색, 암갈색의 눌러붙은 인편이 동심원상으로 부착되어 있다. 표면은 부드럽고 다소 점성이 있다. 살은 백색-크림색, 어릴 때는 유연하다가 질겨진다. 밀가루 냄새가 난다. 관공은 불규칙한 각진형 또는 난형, 1~2㎜로 다소 크다. 색은 크림색-담황색, 관공 층은 10㎜ 정도, 자루에 대해 내린 주름. 자루는 길이 3~10㎝, 굵기 1~6㎝, 기부 쪽으로 가늘며 단단하다. 자루의 기부 부분에 암갈색-검은색 털이 있다. 포자는 11~15.5×4.5~5.5㎛, 원주형-좁은 난형, 표면이 매끈하고 투명하며 기름방울이 있다.

생태 봄~가을 / 각종 활엽수(호두, 물푸레나무, 칠엽수, 단풍나무) 등에 기생하거나 사물기생을 하며 백색부후를 일으킨다. 어릴 때는 식용하기도 한다.

분포 한국, 일본 등 전 세계

입체흰노랑구멍버섯

Cerioporus stereoides (Fr.) Zmitr. & Kovalenko
Datronia stereoides (Fr.) Ryvarden

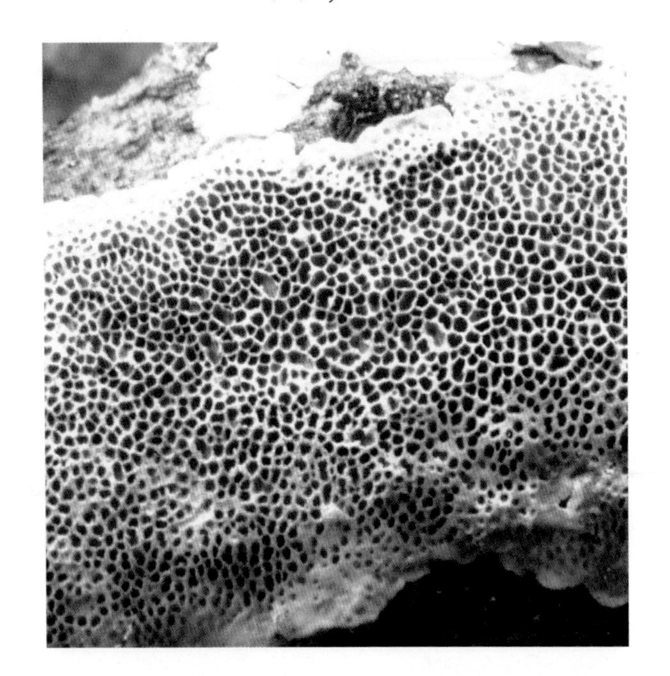

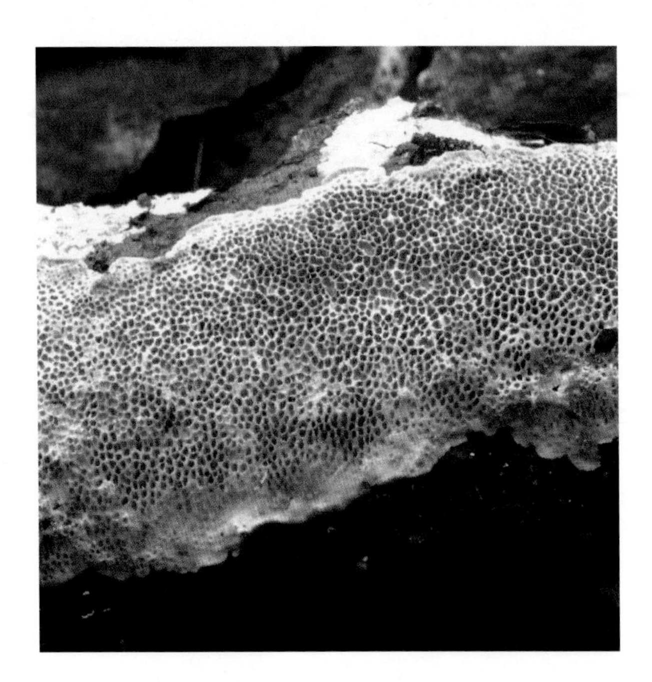

형태 자실체는 배착생으로 퍼져서 반전된다. 불임성의 표면은 흑갈색, 털상, 거칠다. 구멍의 표면은 회갈색, 구멍들은 둥글고-각지다가 무뎌지며 4~6개/㎜. 살은 두께 2㎜, 겹쳐지며 얇고 흑색층이다가 밀모층. 관의 층은 두께 1㎜, 균사 조직은 3균사형, 꺽쇠가 있다. 일반균사는 투명하고 꺽쇠가 있으며, 분지한다. 벽이 얇고, 폭 2~2.5㎛, 골격균사는 갈색, 드물게 분지하며, 벽이 두껍고, 폭 2.5~3.5㎛. 결합균사는 투명, 벽이 두껍고, 흔히 분지하며, 폭 2~3㎛, KOH 용액에서 녹갈색. 담자포자는 7.5~11×3~4(4.5)㎛, 원통형, 매끈하고 투명하다. 담자기는 곤봉형, 28~35(40)×6~7.5㎛. 기부에 꺽쇠가 있다. 낭상체는 20~25×3~5㎛, 융합하고 벽이 얇다.

생태 일년생 / 활엽수의 고목에 배착 발생한다.

분포 한국, 유럽

흑흰노랑구멍버섯

Cerioporus varius (Pers.) Zmitr. & Kovalenko
Polyporellus varius (Pers.) Fr.

형태 균모는 지름 6㎝, 두께 2~4㎜, 거의 원형, 둥근 산 모양에서 편평하게 되나 중앙부가 조금 오목하다. 표면은 밋밋하고 황갈색 또는 오렌지색, 가는 섬유 무늬가 방사상으로 있다. 살은 희고 연한 가죽질. 자실층인 하면의 관공은 백색. 구멍은 4~5개/㎜. 자루는 길이 2~5㎝, 굵기 2~5㎜, 균모에 편심생. 상부는 황색, 하부는 거의 흑색. 포자는 7~9×2.5~3.5㎛, 장타원형, 매끄럽고 투명하며 기름방울을 가지고 있다. 담자기는 13~24×5~7.5㎛, 곤봉형, 4-포자성. 기부에 꺽쇠는 없다. 낭상체는 없다.
생태 여름~가을 / 활엽수의 마른 가지나 등걸에 단생한다.
분포 한국, 중국, 일본, 유럽, 북미

주름균강 》 구멍장이버섯목 》 구멍장이버섯과 》 녹슨송편버섯속

큰녹슨송편버섯

Coriolopsis gallica (Fr.) Ryv.

형태 자실체는 배착생. 자루는 없고, 드물게 퍼져 나가며 가장자리는 반전된다. 자실체의 반절이 기왓장이 중첩된 것처럼 되며, 코르크질이며 질기다. 불임성의 표면은 털상, 테 무늬가 있고, 갈색, 적색 또는 황토색이다. 구멍의 표면은 갈색, 노쇠하거나 또는 손을 대면 검게 된다. 구멍은 각진형, 폭은 1-3㎜, 살은 갈색, 녹슨 색이며 KOH 용액에서 흑색이 된다. 관의 층은 연한 갈색, 두께 3-15㎜. 균사 조직은 3균사형, 일반균사는 투명, 꺽쇠가 있고, 벽은 얇으며, 폭은 2-4.5㎛. 결합균사는 많고, 많이 분지하며 혹이 있으며, 두꺼운 벽이며, 투명하다가 노란색으로 폭은 2.5-4㎛다. 골격균사는 황노란색, 드물게 분지, 벽은 두껍고, 속이 차며 폭은 3-6㎛다. 담자포자는 18-14×3-4.5(5)㎛로 원통형, 표면이 매끈하고 투명, 포자벽은 얇다. 낭상체는 없다. 담자기는 곤봉형, 25-40×4-8㎛로 기부에 꺽쇠가 있다.

생태 연중 / 각종활엽수의 나무나 등걸, 가지 등에 배착 발생한다.

분포 한국, 유럽

한입버섯

Cryptoporus volvatus (Peck) Shear

형태 자실체는 둥근 모양으로 밤이나 조개를 연상시키며 기물에 직접 부착한다. 윗면은 둥근 산 모양, 하면은 개구리의 배 모양으로 다소 불룩하거나 편평하다. 크기는 폭 2~4㎝, 두께 1~2.5㎝. 위 표면은 황갈색-밤갈색, 광택이 있고 털이 없이 밋밋하다. 하면은 관공 층을 덮어씌운 유백색-황갈색의 두꺼운 막이 덮여 있다. 막은 처음에 구멍이 없으나 후에 구멍이 생기고 점차 커져 포자를 방출할 수 있게 된다. 막의 내부에 관공 층이 있다. 관공은 길이 2~5㎜, 구멍은 회갈색, 원형, 3~5개/㎜. 포자는 10~13×4~6㎛, 긴 타원형, 매끈하고 투명하다.

생태 연중 /주로 죽은 서 있는 소나무의 줄기에 군생한다. 백색 부후균이나 부후력은 크지 않다.

분포 한국, 일본, 중국, 동남아, 북미

주름균강 》 구멍장이버섯목 》 구멍장이버섯과 》 청포자버섯속

청포자버섯

Cyanosporus subcaesius (A. David) B.K. Cui, L.L. Shen & Y.C. Dai
Postia subcaesia (A. David) Jülich

형태 균모는 지름 2~6㎝, 깊이 1~4㎝, 반원형 또는 조개껍질 모양의 선반 모양, 때때로 기질에 대하여 내린 주름살형의 관공. 위 표면은 사마귀 점과 융기 등이 있고 유연하다. 백색-연한 황토색에 연한 청색빛을 띠며 특히 가장자리에서 뚜렷하다. 오래되면 갈색, 방사상으로 주름진다. 가장자리는 얇고, 예리하다. 구멍은 각진형, 5~6개/㎜, 백색-회색. 관은 2~5㎜. 살은 섬유상, 유연하고 백색. 냄새는 좋고 맛은 온화하다. 젖은 상태서 방울을 분비한다. 포자는 4.5~5.5×1~1.2㎛, 아몬드형. 포자문은 백색. 아미로이드 반응을 보인다.
생태 연중/ 단생 또는 소집단으로 난다. 썩은 침엽수에 집단으로 겹쳐 발생한다. 큰 나뭇등걸, 토막의 끝에 발생하며, 낙엽수에는 거의 발생하지 않는다. 보통종.
분포 한국, 유럽

주름균강 》 구멍장이버섯목 》 구멍장이버섯과 》 도장버섯속

빛도장버섯

Daedaleopsis nitida (Durieu & Mont.) Zmitr. & Malysheva
Hexagonia nitida Dur. & Mont.

형태 균모는 반원형, 크기 15~20㎝, 두께 1~4㎝, 임성의 표면은 미끈거리고, 홈선으로 갈라지며 광택이 난다. 표면은 검은색. 구멍은 육각형, 폭 1~3㎜, 갈색. 육질은 갈색, 두께 2~10㎜, 질기다. 관공의 층은 갈색. 균사 조직은 3균사형으로, 생식균사는 투명하고 분지하며 얇거나 약간 두꺼운 벽으로 꺽쇠가 있으며 폭 2~4㎛. 골격균사는 황토색, 격막은 없고 벽이 두꺼우며 폭 3~5.5㎛. 결합균사는 황토색, 벽이 두껍고, 짧고 분지가 많으며 폭 2.5~4.5㎛. 얇은 곳은 두께 1~2.5㎛. 강모체는 결여되어 있다. 자루는 없다. 포자는 10~14×3.5~5㎛, 원주형, 표면이 투명하고 매끈하며 벽은 얇다. 담자기는 25~35×6~9㎛, 곤봉형, 기부에 꺽쇠가 있다.
생태 다년생 / 고목에 단생한다.
분포 한국, 중국

도장버섯

Daedaleopsis confragosa (Bolt.) Schröt.
Trametes rubescens (Alb. & Schw.) Fr.

형태 균모는 반원형 또는 편평형, 2~8×1~5㎝, 두께 0.5~1㎝. 표면은 얇은 껍질로 덮이고 털이 없으며 재목색-다갈색, 방사상의 주름과 고리 홈이 있다. 살은 연한 재목색, 가죽 모양, 코르크질. 균모의 하면의 관은 깊이 0.2~0.5㎝, 균모와 같은 색이다가 암회색이 된다. 구멍의 모양은 부정형, 방사상으로 긴 벌집 또는 주름살 모양, 가장자리는 톱니상. 포자는 6~7.5×1.5~2㎛, 장타원형-곱창형, 표면이 매끄럽고 투명하며 가끔 기름방울을 가진 것도 있다. 담자기는 18~22×3.5~5㎛, 가는 곤봉형, 4-포자성. 기부에 꺽쇠가 있다. 낭상체는 없다.
생태 연중 / 활엽수의 고목에 군생하고 백색부후를 일으킨다.
분포 한국, 중국, 일본, 전 세계

일본도장버섯

Daedaleopsis nipponica Imaz.
D. purpurea (Cooke) Imaz. et Aoshi.

형태 균모는 크기 4~19×3~6㎜, 두께 0.5~3㎝로 반원형, 편평형 또는 둥근 산 모양이다. 표면은 비로드 모양의 가는 털이 있고 흑색, 녹슨 다색, 자갈색 등으로 된 고리 무늬와 뚜렷한 홈선 무늬가 있다. 살은 코르크질, 연한 계피색-재목색. 관공은 깊이 0.5~2㎝, 벽은 살과 같은 색이며 구멍은 원형-다각형. 가장자리는 톱니 모양, 그을린 색이다. 포자는 5.5~8×2~2.5㎛, 원주형, 표면이 매끄럽고 투명하다.
생태 연중 / 활엽수의 고목에 군생한다. 백색부후균.
분포 한국, 일본, 중국, 히말라야

삼색도장버섯

Daedaleopsis tricolor (Bull.) Bond. & Sing.
D. confragosa var. tricolor (Bull.) Bond. & Sing.

형태 균모는 2~8×1~4㎝, 두께 0.5~0.8㎝, 반원형 또는 편평한 조개껍질 모양이다. 표면에는 다갈색, 흑갈색 또는 자갈색 등의 좁은 고리 무늬와 방사상의 미세한 주름이 있다. 살의 두께는 0.1~0.3㎝이고, 회백색 또는 백황색이며 가죽처럼 질기다. 주름살의 균모 아랫면은 방사상으로 늘어서고, 가장자리는 톱니 모양이다. 백색-회갈색에서 그을린 색이 된다. 주름살의 폭은 0.2~0.6㎝, 간격은 0.1㎝이다. 자루는 없고 균모의 한끝이 기주에 붙는다. 포자는 7~9×2~3㎛ 크기이며 원통형이다.

생태 산중 / 고목 또는 죽은 나무에 군생하며, 여러 개가 기왓장 모양으로 겹쳐서 발생한다.

분포 한국, 일본, 아시아, 유럽, 북미, 북반구 온대 이북

주름균강 》 구멍장이버섯목 》 구멍장이버섯과 》 석탄깔대기버섯속

석탄깔대기버섯

Faerberia carbonaria (Alb. & Schwein.) Pouzar

형태 균모는 지름 6~20㎜, 깔대기 모양, 표면이 밋밋하고 방사상의 섬유실, 회색-검은 갈색이다. 가장자리는 오랫동안 안으로 말리며, 후에 안으로 굽고, 예리하며, 오래되면 약간 톱니상이며 찢어진다. 살은 회백색, 질기고, 얇다. 냄새는 향기롭고, 맛은 온화하다. 주름살은 자루에 대하여 내린 주름살, 융기되고, 다소 포크형. 언저리는 무디고 밋밋하다. 자루는 길이 15~30㎜, 굵기 1.5~4㎜, 원주형, 기부는 두껍고 때때로 백색의 균사체가 있다. 흔히 굽었고, 중심생 또는 약간 편심생, 속은 차 있고 질기며 유연하다. 포자는 7.8~9.5(10)×4.4~5.6㎛, 원주형-콩 모양, 매끈하고 투명하며 기름방울을 함유한다. 담자기는 가는 곤봉형, 30~50×5~7㎛, 4-포자성, 기부에 꺽쇠가 있다.

생태 연중 / 불탄 땅 또는 석회석 땅에 발생한다.

분포 한국, 유럽

주름균강 》 구멍장이버섯목 》 구멍장이버섯과 》 벌집버섯속

가는머리벌집버섯

Favolus leptocephalus (Berk.) Imazeki
Polyporus grammocephalus Berk.

형태 균모는 폭 5~10㎝, 두께 3~10㎜ 정도의 중형으로 신장형-반원형, 수평으로 펴지며 짧은 대가 붙는다. 가장자리는 점차 얇아지고 건조할 때는 아래로 굴곡된다. 표면은 처음에 거의 백색, 나중에 칙칙한 재목색. 털이 없어 밋밋하지만 방사상으로 달리는 섬유상의 줄무늬가 나타난다. 관공은 백색, 길이 1~3㎜, 벽이 얇다. 구멍은 원형-다각형, 3개/㎜. 자루는 측생하거나 매우 짧으며 균모와 같은 색. 살은 백색, 생육시에는 유연하지만 마르면 가죽질이 된다. 포자는 불분명하다.

생태 여름~가을 / 활엽수의 죽은 나무나 목재에 백색부후를 일으킨다.

분포 한국, 일본, 중국, 동아시아 열대

가는벌집버섯

Favolus tenuiculus P. Beauv.
Polyporus tenuiculus (P. Beauv.) Fr.

형태 균모는 지름 2~11.5㎝, 콩팥형, 부채 또는 조개 모양. 신선할 시 유연하고 휘어진다. 표면은 건조하고 밋밋하다가 미세한 털상, 백색-연한 회색, 방사상의 줄무늬가 자루 아래로 퍼진다. 가장자리는 얇고 가지런하다가 물결형이 되며, 작은 직립 털이 있다. 구멍은 길고 방사상, 때로 거의 육각형이며, 자루를 덮는다. 심하게 내린 주름살이 기부까지 발달하며, 구멍은 깊이 1~3㎜, 백색. 표면은 백색-연한 회백색, 상처 시에도 물들지 않는다. 자루는 길이 6~25㎜, 굵기 3~6㎜, 아래로 가늘고, 측생-편심생. 표면은 미세한 털상, 섬유실이 있다. 기부에는 백색 균사체가 있다. 살은 얇고 유연, 상처 시에도 변색하지 않는다. 냄새와 맛은 불분명하다. 포자는 9~12×2~4㎛, 원주형-류타원형, 매끈하고 투명, 벽이 얇고, 2~4개의 기름방울. 담자기는 곤봉형, 20~30×4~7㎛, 4-포자성, 기름방울을 함유한다. 낭상체는 없다. 포자문은 백색.
생태 연중 / 썩은 단단한 나무에 단생, 속생, 군생한다.
분포 한국, 북미

말굽버섯

Fomes fomentarius (L.) Fr.

형태 균모는 말굽 모양, 종형, 둥근 산 모양 등 여러 형태가 있다. 대형은 지름 20~50㎝, 두께 10~20㎝, 소형은 종형으로 지름 3~5㎝ 정도. 표면은 각피로 덮이며 회색-황갈색, 동심상의 흑갈색 고리 홈이 있다. 살은 황갈색의 펠트질. 균모의 하면은 회백색, 관은 다층이고 각 두께는 0.5~2㎝. 구멍은 원형, 3개/㎜ 정도. 포자는 16~18×5~6㎛, 타원형, 표면이 매끈하고 투명하다. 담자기는 20~30×7~10㎛, 곤봉형, 4-포자성, 기부에 꺽쇠가 없다. 낭상체는 없다.

생태 연중, 다년생 / 활엽수의 고목이나 생목에 나며 백색부후를 일으킨다.

분포 한국, 중국, 일본, 북반구 온대 이북

주름균강 》 구멍장이버섯목 》 구멍장이버섯과 》 불로초속

흰둘레불로초

Ganoderma ahmadii Steyaer

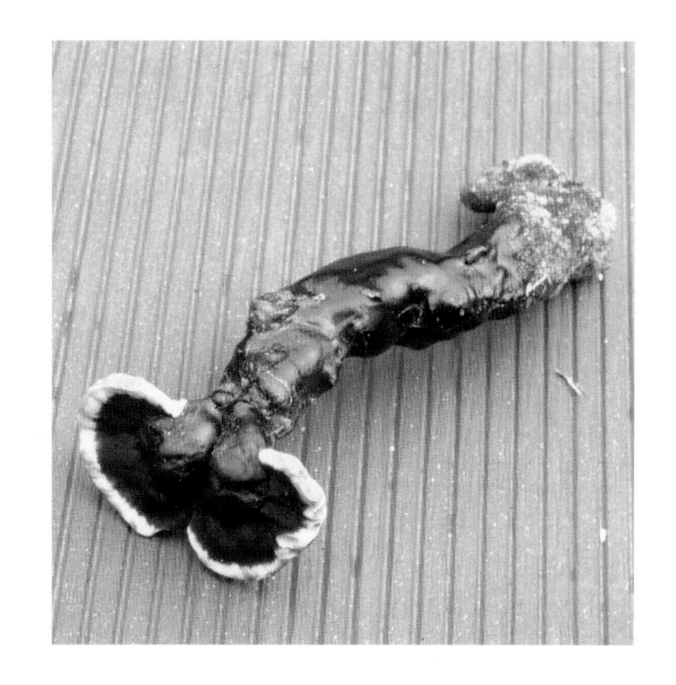

형태 자실체는 자루가 있으며 목질이며 일년생, 균모는 지름 5~9.5㎝, 두께 0.3~0.4㎝, 거의 원형 또는 부채 모양이며 중앙은 아래로 들어가거나 약간 깔대기 모양. 색은 자갈색이며 미세한 광택이 난다. 가장자리는 백색 내지 옅은 황갈색. 살은 갈색이. 관공의 관은 담백색, 구멍은 5~6개/㎜. 자루는 길이 4~10.5㎝, 굵기 1㎝ 정도, 원주형 또는 약간 납작하며 광택이 난다. 담자포자는 7.5~10×5~6.5㎛, 타원형-난형, 연한 갈색이며 표면에 작은 가시가 있다.

생태 연중 / 혼효림의 나무 뿌리 부근에 단생한다.

분포 한국, 중국

주름균강 》 구멍장이버섯목 》 구멍장이버섯과 》 불로초속

남향불로초

Ganoderma austrofujianense Zhao, Xu et Zhang

형태 자실체는 목질로 균모는 반원형 또는 콩팥형, 크기 1.5~4.5×3~6㎝, 두께 0.5~1.5㎝. 표면은 흑색, 흑갈색 또는 흑자갈색. 오백색 또는 갈색으로 띠를 형성한다. 마치 칠을 한 것처럼 과실 액체 같은 것이 있다. 가장자리는 얇고 예리하다. 백색 띠가 있다. 살은 갈색 또는 진한 갈색, 두께는 약 0.8㎝. 관은 길이 0.3~0.4㎝, 갈색, 구멍의 입구는 백색-담회갈색. 구멍은 원형 또는 불규칙, 4~5개/㎜. 자루는 측생, 길이 6~7㎝, 굵기 0.7~1.5㎝, 원주형 또는 편평형, 거칠고 가늘며 만곡진다. 색은 흑색이며 광택이 난다. 포자는 7.5~9×6~7.5㎛, 난형, 정단은 둔하며, 이중벽. 표면이 매끈하고 투명하다. 내벽은 담갈색, 작은 침이 있다.

생태 일년생 / 소나무숲의 고목 또는 부근의 땅에 난다.

분포 한국, 중국

잔나비불로초

Ganoderma applanatum (Pers.) Pat.
Elfvingia applanata (Pers.) Karst.

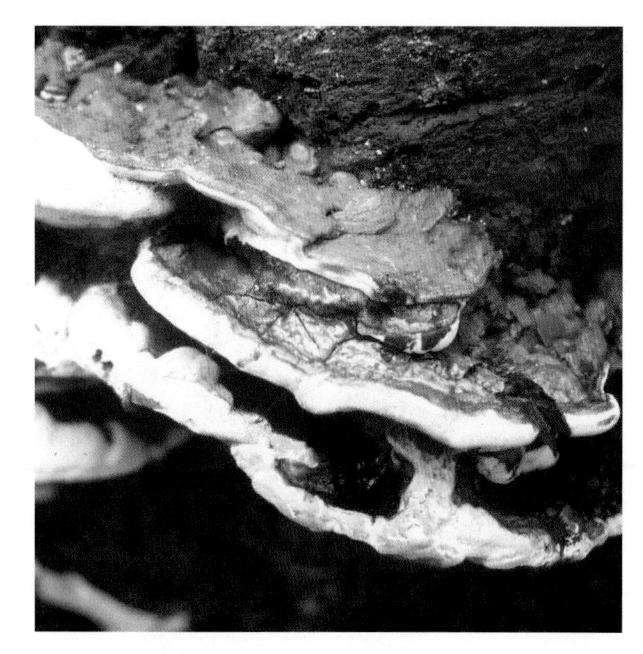

형태 균모는 반원형 또는 낮은 산 모양, 높이 30~40㎝, 말굽형-종 모양. 표면은 각피로 덮여 있고 회백색-회갈색, 포자가 쌓여 코코아 색을 나타낸다. 살은 초콜릿 색, 두께 1~5㎝, 펠트상의 코르크질. 자실층인 하면의 관공은 황백색-백색, 만지면 암갈색. 관공은 다층, 각 두께는 0.5~2㎝. 구멍은 미세하며 노란색이다가 거의 검은 색이 된다. 포자는 8~9×5~6㎛, 광타원형, 밝은 갈색, 잘린 끝은 투명한 발아공이 있다. 불분명하고 불규칙한 사마귀 점이 있다. 대체로 불로초형의 포자다. 담자기는 11~15×5~8㎛, 배불뚝이 형, 4-포자성, 기부에 꺽쇠는 없다. 낭상체는 없다.
생태 다년생 / 활엽수림의 고목에 나며 백색부후를 일으킨다. 50㎝가 넘는 것도 있다.
분포 한국, 일본, 중국 등 전 세계

흑불로초

Ganoderma atrum Zhao, Hsu & Zhang

형태 자실체는 소형, 목질균이다. 균모는 지름 2~6.5㎝, 두께 0.8~2㎝, 반원형 또는 거의 원형, 치우친 편평형 혹은 말굽형. 표면은 흑색-암홍색, 니스를 칠한 것처럼 반질반질하며 동심원의 테는 불명료하다. 가장자리는 가끔 두껍다. 살은 두께 0.2~1㎝, 위는 담갈색, 아래는 갈색. 구멍은 원형, 5~6개/㎜. 자루는 길이 10~23㎝, 굵기 0.4~0.7㎝, 원주형, 가늘고 길며, 측생-편심생, 만곡된 염주상이다. 포자는 8~11×5.3~7.5㎛, 난원형, 담갈색, 꼭대기는 둔형, 포자벽은 2중으로 외벽은 투명하며 내벽에는 작은 가시가 있다.

생태 연중 / 활엽수의 고목에 난다.

분포 한국, 중

구릉불로초

Ganoderma boniensis Pat.

형태 자실체는 일년생, 균모는 보통 반원형이며 자루가 없다. 때로는 극히 짧은 자루가 균모의 한쪽 또는 배착면에 붙을 때도 있다. 가로 5~10㎝, 편평하거나 낮은 둥근 산 모양이다. 표면은 적갈색, 밤갈색, 흑갈색 등. 낮은 테 모양의 줄무늬 홈선이 있고, 방사상으로 낮은 주름 모양의 융기가 생기기도 한다. 가장자리는 얇다. 살은 코르크질, 담갈색-갈색, 두께 1㎝ 정도로 표면에는 각피층이 있다. 하면의 관공의 구멍은 녹황색을 띤 백색이다가 후에 황갈색, 상처 시 암갈색으로 변한다. 관공은 길이 1㎝ 내외, 구멍은 미세하여 4~5개/㎜. 포자는 11~12.5×5~6㎛, 장난형, 2중막으로 외막은 얇고, 내막에는 극히 미세한 돌기가 있다.
생태 연중 / 야자과 식물이나 활엽수 고목에 난다.
분포 한국, 일본, 남양군도, 동남아시아

수저불로초

Ganoderma flexipes Pat.

형태 자실체는 소형, 균모는 지름 0.5~1.6㎝, 두께 0.5~1.3㎝, 수저형 또는 말발굽형이다. 표면은 홍갈색, 습할 시 동심원상의 테가 있고, 니스를 칠한 것처럼 광택이 난다. 살은 목재색 내지 갈색, 구멍은 거의 원형, 4~5개/㎜. 자루는 길이 3~11.5㎝, 굵기 0.2~0.5㎝, 자갈색 또는 자흑색, 광택이 나며, 측생 혹은 등쪽에 자루가 붙는다. 포자는 7.5~10.5×6.5~7.5㎛, 난형 혹은 류난형, 꼭대기는 편평하다. 포자벽은 2중, 표면에 작은 가시가 있다.
생태 일년생 / 숲속의 썩은 고목에 난다.
분포 한국, 중국

풍선불로초

Ganoderma gibbosum (Cooke) Pat.

형태 균모는 지름 4~10㎝, 두께 2㎝, 반원형 혹은 거의 부채형. 표면은 녹갈색-황토색, 동심원상이며 표피는 습기가 있을 때 광택이 나고 나중에 거북등처럼 갈라진다. 가장자리는 둔형. 살은 갈색 혹은 진한 종려나무 갈색, 두께는 좌우 1㎝ 정도. 관공은 진한 갈색, 길이 0.5㎝. 구멍은 오백색 혹은 갈색, 거의 원형으로 4~5개/㎜. 자루는 길이 4~8㎝, 굵기 1~3.5㎝로 짧고 거칠며 균모와 동색이며, 측생한다. 포자는 6.9~8.9×5~5.2㎛, 난원형 혹은 타원형, 연한 갈색, 벽은 2중이며 내벽에 작은 침이 있고 꼭대기는 편평하다.

생태 다년생 / 산 나무에 발생한다.

분포 한국, 중국, 중국

불로초(영지)

Ganoderma lucidum (Curt.) Karst.

형태 자실체가 옻칠을 한 것처럼 광택이 나는 버섯으로 균모는 콩팥형 또는 원형이고 지름 5~15㎝, 두께 1~1.5㎝로 자루는 중심생 또는 측생이다. 표면은 각피로 덮이고 적자갈색, 동심원상의 얕은 고리 홈이 있다. 살은 코르크질로 상하 2층이 되고 상층은 백색, 구멍에 가까운 부분은 계피색이다. 하면의 관공은 황백색. 관공은 1층, 길이 5~10㎜로 계피색이고 구멍은 둥글다. 자루는 길이 3~15㎝, 굵기 5~10㎝로 적흑갈색이며 구부러져 있다. 포자는 9~11×5.5~7㎛로 난형, 2중막이 되고 내막은 연한 갈색이다.
생태 연중 / 활엽수림과 뿌리 밑동이나 그루터기에 난다. 재배도 하며 약용으로 이용한다.
분포 한국, 일본, 중국, 북반구 일대

자흑색불로초

Ganoderma neojaponicum Imaz.

형태 균모는 신장형-원형, 다소 낮은 둥근 산 모양에서 편평형이 된다. 지름 5~12㎝, 두께 1㎝, 생장 시 적갈색-자갈색이나 성숙하면 거의 칠흑색이며 광택이 있다. 생육 중에는 가장자리가 유백색이다. 중앙부가 다소 돌출되고 방사상으로 이랑 모양이 융기되며 테 모양의 홈선이 있다. 살은 코르크질, 두께 0.7㎝, 위쪽은 거의 백색, 아래쪽은 연한 육계색. 관공은 0.5~1㎝, 황백색이다가 계피색이 된다. 구멍은 원형, 4~5개/㎜. 자루는 측생 또는 중심생, 길이 5~25㎝, 굵기 0.5~1㎝. 표면은 흑색, 흔히 불규칙한 요철이 있다. 포자는 10~12.5×7.5~8.5㎛, 난형, 사마귀 반점으로 덮여 있다.
생태 일년생 / 침엽수의 뿌리 부근 토양이나 그루터기 등에 발생한다. 심재부후균. 드문 종.
분포 한국, 일본

원형불로초

Ganoderma orbiforme (Fr.) Ryv.
Ganoderma densizonatum Zhao & Zhang

형태 균모는 지름 13~16×21~27㎝, 두께 1~1.5㎝, 기부는 5㎝. 균모는 보통 반원형이며 자루가 없다. 때로는 극히 짧은 자루가 균모의 한쪽 또는 배착면에 붙을 때도 있다. 편평하거나 낮은 둥근 산 모양이다. 표면은 적갈색, 밤갈색, 흑갈색 등이며, 낮은 테 모양의 줄무늬 홈선이 있고, 테 모양의 낮은 주름 모양의 융기가 생기기도 한다. 가장자리는 얇다. 살은 코르크질, 담갈색-황갈색이고, 표면에는 각피층이 있다. 하면의 관공의 구멍은 녹황색을 띤 백색이다가 후에 황갈색, 상처 시 암갈색으로 변한다. 관공은 길이 1~1.5㎝ 내외, 구멍은 미세하여 4~5개/㎜. 포자는 11~12.5×5~6㎛, 장난형, 2중막으로 외막은 얇고, 내막에는 극히 미세한 돌기가 있다.

생태 연중 / 야자과 식물이나 활엽수 고목에 난다.

분포 한국, 일본, 중국

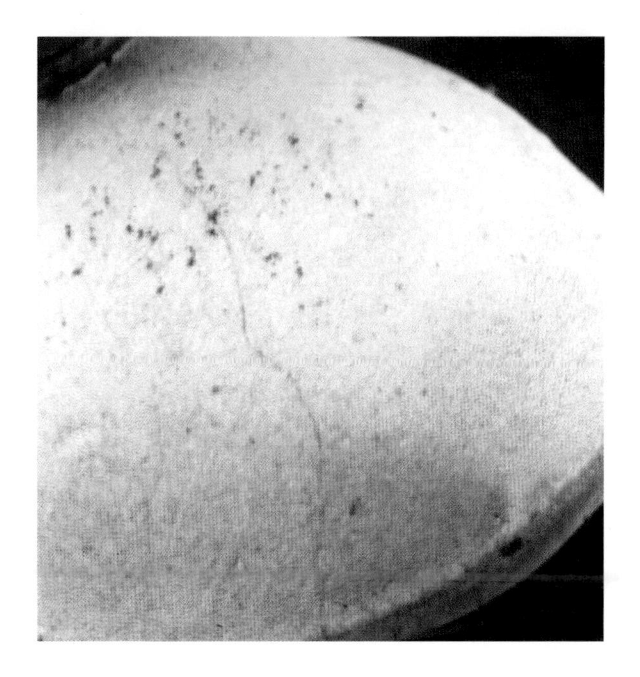

주름불로초

Ganoderma pfeifferi Bres.

형태 자실체는 표면에서 즙을 분비하며 녹슨 갈색이고 광택이 난다. 처음은 밋밋하다가 갈라지고 주름진다. 상처 시 노란색으로 변한다. 구멍은 황토색에서 갈색이 된다. 구멍은 둥글고 각진 형으로 4~6개/㎜. 살은 섬유상으로 테 무늬가 있고 녹슨 갈색이다. 자루는 편심생, 중심생이며 납작하다. 관은 층을 이루고 흑갈색, 각 층은 두께 5~15㎜. 포자는 8.5~11.5× 6.5~9㎛, 타원형, 선단은 잘린 형으로 연한 갈색. 담자기는 15~20×8~11㎛, 넓은 곤봉형, 투명하고 기부에 꺽쇠가 있다.
생태 연중 / 고목에 발생한다.
분포 한국, 중국, 유럽

주름균강 》 구멍장이버섯목 》 구멍장이버섯과 》 불로초속

가지불로초

Ganoderma ramosissimum J.D. Zhao

형태 자실체는 목질. 균모는 지름 3~4㎝, 두께 0.5~1㎝, 병풍형이나 불규칙하다. 표면은 옅은 황갈색, 갈색 혹은 자갈색. 광택이 나며 동심원상의 테는 있으나 불분명하다. 가장자리는 담색 또는 황갈색. 살은 담배색 내지 목재색. 자루가 있다. 관은 길이 2~4㎜, 담갈색이며 구멍은 원형, 4~5개/㎜. 균사는 분지 또는 다분지하며, 광택이 난다. 포자는 7.8~10.5×5.2~7㎛, 난원형, 꼭대기는 평탄하고 담갈색. 2중벽이며 내벽에 작은 가시가 있다.
생태 일년생 / 활엽수의 썩은 고목에 난다.
분포 한국, 중국

수지불로초

Ganoderma resinaceum Boud.

형태 균모는 지름 9~26㎝, 어떤 것은 35㎝에 이른다. 두께는 4~8㎝, 반원형 또는 부채형, 때때로 기왓장처럼 중첩한다. 표면은 홍갈색, 흑갈색, 기부는 토갈색, 토황색이 교대로 테를 형성하며 니스를 칠한 것처럼 광택이 난다. 가장자리는 얇고 색도 연하다. 살은 위쪽은 목재색, 갈색 내지 육계색이다. 자루는 없으나 간혹 짧은 자루를 가진 것도 있다. 관은 길이 0.5~0.8㎝, 4~5개/㎜, 벽이 두껍다. 구멍은 거의 원형, 흑갈색으로 광택이 난다. 포자는 7.8~10.5×5.2~6.9㎛, 난원형, 담갈색, 표면에 작은 가시가 있다. 2중벽이며 외벽은 매끈하고 투명하다.
생태 일년생 / 활엽수의 썩은 고목에 난다.
분포 한국, 중국

쓰가불로초

Ganoderma tsugae Murr.

형태 균모는 부채꼴이다가 반원형-신장형이 된다. 크기 10~25×7~16㎝, 두께 1~4㎝, 편평하거나 낮은 둥근 산 모양이고 표면은 밋밋하다. 동심원상으로 낮게 주름이 지기도 한다. 광택이 있다. 어릴 때는 점성이 있고 황색-녹슨 황색, 후에는 적갈색에서 거의 흑색. 가장자리는 얇고 예리하다. 살은 처음에는 다습질이나 후에는 섬유상 코르크질이 된다. 자루가 있다. 연한 재목색인데 관공 부근은 계피색을 띤다. 관공은 길이 1~1.5㎝, 구멍은 유백색-녹색을 띤 황백색이나 후에 계피색이 된다. 관공 자체는 계피색. 자루는 항상 측생, 균모와 수평으로 나지만 드물게는 비스듬하게 나기도 한다. 표면은 균모와 같은 색. 포자는 10~12×6.5~7.2㎛, 난형, 표면이 매끈하고 투명하며, 2중막이다.
생태 일년생 / 침엽수 고목 및 쓰러진 나무에 발생한다.
분포 한국, 일본, 중국, 북미

열대불로초

Ganoderma tropicum (Jungh.) Bres.

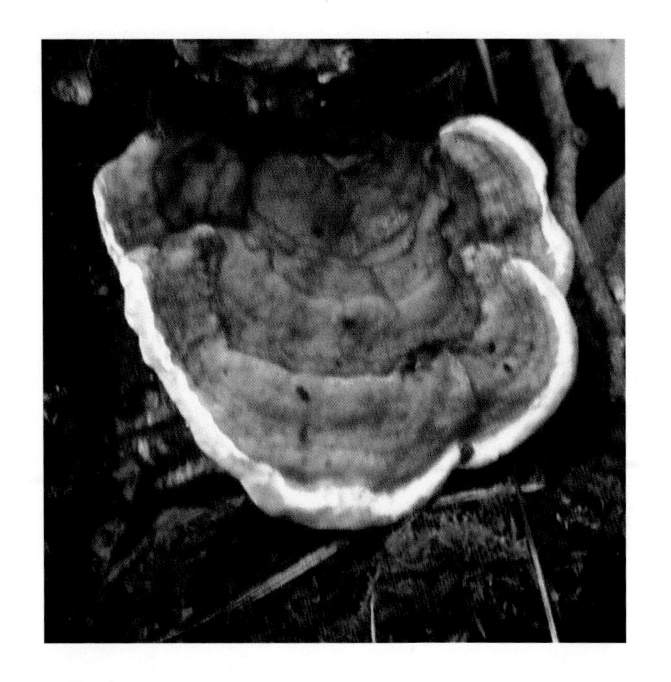

형태 자실체는 중형-대형. 균모는 크기 2.5~8.5㎝×4.5~20㎝, 두께 0.5~3㎝, 반원형, 거의 부채형, 또는 깔대기형. 때때로 불규칙한 모양이며 중첩된 작은 균모가 있다. 색은 홍갈색, 홍자색. 표면은 윤기가 있고 중앙이 진하며 동심원상의 띠가 있다. 가장자리는 담황갈색 내지 황백색 홈선이 있다. 살은 갈색, 두께 0.5~1.9㎝. 관공은 담갈색-갈색, 분지하며, 직경은 1.7~6.9㎛. 관의 구멍은 불규칙한 모양, 오백색-담갈색, 4~6개/㎜. 자루는 길이 2~5.5㎝, 굵기 1.2~4㎝, 자루가 없고 자홍색 또는 자갈색, 암흑 자갈색. 광택이 나며, 측생 또는 편심생이다. 포자는 8.4~11.5㎛, 담갈색, 류구형, 난원형 혹은 꼭대기가 잘린 모양. 표면이 매끈하고 투명하며 작은 침과 기름방울을 함유한다. 2중벽으로 외벽은 무색이다.

생태 일년생 / 고목에 중첩하여 발생한다.

분포 한국, 중국

골불로초

Ganoderma valesiacum Boud.

형태 자실체는 일반적으로 중-대형이며 목질. 균모는 크기 5~7x4~9㎝, 두께 0.5~1㎝, 반원형, 거의 원형, 불규칙한 모양이다. 표면은 자갈색-흑갈색, 옻칠한 것과 같은 광택이 나고 동심원상의 고리가 있으며 방사상의 줄무늬 선이 있다. 표피는 살과 쉽게 분리된다. 가장자리는 둔원형. 살은 분리되어 상부는 백색, 아래는 관공과 동색. 관공은 갈색, 길이 0.7㎝, 관벽은 비교적 두껍다. 구멍은 4~5개/㎜, 연한 갈색-밤갈색. 포자는 9.5~12×6~6.9㎛, 난원형, 끝은 원형 또는 잘린 형태. 표면이 매끈하고 거칠며 연한 갈색이다.

생태 일년생 / 썩은 고목에 군생한다. 백색부후균.

분포 한국, 중국, 일본

주름균강 》 구멍장이버섯목 》 구멍장이버섯과 》 껍질불로초속

거친껍질불로초

Trachyderma tsunodae (Yasuda ex Lloyd) Imazeki

형태 자실체는 지름 4.5~25㎝, 두께 1.5~3.5㎝로 반원형 혹은 기부가 좁은 부채형, 혀 모양이다. 표면은 그물꼴, 입상의 볼록한 방사상의 줄무늬가 있으며, 색깔은 토갈색 혹은 종려나무 황색-커피색이다. 가장자리는 얇고 옅은 색이다. 자루는 없다. 살은 오백색, 간혹 육질로 단단하다. 관공은 기주에 대하여 홈 파진 관공, 관면은 오백색-오갈색. 구멍은 소형이다. 포자는 16.5~24×14~16.5㎛, 난원형 혹은 광타원형, 옅은 황색. 꼭대기는 둔한 원형, 2중벽으로 외벽은 두껍고, 내벽에는 침이 있다.
생태 일년생 / 활엽수림에 목재에 발생한다. 백색부후균.
분포 한국, 중국

주름균강 》 구멍장이버섯목 》 구멍장이버섯과 》 공말굽버섯속

냄새공말굽버섯

Globifomes graveolens (Schwein.) Murrill

형태 균모는 지름 1~2㎝, 밀접하게 겹쳐서 기왓장 모양이며 둥글게 원통형으로 뭉쳐서 옆으로 융합한다. 가장자리는 아래로 말리고 유백색이다. 회색에서 연한 갈색을 거쳐 녹슨 적갈색-검은색이 된다. 가죽처럼 질기다. 표면은 가루상이다가 밋밋하게 된다. 가장자리는 아래로 말리고 유백색이다. 살은 두께 1~4㎜, 갈색, 냄새가 향기롭다. 관은 깊이 1~4㎜, 구멍은 원형, 3~4개/㎜이지만 균모에 의해 보이지 않는다. 회색에서 회갈색을 거쳐 갈색이 된다. 포자는 9~12.5×3~4.5㎛, 원통형, 표면이 매끈하고 약간 갈색이다. 포자문은 갈색이다.
생태 여름~가을 / 낙엽송의 통나무 줄기 특히 단풍나무, 자작나무, 참나무류 등에 발생한다.
분포 한국, 중국, 북미

좀벌집잣버섯

Lentinus arucularius (Batsch) Zmitr.
Earliella scabrosa(Pers.) Gilb. & Ryvarden, Polyporus arucularius (Berk.) Fr.

형태 균모는 원형, 지름 2~5㎝, 두께 1~3㎜의 소형. 낮은 둥근산 모양이거나 중심부가 오목해지기도 한다. 표면은 황백색-연한 황갈색, 다소 진한 작은 거스름 모양의 인편이 방사상으로 부착된다. 관공은 유백색-크림색, 깊이 1~2㎜, 크기 1~2×0.5~1㎜ 정도의 다소 큰 타원형 구멍이 방사상으로 펴져 있다. 자루는 중심생이거나 약간 측생하며 길이 1.5~4㎝, 굵기 3~7㎜, 원주상, 미세한 인편이 덮여 있다. 밑동이 다소 굵어지기도 한다. 살은 백색-크림색, 다소 질기고 탄력성이 있다. 포자는 5.5~8×2~3㎛, 원주상의 타원형, 표면이 매끈하고 투명하다. 담자기는 15~22×4.5~5.5㎛, 곤봉형, 4-포자성. 기부에 꺽쇠가 있다. 낭상체는 관찰되지 않는다.

생태 여름~가을 / 활엽수의 죽은 나무줄기나 가지에 단생-군생한다. 흔한 종.

분포 한국, 중국, 전 세계

겨울잣버섯

Lentinus brumalis (Pers.) Zmitr.
Polyporus brumalis (Pers.) Fr.

형태 자실체는 자루를 가진 직립생, 높이 1~4㎝로 연한 가죽질이나 건조하면 딱딱하게 된다. 균모는 지름 1~5㎝, 두께 2~4㎜로 둥근 산 모양이다가 편평해지고 중앙이 조금 오목하다. 가장자리는 아래로 감긴다. 표면은 암흑갈색, 회색 털이 있다가 없어진다. 살은 백색. 자루는 길이 1~5㎝, 굵기 2-5㎜, 중심생-편심생, 다갈색-황갈색, 원주상이다. 자실층인 하면의 관은 길이 1~3㎜, 백색-회백색. 구멍은 원형. 포자는 7~9×2~3㎛, 장타원형, 매끄럽고 투명하며 기름방울을 가진 것도 있다. 담자기는 20~30×4~6㎛, 가는 곤봉형, 4-포자성, 기부에 꺽쇠가 있다. 낭상체는 관찰되지 않는다.

생태 연중 / 활엽수의 고목이나 마른 가지에 군생한다. 백색부후균.

분포 한국, 일본, 중국, 거의 전 세계

비듬잣버섯

Lentinus squarrosulus Mont.
Lentinus subnudus Berk.

형태 균모는 지름 2.5~10㎝, 깔대기 모양. 표면은 백색이고 인편이 있는데 나중에 약간 광택이 있게 변한다. 살은 백색이고 얇다. 주름살은 자루에 대하여 내린 주름살, 백색, 약간 밀생하고 포크형이다. 가장자리는 고르다. 자루는 백색, 길이 1~5㎝, 굵기 0.2~0.8㎝, 원주형이며 중심생, 편심생 혹은 측심생이다. 속은 차 있다. 포자는 5.6~8×2.5~3㎛, 장방형의 타원형, 표면이 매끈하고 광택이 난다.
생태 여름~가을 / 썩은 고목, 쓰러진 나무, 철도의 갱목 등에 속생한다. 어릴 때는 식용한다. 목재부후균.
분포 한국, 중국

잣버섯

Lentinus tigrinus (Bull.) Fr.
Panus trignus (Bull.) Sing.

형태 균모는 지름 3~8㎝, 아구형이다가 중앙이 들어간 둥근 산모양 또는 낮은 깔대기형이 되며, 약간 혁질이다. 표면은 회갈색-흑갈색. 압착된 섬유상의 인편으로 덮여 있고 균모가 펴지면 인편은 산재하나 가운데로 밀집하며 백색-크림색 바탕이 노출된다. 육질은 얇고, 백색. 가장자리는 아래로 말렸다가 넓게 펴지고, 때로 불규칙하게 파도처럼 된다. 주름살은 자루에 대하여 내린 주름살, 폭 2~5㎜, 백색-약간 황색, 밀생한다. 자루는 길이 3~5㎝, 굵기 0.5~1.5㎝, 중심생-편심생, 표면은 백색 또는 기부 쪽으로 갈색, 가는 인편이 산재하며, 오래되면 자실체는 거의 매끈해진다. 섬유상의 턱받이가 있고 소실되기 쉽다. 포자는 6~8×2.5~3㎛, 원주형. 담자기는 4-포자성. 낭상체는 후막이 없다. 포자문은 백색이다.

생태 봄~가을 / 활엽수의 줄기나 낙지 등에 군생한다. 백색부후균.

분포 한국, 중국, 열대~온대 지방

곧은잣버섯

Lentinus substrictus (Bolton) Zmitr. & Kovalenko
Polyporus ciliatus Fr.

형태 자실체는 균모와 자루로 나뉜다. 균모는 보통 원형으로 30~80(100)㎜, 둥근 산 모양이다가 편평해지고 중앙은 약간 깔대기 모양으로 들어간다. 표면은 밋밋하고 미세한 털이 있다가 그물꼴 인편이 되며, 때로 희미한 테가 있다. 올리브 갈색-회갈색 또는 황토색이다가 노란색이 된다. 가장자리는 안으로 말리고, 털이 있고 때때로 부서진다. 관공은 백색-크림색, 둥글고 5~6개/㎜. 관은 길이 1~3㎜, 자루에 대하여 내린 관공. 균모는 백색, 코르크질로 질기고, 탄력성이 있다. 자루는 길이 20~50㎜, 굵기 5~10㎜, 중심생 혹은 약간 편심생이며 원통형. 점박이 갈색이며 둔하고 털상이다. 기부로 약간 굵다. 포자는 5~6×1.5~2㎛, 원통형의 타원형, 매끈하고 투명하다. 담자기는 거의 곤봉형, 10~15×4~4.5㎛, 4-포자성, 기부에 꺽쇠가 있다.

생태 연중 / 썩은 활엽수의 고목에 단생-군생한다. 백색부후균.

분포 한국, 유럽, 북미, 아시아

털잣버섯

Lentinus velutinus Fr.
Lentinus fulvus Berk., Panus fulvus (Berk.) Pegler & Rayner

형태 균모는 지름 6~7㎝, 둥근 산 모양이 펴지고 중앙이 들어가서 깔대기형이 된다. 표면은 도토리색-암갈색, 미세한 털이 밀생하여 비로드 같다. 가장자리는 방사상의 줄무늬 선이 나타나고 털이 가장자리 끝까지 있다. 육질은 백색으로 얇고 질기다. 주름살은 긴 내린 주름살, 폭이 좁고 연한 황색이나 약간 분홍색을 나타낸다. 밀생하고 많이 분지한다. 주름살의 언저리는 고르다. 자루는 길이 5~8㎝, 굵기 5~6㎜, 중심생, 가늘고 길며 곤봉상으로 단단하고 대단히 질기다. 표면은 암갈색, 미세한 털이 있다. 포자는 5~7.5×2.8~3.5㎛, 원주형 비슷하다. 담자기는 4-포자성. 낭상체는 28~44×4.5~8㎛, 보통 두부가 약간 침 같은 봉상으로 자실층에 매몰 또는 약간 돌출한다.
생태 여름~가을 / 활엽수의 고목 또는 절주, 땅에 묻힌 낙지에 단생하거나 다수가 군생한다. 목재부후균.
분포 한국, 중국, 일본, 유럽, 열대~아열대 지방

조개껍질버섯

Lenzites betulinus (L.) Fr.

형태 균모는 폭 2~10㎝, 두께 0.5~1㎝로 반원형, 편평형, 조개껍질 모양이다. 표면은 짧고 거친 털이 밀생하고 황회색-암 회갈색 등 다수의 좁은 동심원 고리 무늬를 나타낸다. 살은 얇고 백색의 가죽질, 표피의 털 밑에 암색의 피층이 있다. 균모의 하면에는 주름살이 방사상으로 늘어선다. 주름살은 가지를 치며 황백색-회색. 포자는 5~6×2.5㎛, 소세지형으로 구부러지며, 표면이 매끈하고 투명하다. 담자기는 18~25×3.5~4.5㎛, 가는 곤봉형, 4-포자성. 기부에 꺽쇠가 있다. 낭상체는 없다.

생태 연중 / 침엽수나 활엽수의 고목, 재목에 난다. 백색부후균.

분포 한국, 중국, 일본, 전 세계

때죽조개껍질버섯

Lenzites styracinus (Henn. & Shirai) Lloyd
Daedaleopsis styracina (Henn. & Shirai) Imazeki

형태 균모는 가로 2~4㎝, 세로 1~2.5㎝, 두께 2~3㎝. 반원형 또는 조개껍질 모양이 위아래로 연결되어 있다. 표면은 흑갈색, 가루 같은 털이 있으나 동심원상으로 벗겨져 흑색을 나타낸다. 검은 적색 또는 흑갈색 등의 좁은 고리 무늬와 미세한 방사상의 주름이 나타난다. 살은 백색, 두께 0.1~0.2㎝, 단단한 가죽처럼 질기다. 균모의 아랫면에 불완전한 주름살이 있으며 넓은 미로상의 홈선을 만든다. 주름살의 표면은 회백색, 가루상. 포자는 관찰된 사례가 없다.

생태 연중 / 때죽나무의 고목에 한 줄로 나란히 무리지어 나며 부생 생활한다. 여러 개가 겹쳐서 군생하며 반배착생으로 발생하는 것도 간혹 있다.

분포 한국, 일본, 중국

큰껍질버섯

Lopharia cinerascens (Schw.) G. Cunn.
L. mirabilis (Berk. & Br.) Pat.

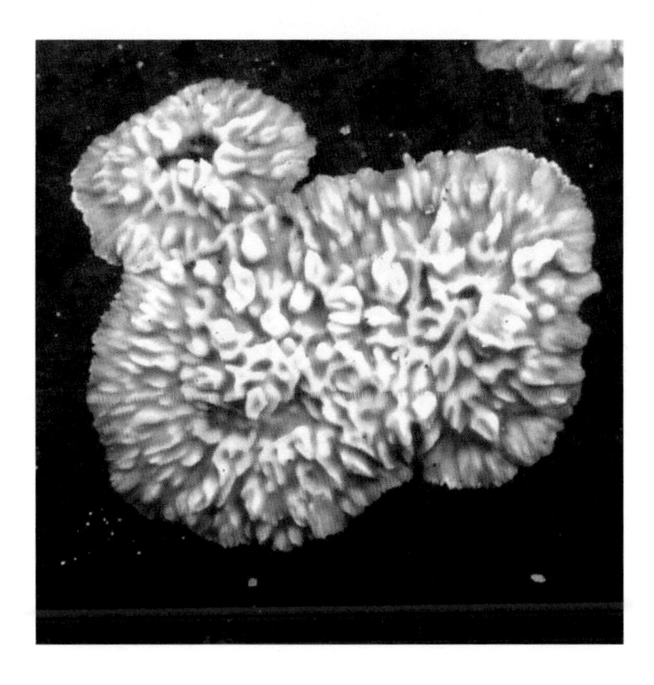

형태 자실체는 배착생-반배착생. 어릴 때는 배착생으로 흔히 수피가 벗겨진 아까시나무 표면에 수~수십 센티미터 크기로 퍼진다. 자실층 면은 둔한 침상 또는 얕은 이빨 모양, 회백색-연한 자갈색이다. 주변부는 백색이나 후에 얕게 반전된 반원형-선반 모양의 균모가 형성된다. 표면은 회백색-백갈색, 밀모가 덮여 있고 테 무늬가 있다. 포자는 10.5~13.5×5~7㎛, 난형-타원형, 표면이 매끈하고 투명하다. 난아미로이드 반응을 보인다.
생태 일년생 / 아까시나무의 가지 또는 낙지에 난다. 드문 종.
분포 한국, 일본, 유럽

부채메꽃버섯

Microporus affinis (Blume & Nees) Kuntze
M. flabelliformis (Fr.) Pat.

형태 균모는 부채꼴, 반원형-콩팥형으로 옆에 뚜렷한 자루를 가졌고 지름 2~5㎝, 두께 1~3㎜이다. 표면은 황갈색, 적갈색, 자갈색, 흑갈색 등이고 폭이 좁은 고리 무늬를 나타낸다. 회색 비로드 모양의 털이 있다가 벗겨지고 동심원상의 살을 드러낸다. 살은 단단한 육질로 백색이다. 자루는 길이 0.5~5㎝, 원주상, 기부는 방사상으로 펴져 나무에 붙으며 표면은 암갈색이다. 자실층인 하면은 회백색, 관은 길이 1㎜, 구멍은 원형이며 작다. 포자는 4~5×1.5~2㎛, 장타원형, 표면이 매끈하고 투명하다.
생태 연중 / 활엽수의 마른 가지에 난다. 남방계의 버섯. 백색부후균.
분포 한국, 중국, 일본, 열대 지방

부채메꽃버섯(테무늬형)

Microporus flabelliformis (Fr.) Pat.

형태 자실체는 분명한 짧은 자루를 가지고 있다. 균모는 지름 2~5(10)㎝, 두께 1~3㎜, 부채꼴-반원형 또는 콩팥형, 견고한 가죽질. 가장자리는 흔히 얕게 찢어진다. 표면은 황갈색, 자갈색, 흑갈색 등 여러 색의 폭이 좁은 테 무늬가 현저하거나 회색의 짧은 털이 덮여 있다가 탈락하고 동심원상의 털 없는 테를 형성한다. 살은 견고한 가죽질, 백색, 표면의 하층에 갈색의 얇은 하피가 발달한다. 하면의 관공은 백색-황백색. 관공은 길이 1㎜, 구멍은 7~8개/㎜. 자루는 길이 0.5~5㎝, 굵기 2~5㎜, 원주상 또는 밑동이 원반으로 퍼져서 수피면에 붙는다. 표면은 다갈색-암갈색.
생태 여름~가을 / 서어나무, 떡갈나무, 메밀잣밤나무, 가시나무 등 활엽수의 쓰러진 나무, 줄기, 죽은 가지등에 군생한다. 백색부후균, 열대 균류로 매우 드문 종.
분포 한국, 일본, 동아시아 열대

주름균강 》 구멍장이버섯목 》 구멍장이버섯과 》 매꽃버섯속

황금메꽃버섯

Microporus xanthopus (Fr.) Kuntze

형태 자실체는 혁질, 균모는 지름 4~9㎝, 높이 2㎝, 두께 1㎜, 깔대기형이며 견고하지만 얇다. 표면은 다갈색 또는 도토리 갈색, 방사상의 주름이 있고, 다수의 환문이 있다. 견사상의 광택이 있다. 가장자리는 전연이다. 살은 백색. 관공면은 황백색, 방사상의 주름이 있고 구멍은 미세하고 원형이며 7개/㎜. 자루는 길이 1~4.5㎝, 굵기 0.4㎝, 중심생 혹은 편심생, 목질로 견고하고 원주상이다. 표면은 밋밋하고 약간 광택이 있다. 색깔은 담오황색 또는 오황갈색이다. 기부는 가늘고 도토리 갈색이다.
생태 여름~가을 / 고목에 발생한다. 백색부후균.
분포 한국, 아시아 호주, 중남미

주름균강 》 구멍장이버섯목 》 구멍장이버섯과 》 침버섯속

침버섯

Mycoleptodonoides aitchisonii (Berk.) Mass Geest.

형태 균모는 부채꼴-주걱형이며 밑동 쪽이 좁아진다. 여러 개가 중첩해 나며 3~8×3~10㎝ 정도 크기다. 표면은 털이 없이 밋밋하고 백색-약간 황색. 가장자리는 얇고 고르거나 이빨 모양이 된다. 살은 흡수성이고 유연한 육질, 건조하면 단단하고, 백색이며, 두께 2~5㎜다. 자실층의 하면은 이빨 모양으로 밀생한다. 침은 끝이 날카롭고 길이 3~10㎜로 백색, 건조하면 연한 황색-진한 오렌지 황색이다. 자루는 없다. 포자는 2~2.5×5~6.5㎛, 소시지형, 표면이 매끈하고 투명하다.
생태 일년생 / 주로 고로쇠나무, 너도밤나무, 참나무 등 활엽수의 고목 수간에 중첩해서 군생한다. 백색부후균.
분포 한국, 일본, 카시미르

구멍새벌집버섯

Neofavolus alveolaris (DC.) Sotome & T. Hatt.
Polyporus alveolarius (DC.) Bond. & Sing.

형태 균모는 가로 2~6㎝, 세로 1~4㎝, 두께 2~5㎜로 소형이며 반원형-콩팥형이다. 표면은 진하거나 연한 황다색이며, 더 진한 색의 편평하고 가는 인편이 다수 부착되어 있다. 털은 없다. 관공은 깊이 1~3㎜, 방사상으로 구멍이 큰 벌집 모양이며 크기는 2~3×1~1.5㎜, 크림색이다. 자루는 균모에 측생하며 매우 짧고 흔적으로 남아 있다. 살은 백색-크림색, 유연한 가죽질이고 두께는 1~2㎜이다. 포자는 7.5~12×3~4㎛, 원주상의 타원형, 표면이 매끈하고 투명하며, 기름방울을 함유한 것도 있다. 약간 안쪽으로 휘어진다.

생태 여름~가을 / 활엽수의 죽은 나무에 난다. 백색부후균.

분포 한국, 일본 등 전 세계

흰겹친귓등버섯

Osteina obducta (Berk.) Donk
Oligoporus obductus (Berk.) Gilb. & Ryvarden

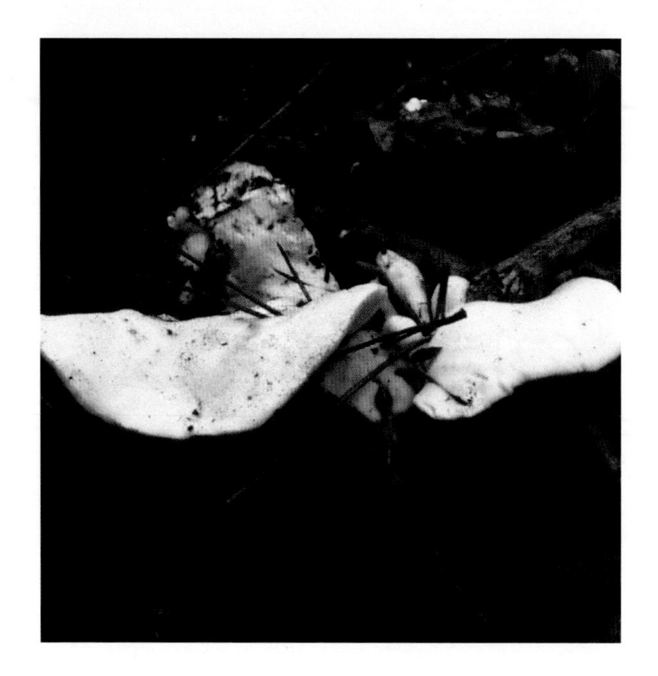

형태 자실체는 폭 10~12㎝, 두께 15~20㎜, 자루는 중심생 또는 편심생, 드물게 자루가 없는 것도 있다. 보통 서로 같이 유착하며, 균모는 둘로 나눠다가 부채형으로 겹친다. 불임성의 표면은 백색, 밋밋하고 매끈하다. 가장자리는 엽편형으로 반전된다. 자루는 길이 5㎝, 굵기 3㎝, 짧고 강인하며 백색. 구멍은 둥글고-각진형, 3~5개/㎜. 살은 테가 없고, 두께 10~15㎜, 건조 시 단단하고 뼈 같다. 관층은 내린 주름살형, 백색, 솟은 것은 두께 2~3㎜ 정도다. 균사 조직은 1균사형, 일반균사는 투명하고 꺽쇠가 있으며, 분지하며 서로 엉키고, 벽은 얇다. 류자실층에서는 폭 3.5㎛, 두꺼운 벽, 속은 차 있고, 살에서는 폭 10㎛다. 담자포자는 4.5~6.5×1.8~2.2㎛, 원주형, 약간 굽었고 매끈하고 투명하며 벽이 두껍다. 담자기는 곤봉상, 15~25(30)×4~5㎛, 기부에 꺽쇠가 있다. 낭상체는 없다.

생태 연중 / 고목에 단생한다.

분포 한국, 유럽

결절융기포자버섯

Pachykytospora tuberculosa (Fr.) Kotl. & Pouzar

형태 자실체는 결절 또는 방석 모양. 코르크질로 건조 시 부서지기 쉽다. 가장자리는 얇고, 백색-황토색, 구멍의 표면은 크림색, 연한 황토색. 건조 시 검은 황토색. 구멍은 둥글고-각진형, 2~3개/㎜. 살은 얇고 섬유상, 황토색, 숫은 것은 두께 2~4㎜ 정도. 균사 조직은 3균사형, 일반균사는 투명하고, 꺽쇠가 있으며 분지한다. 벽은 폭 2~3㎛. 골격균사는 약간 단단하다. 드물게 분지하며, 격막은 없고, 약한 거짓아미로이드 반응을 보인다. 폭은 3~6㎛. 결합균사는 격막이 없고 많이 분지하며, 폭은 2.5~4㎛. 낭상체는 20~30×6~8㎛, 방추형, 투명하다. 담자포자는 12~15×5~7.5㎛, 타원형-원통형, 투명하고 약간 주름지며, 늘어진 둥근 융기가 있다. 담자기는 넓은 곤봉상, 투명, 기름방울, 25~40×10~13㎛. 기부에 꺽쇠가 있다.

생태 연중 / 썩은 고목에 발생한다.

분포 한국, 유럽

코르크흰구멍버섯

Perenniporia ochroleuca (Berk.) Ryarden
Truncospora ochroleuca (Berk.) Pilát

형태 자실체는 자루가 없이 기물에 직접 부착한다. 균모는 반원형이면서 둥근 산 모양-말발굽형, 가로 폭 1~4㎝, 두께 0.5~2㎝이다. 표면은 백색-황백색, 점차 황다색-옅은 갈색을 띤다. 방사상으로 얕은 주름살 모양의 돌기가 있다. 2~3개의 얕은 테 모양으로 골이 있다. 살은 백색-크림색, 단단한 코르크질, 두께는 2~3㎜. 하면은 평탄하고 백색-밀짚색이나 후에 옅은 갈색을 띤다. 관공은 길이 3~10㎜, 구멍은 원형, 정연하게 배열되어 있으며 3~4개/㎜. 포자는 12~14×6~8㎛, 긴 난형, 상단이 절각되어 있다.

생태 일년생 / 죽은 나무 또는 서 있는 나무의 고사면 등에 군생한다. 백색부후균.

분포 한국, 일본, 아시아, 유럽, 호주

아까시흰구멍버섯

Perenniporia fraxinea (Bull.) Ryv.
Fomitella fraxinea (Bull.) Imaz.

형태 자실체는 노른자색의 혹 모양으로 나무줄기의 밑동에 군생하며 수평으로 균모가 자라나 다수가 겹쳐 큰 집단을 만든다. 균모는 반원형이거나 편평하고 지름 5~20㎝, 두께 0.5~1.5㎝. 표면은 회갈색, 적갈색, 흑갈색이며 가장자리는 황색 동심원상의 고리 무늬가 보이기도 한다. 살은 재목색-황백색. 자실층인 하면은 황색-회백색이 되며 암갈색 얼룩이 있다. 관공은 1층, 구멍은 가늘고 원형. 포자는 5~7×4.5~5㎛, 난형-아구형, 표면이 매끄럽고 투명하며, 기름방울을 가진 것도 있다. 아미로이드 반응을 보인다. 담자기는 12~20×8~10㎛, 짧은 곤봉형, 2, 4-포자성. 기부에 꺽쇠가 없다. 낭상체는 없다.

생태 연중 / 활엽수의 생목에 군생한다. 백색부후균.

분포 한국, 중국, 일본, 북반구 온대 이북

밀납흰구멍버섯

Perenniporia minutissima (Yasuda) C.L. Zho
Perenniporia minutissima T. Hatt & Ryvarden

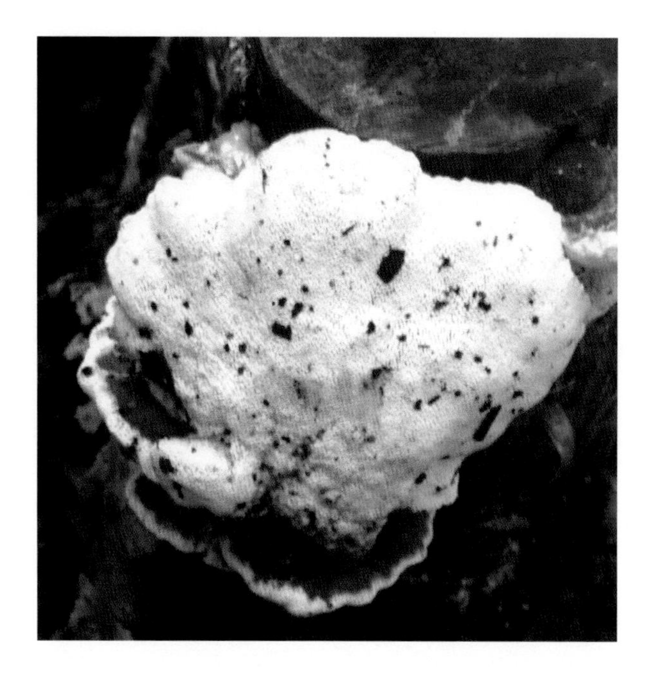

형태 자실체는 자루가 없고, 반배착생. 균모는 반원형, 선반형으로 표면은 담갈색-적갈색이다. 주변부는 때때로 유백색, 털은 없고, 밋밋하거나 규칙적으로 사마귀 반점 같은 돌기가 나 있다. 균모의 살은 유백색, 서리 같은 모양에 반투명한 부분이 산재하며, 생육 시 납질로서 극히 부서지기 쉽다. 건조하면 목질. 구멍은 유백색이며 소형이다.
생태 연중 / 산 나무 줄기나 등걸에 군생한다.
분포 한국, 일본

검정대가죽버섯

Picipes badius (Pers.) Zmitr. & Kovalenko
Royoporus badius (Pers.) A.B. De, Polyporus badius (Pers.) Schw.

형태 균모는 지름 4~15㎝, 두께 1~5㎜로 자루가 붙는 위치에 따라 원형-콩팥 모양, 갈라지고 구부러지기 때문에 부정형이 된다. 표면은 황갈색, 밤갈색, 흑갈색으로 털이 없으며 광택이 난다. 살은 희고 연한 가죽질이나 건조하면 단단하게 된다. 자루는 길이 1~5㎝, 굵기 2~10㎜로 편심생 또는 측생. 표면은 검고 단단하다. 관공은 백색, 길이 1~2㎜. 구멍은 원형이며 가늘고, 5~7/㎜개. 포자는 6.5~8.5×3~4㎛, 곤봉-타원형, 표면이 매끈하고 투명하며 기름방울을 가진 것도 있다. 담자기는 20~22×6~7㎛, 가느다란 곤봉형, 4-포자성. 기부에 꺽쇠는 없다.
생태 여름~가을 / 지상의 활엽수 또는 침엽수를 버린 곳에 나며, 활엽수의 뿌리에 기생하기도 하며 단생-군생한다. 백색부후균.
분포 한국, 일본, 중국

흰자작나무버섯

Piptoporellus soloniensis (Dubois) B.K. Cui, M.L. Han & Y.C. Dai
Piptoporus soloniensis (Dubois) Pilát

형태 균모의 폭 10~20㎝, 두께 2㎝ 정도의 대형균. 균모의 표면에는 연모가 있으며 백색-갈색으로 유연한 육질이나 마르면 코르크질로 가볍다. 관공은 백색, 구멍은 부정 원형, 미세하다. 포자는 4~5.5×2~2.5㎛, 타원형이다.

생태 여름~가을 / 졸참나무의 고목에 중첩하여 발생하거나 산 나무의 껍질에 발생한다.

분포 한국, 일본

참고 자작나무버섯과 같은 구조를 가지나 포자가 타원형이란 점이 다르다.

결절구멍장이버섯

Polyporus tuberaster (Jacq. ex Pers.) Fr.

형태 균모는 폭 4~12㎝, 두께 0.5~1㎝ 정도의 중형-대형. 거의 원형이고 편평하며 중앙부가 오목하게 들어간다. 표면은 황다색, 진한 색 또는 암갈색의 편평한 인편이 동심원상으로 밀착해 있다. 관공은 길이 1~4㎜, 처음에는 원형이다가 방사상으로 가늘고 긴 형태가 된다. 자루는 중심생, 길이 5~6㎝, 굵기 0.5~1.5㎝, 원주상. 표면은 황백-오황색이다. 살은 백색, 탄력성이 있고 부드럽다. 달팽이가 파먹은 것도 자주 보인다. 포자는 12~15×4~5㎛, 원주상의 타원형, 표면이 매끈하고 투명하며 기름방울이 있다.

생태 봄~가을 / 참나무 등 각종 활엽수의 죽은 나무에 단생, 군생한다. 때로는 지주에서 발생하거나 균핵을 만들기도 한다.

분포 한국, 일본, 유럽, 북미

저령

Polyporus umbellatus (Pers.) Fr.
Dendropolyporus umbellatus (Pers.) Jül., Grifola umbellata (Pers.) Pilát

형태 자루는 밑동에서 몇 번 갈라지며 각 가지 끝에 균모를 편다. 전체 높이 10~20㎝, 지름 10~30㎝로 원형이거나 깔대기 모양. 균모는 지름 1~4㎝, 두께 2~5㎜로 표면은 황백색-갈색. 살은 백색이고 두꺼우며 마르면 부서지기 쉽다. 하면의 관공은 자루에 대하여 내린 관공, 길이 1~2㎜, 백색이다. 구멍은 원형이며 백색. 포자는 7~10×3~4㎛, 난형~타원형, 표면이 매끄럽고 투명하며, 기름방울을 가지고 있다. 담자기는 30~35×7~9㎛, 곤봉형, 4-포자성. 낭상체는 관찰되지 않는다.
생태 가을 / 오리나무 참나무류의 뿌리에 기생하여 생강 모양의 균핵을 만든다. 식용이며 약용(이뇨 작용). 아주 드문 종.
분포 한국, 일본, 중국, 유럽, 북미

구멍집버섯

Poronidulus conehifer (Schwein.) Murrill

형태 균모는 반원형-콩팥형, 혁질, 폭 1~4㎝, 두께 1~3㎜. 표면은 백색-탁한 백색. 거의 털이 없고 방사상으로 주름이 있다. 균모의 표면에는 연한 갈색 테 무늬가 나타나기도 한다. 균모가 기물과 붙은 곳 또는 그 부근 가까운 곳 표면에 지름 2~10㎜ 정도의 접시 모양 부속물이 있다. 그 안쪽은 밋밋한데 가장자리는 뱀의 눈 모양으로 검은색 둥근 테가 있다. 균모의 살은 백색. 하면의 자실층 탁한 백색-담황색, 관공은 깊이 1㎜ 정도. 구멍은 원형-다각형, 2~3개/㎜. 구멍 입구는 약간 이빨 모양 또는 침상이다. 포자는 5~7×1.5~2.5㎛, 원주형, 표면이 매끈하고 투명하다.
생태 연중 / 활엽수의 말라버린 가지에서 군생한다. 백색부후균.
분포 한국, 일본, 북미

주름균강 》 구멍장이버섯목 》 구멍장이버섯과 》 귀등버섯속

겹친귀등버섯

Postia balsamea (Peck) Jül.
Oligoporus balsameus (Peck) Gilb. & Ryvarden

형태 자실체는 반배착생. 균모는 반원형, 폭 2~5㎝, 두께 2~5㎜ 정도의 소형. 다수가 중첩되어 층상을 이룬다. 표면은 백색이나 점차 백갈색-담갈색이 된다. 방사상의 섬유 무늬가 있다. 살은 약간 강인한 육질. 하면의 관공은 백색-탁한 황색, 길이 2~3㎜. 구멍은 5~6개/㎜, 벽이 얇고 이빨 모양이며 찢어지기 쉽다. 포자는 3~6×2~3㎛, 난형-원주형, 작은 돌기가 있으며, 표면이 매끈하고 투명하다.
생태 일년생 / 침엽수의 그루터기, 죽은 나무 등에 난다. 갈색부후균.
분포 한국, 일본, 북미

주름균강 》 구멍장이버섯목 》 구멍장이버섯과 》 귀등버섯속

고랑등버섯

Postia ptychogaster (F. Ludw.) Vesterh.
Oligoporus ptychogaster (F. Ludw.) Falck & O. Falck

형태 자실체는 불완전하게 기주에 배착한다. 신선할 때 유연하고, 건조 시 부서지기 쉽다. 자실체는 높이 4㎝, 폭 2㎝, 백색, 둥근 산 모양이다가 편평형이 되며, 띠는 없고 미세한 가루가 있다. 구멍은 깊이 4㎜, 백색이다가 연한 크림색이 되며, 각진형, 보통 3~4개/㎜. 관공의 층은 백색, 육질은 유연하고 솜털상이다. 불완전 단계는 자실체를 나타내고 방석 모양, 백색이며, 후막포자는 지름 2~4㎝, 갈색 덩어리가 있다. 포자는 4.5~5.5×2~3㎛, 타원형, 포자벽이 얇고 투명하다. 비아미로이드 반응을 보인다. 후막포자는 5~10×3.5~7㎛, 타원형, 장방형 등 흔히 끝이 잘린 형태. 담자기는 곤봉형, 4-포자성, 16~25×4~6㎛, 기부에 꺽쇠가 있다.
생태 연중 / 죽은 침엽수에 발생한다. 갈색부후균.
분포 한국, 중국, 유럽

푸른귓등버섯

Postia caesius (Schrad.) P. Karst.
Oligoporus caesius (Schrad.) Gilb. & Ryv., Tyromyces caesius (Schrad.) Murrill

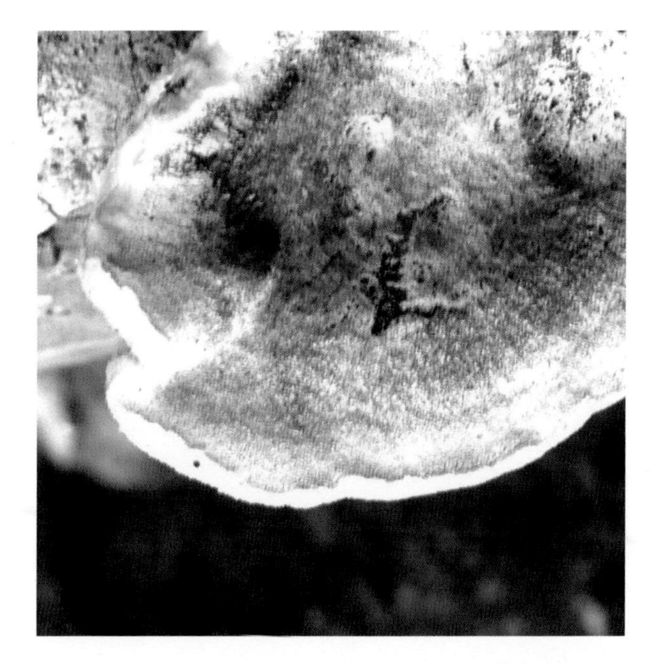

형태 자실체는 폭 1~6㎝ 굵기 0.5~2㎝, 두께 0.5~2㎝로 반원형이면서 둥근 산 모양-낮은 말굽형이고 기주에 직접 부착한다. 백색이다가 점차 푸른색을 띠지만 나중에는 더러워진 황갈색 또는 회황색이 된다. 표면에는 짧은 밀모가 있어서 밋밋하지 않다. 살은 신선할 때 유연한 육질, 건조하면 부서지기 쉬운 코르크질. 자실층인 하면의 관공은 처음에는 백색, 점차 청남색이 된다. 관은 길이 2~10㎜, 구멍은 원형이며 가장자리가 찢어져 이빨 모양이 되기 쉬우며 3~4개/㎜. 포자는 4.5~5.5×1.5~1.7㎛, 원주상의 타원형 또는 소시지형, 표면이 매끈하고 투명하며 기름방울이 있다. 담자기는 10~13×5~6㎛, 원통형의 곤봉형, 4-포자성, 간혹 2-포자성인 것도 있다. 기부에 꺽쇠가 있다. 낭상체는 없다.
생태 일년생 / 보통 침엽수, 드물게 활엽수의 죽은 나무나 용재에 발생한다. 갈색부후균.
분포 한국, 북반구 일대

젖색귓등버섯

Postia tephroleuca (Fr.) Jül.
Oligoporus tephroleucus (Fr.) Gilb. & Ryv.

형태 자실체는 대가 없이 기물에 직접 부착된다. 균모는 폭 2~8 ㎝, 두께 0.5~2.5㎝로 반원형이면서 둥근 산 모양이고 약간 두껍다. 표면은 백색-약간 황색, 털이 거의 없고 테 무늬도 없다. 살은 백색, 유연한 육질, 건조하면 가볍고 부서지기 쉽다. 두께는 1~2 ㎜. 자실층인 하면의 관공 벽은 얇고, 백색-약간 황색, 맛은 온화하다. 구멍은 원형-부정 원형으로 4~5개/㎜. 구멍 끝은 평탄하지 않다. 포자는 4~5×1~1.5㎛, 소시지형, 표면이 매끈하고 투명하다. 담자기는 10~20×3~5㎛, 원통형의 곤봉형, 4-포자성, 기부에 꺽쇠가 있다. 낭상체는 없다.

생태 일년생 / 가을 활엽수 및 침엽수의 죽은 나무에 발생한다. 갈색부후균이며 표고 골목의 해균이기도 하다.

분포 한국, 중국, 전 세계

주름균강 》 구멍장이버섯목 》 구멍장이버섯과 》 반노랑버섯속

가는반노랑버섯

Pseudofavolus tenuis (Fr.) G. Cunn.
Hexagonia tenuis (Fr.) Fr., Daedaleopsis tenuis (Hook.) Imaz.

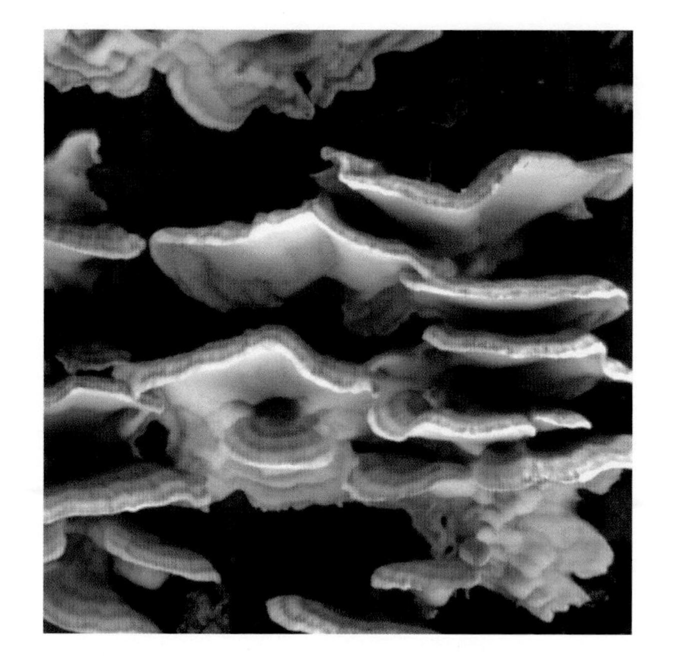

형태 균모는 신장형, 가로 3~6.5㎝, 세로 4~11㎝, 두께 1.5~2㎝. 자루는 없다. 표면은 밋밋하고 광택이 있으며 연한 색 혹은 녹갈색으로 동심원상의 무늬가 있다. 가장자리는 얇고 예리하며, 가지런하거나 혹은 약간 물결형. 살은 혁질이고 연한 색이며, 두께 1㎜. 관공은 원형이고 얕으며 벽이 두껍고 밋밋하다. 구멍은 10~12개/㎜로 미세하다. 포자는 7~12.5×3.5~5㎛, 타원형, 표면이 매끈하고 투명하며 광택이 난다.
생태 산 나무, 활엽수의 고목에 발생한다. 목재부후균.
분포 한국, 중국

주름균강 》 구멍장이버섯목 》 구멍장이버섯과 》 간버섯속

혈색간버섯

Pycnoporus sanguineus (L.) Murrill
Trametes sanguinea (L.) Lloyd

형태 균모는 폭 3~10㎝, 두께 0.3~0.7㎝의 소형-중형. 원형 또는 반원형이면서 편평하거나 가운데가 다소 오목해지기도 한다. 표면은 선명한 주홍색이지만 햇볕이나 풍우로 인해 붉은색이 퇴색하기도 한다. 털이 없이 밋밋하며 테 무늬는 불분명하다. 관공은 진한 홍색, 길이 1~2㎜. 구멍은 미세하고 6~8개/㎜. 간버섯보다 훨씬 작은 것이 특징이다. 자루가 없이 기물에 직접 부착한다. 살은 표면보다 다소 연하며 가죽질-코르크질. 포자는 4~5×2~2.3㎛, 긴 타원형, 표면이 매끈하고 투명하다.
생태 여름~가을, 연중 / 활엽수의 죽은 줄기나 가지, 낙지에 군생한다. 백색부후균. 흔한 종.
분포 한국, 일본, 동남아시아, 아시아 열대

간버섯

Pycnoporus cinnabarinus (Jacq.) Karst.

형태 균모는 폭 3~10㎝, 두께 0.5~2㎝의 소형-중형버섯. 반원형이면서 편평하거나 낮은 둥근 산 모양이고 주적색-황주색이나 햇볕에 바래면 퇴색되어 유백색이 된다. 표면은 밋밋하거나 가는 주름이 잡혀 있다. 테 무늬는 없지만 불선명한 테 모양으로 홈선이 형성되는 것도 있다. 관공은 주홍색, 길이 3~8㎜. 구멍은 원형-다각형, 2~3개/㎜. 자루가 없이 기물에 직접 부착한다. 살은 주홍색이며 가죽질-코르크질. 포자는 4~5.5×2~2.5㎛, 타원형, 표면이 매끈하고 투명하다.

생태 여름~가을 / 활엽수의 그루터기나 죽은 줄기에 군생한다.백색부후균. 흔한 종.

분포 한국, 일본, 북반구 온대 이북

진홍색송편버섯

Trametes coccinea (Fr.) Hai J. Li & S.H. He
Pycnoporus coccineus (Fr.) Bond. et Sing.

형태 자실체는 자루가 없으며 질긴 가죽질이다. 균모는 반원형-부채 모양인데 편평하며 지름 3~10㎝, 두께 5㎜ 정도다. 표면은 매끄럽고 융털이 있으며 비색에서 퇴색하여 회백색이되기도 한다. 진하고 연한 색의 고리 무늬가 생긴다. 살은 붉은색. 관공의 길이 1~2㎜로 구멍은 가는 원형, 6~8/㎜개이고 암주색이다. 포자는 7~8×2.5~3㎛로 장타원형, 약간 구부러지고 표면은 매끄럽다.
생태 연중 / 침엽수, 활엽수의 마른 줄기나 가지에 군생한다. 백색부후균.
분포 한국, 일본, 중국 등 전 세계

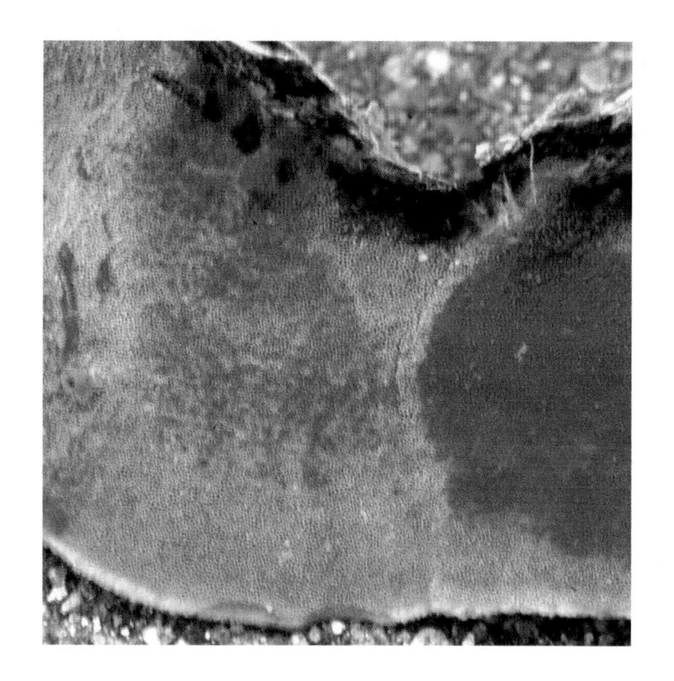

대합송편버섯

Trametes gibbosa (Pers.) Fr.

형태 균모는 지름 5~15㎝, 반원형, 편평형 또는 둥근 산 모양이다. 표면은 백색-연한 회갈색 또는 녹조류가 번식하여 암녹색이며 전면에 비로드 모양의 털이 있고 동심원상으로 늘어선 고리무늬가 있다. 살은 흰 코르크질. 균모 하면의 관공은 깊이 2~10㎜, 구멍은 방사상으로 길거나 미로상이고 홈모양으로 무너진다. 포자는 4~6×2~3㎛, 장타원형, 표면이 매끈하고 투명하며, 가끔 기름방울을 가진 것도 있다. 담자기는 15~22×5~8㎛, 대형, 4-포자성, 기부에 꺽쇠가 있다. 낭상체는 없다.
생태 연중 / 활엽수의 고목에 군생한다. 백색부후균.
분포 한국, 일본, 중국, 북반구 온대 이북

흰구름송편버섯

Trametes hirsuta (Wulf.) Lloyd
Coriolus hirsutus (Wulf.) Pat.

형태 균모는 폭 2~7㎝, 두께 2~8㎜ 정도로 반원형이다. 표면은 거친 털이 밀생하고 분명한 고리 무늬와 홈선을 나타내며 백색, 회백색, 여우색 등이다. 살은 희고 가죽질. 관공은 길이 1~4㎜. 구멍은 둥글고 3~4개/㎜이며 백색, 황백색, 회색 등 다양하다. 포자는 6~7×2.5~3㎛, 곤봉형, 약간 굽었다. 표면은 매끄럽고, 투명하다. 담자기는 13~20×4~5㎛, 곤봉형, 4-포자성이며 기부에 꺽쇠가 없다. 낭상체는 없다.
생태 일년생 / 활엽수의 고목에 군생한다. 백색부후균.
분포 한국, 중국, 전 세계

기와송편버섯

Trametes meyenii (Kltzsch) Lloyd

형태 자실체는 소형-중형. 균모는 지름 2.5~10㎝, 두께 0.2~0.6㎝로 반원형이며 기와를 겹쳐 놓은 모양이다. 자루가 없다. 육질은 단단하고 환문의 섬유털이 있으나 나중에 밋밋해진다. 광택이 나며 백색으로 두께는 1~3㎜이다. 가장자리는 얇으며 물결형. 관공은 길이 1~3㎜, 백색이다. 구멍은 오백색 또는 연한 황색이며 처음에 거의 원형이고 나중에 관벽은 갈라지고 치아상이 되며 3~4개/㎜가 있다. 포자는 6~7.5×3~4㎛, 타원형, 표면이 매끄럽고 투명하다.

생태 여름~가을 / 살아있는 나무, 썩은 고목에 발생한다. 목재부후균.

분포 한국, 중국

밤색송편버섯

Trametes ochracea (Pers.) Gilb. & Ryv.
Coriolus zonatus (Nees) Quél.

형태 균모는 자루가 없고 기물에 직접 부착된다. 반원형이면서 편평하거나 드물게는 꽃 모양의 파상이 된다. 자실체는 가로 1.5~5㎝, 세로 1~4㎝, 두께 1.5㎝ 정도의 소형. 표면은 회백색-회황토색, 표면에 오렌지 갈색의 테 무늬가 선명하고 밀모가 덮여 있다. 테 무늬는 털이 없다. 가장자리는 날카롭다. 살은 유백색, 질기고 코르크질이다. 하면의 관공은 크림색-황토색. 구멍은 원형-각진형이나 때로는 장방형으로 깊이 1~4㎜, 크기 (2)3~4개/㎜. 구멍의 관공 층은 흔히 기물에 대하여 내린 주름살형. 포자는 5.5~7.5×2.5~3㎛, 원주형, 표면이 매끈하고 투명하며, 약간 휘었다.
생태 여름~가을, 연중 / 사시나무, 참나무, 칠엽수, 물푸레나무 등 활엽수의 죽은 줄기나 가지에 난다.
분포 한국, 유럽

시루송편버섯

Trametes orientalis (Yasuda) Imaz.

형태 균모는 자루가 없고 기물에 직접 부착된다. 반원형이면서 처음에는 편평하고 가장자리가 매우 둔하지만 생장하면서 날카로워지고 조개껍질 모양으로 만곡된다. 폭 5~10(15)㎝, 두께 0.5~1㎝ 정도. 표면은 엷은 쥐색-회백색, 미세한 털이 덮여 있다. 표면은 처음에는 거의 평탄하지만 방사상으로 쪼글쪼글한 기복이 생긴다. 때로는 불선명한 테 무늬가 있다. 살은 백색-유백색, 코르크질, 강인하고 단단하며 두께는 5㎜ 정도다. 관공은 백색-황백색, 오래된 것은 재목색. 길이 2~5㎜, 구멍은 원형이고 2~3개/㎜, 구멍의 끝은 처음에는 둔하고 약간 두껍지만 점차 얇아진다. 포자는 7~8×2.5~3㎛, 긴 타원형, 표면이 매끈하고 투명하다.
생태 여름~가을 / 활엽수의 죽은 나무에 군생한다. 표고 원목의 해균이다.
분포 한국, 일본, 대만, 인도

흰융털송편버섯

Trametes pubescens (Schum.) Pilát
Coriolus pubescens (Schum.) Quél.

형태 균모는 폭 2~6㎝, 두께 3~8㎜로 반원형-콩팥형, 편평형-조개껍질 모양으로 다수가 기왓장처럼 중생하고 전체가 백색에서 탁한 황색이 된다. 표면은 섬유상의 털이 있고 희미한 고리 무늬를 나타낸다. 가장자리는 얇다. 살은 연하고 육질의 가죽질. 하면의 관은 길이 2~6㎜. 구멍은 원형이나 벽이 터져서 미로상이며, 구멍 둘레가 편평하지 않다. 포자는 6~8×2~3㎛, 원주형-약간 소세지 모양, 표면은 매끄럽고 투명하다. 담자기는 12~16×4~5㎛, 곤봉형, 4-포자성, 기부에 꺽쇠가 있다. 낭상체는 관찰되지 않는다.

생태 연중 / 활엽수의 고목이나 넘어진 나무에 군생한다. 백색부후균.

분포 한국, 중국, 일본, 북반구 온대 이북

송편버섯

Trametes suaveolens (L.) Fr.

형태 균모는 자루가 없고, 기물에 직접 부착된다. 반원형-둥근 산형, 폭 5~12×4~6㎝, 두께 1~3㎝, 표면은 백색-회색 또는 약간 황색을 띤다. 미세한 연모가 덮여 있거나 거의 털이 없다. 테무늬는 없다. 살은 백색-연한색, 치밀한 코르크질이지만 마르면 단단하며 두께 1~2㎝다. 관공은 백색이나 오래된 것은 검은색을 띠며 길이 0.5~1.5㎝다. 구멍은 원형-약간 각진형, 1~2(3)개/㎜, 다소 크고 구멍벽이 두껍다. 포자는 7~11×3~3.5㎛, 원주형, 약간 굽어 있다. 표면은 매끈하고, 투명하다.

생태 연중 / 추운 지방의 버드나무 죽은 줄기나 쓰러진 나무에 난다. 백색부후균.

분포 한국, 일본, 중국, 시베리아 유럽, 북미

토끼털송편버섯

Trametes trogii Berk.
Funalia trogii (Berk.) Bond. & Sing.

형태 자루가 없고 기물에 직접 부착된다. 반원형이면서 낮은 둥근 산 모양이며 기물에 부착한 부분은 흔히 내린 주름살형, 여러 개가 중첩해서 난다. 폭 3~9×2~4㎝, 두께 1~3㎝, 표면은 회백색, 회황색 또는 회갈색이고 약간 거친 털이 밀생한다. 불명료한 테 무늬와 홈선이 있다. 관공은 백색이다가 점차 회황색, 길이 5~10㎜. 구멍은 원형-약간 각진형, 2개/㎜, 끝은 약간 톱니 모양인데 평탄하지 않다. 살은 거의 백색, 두께 2~5㎜, 약간 단단한 코르크질. 포자는 6.5~11×3~3.5㎛, 원주상의 타원형, 표면이 매끈하고 투명하다.

생태 연중 / 미루나무 등 활엽수의 죽은 나무 또는 살아있는 나무의 상처부, 쓰러진 나무 등에 난다. 백색부후균.

분포 한국, 일본, 중국, 시베리아, 유럽, 북미

메꽃송편버섯

Trametes vernicipes (Berk.) Zmitr., Wasser & Ezhov
Microporus vernicipes (Berk.) O. Kuntze

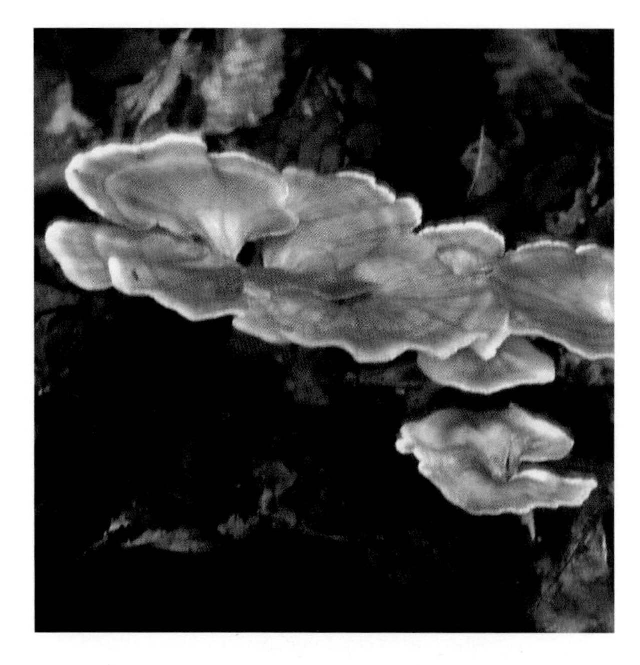

형태 균모는 2~6x1~3㎝ 크기로 콩팥형-반원형, 단단한 가죽질로 옆에 자루가 붙는다. 표면은 연한 황백색-크림 갈색, 매끄럽고 광택이 나며 희미한 고리 무늬를 나타낸다. 하면은 연한 재목색이고 관은 길이 1㎜로, 구멍은 아주 작아 육안으로 잘 안 보인다. 자루는 측생 또는 중심생, 길이 0.2~2㎝로 단단하다. 표면은 매끄럽고 황토색, 원반상의 기부가 나무 껍질에 붙는다. 포자는 4~5×2㎛, 장타원형, 표면이 매끄럽고 투명하다.
생태 연중 / 활엽수의 마른가지에 군생한다.
분포 한국, 중국, 일본, 중국, 열대 지방

구름버섯(구름송편버섯)

Trametes versicolor (L.) Lloyd
Coriolus versicolor (L.) Quél.

형태 균모는 폭 1~5㎝, 두께 1~2㎜로 얇고 단단한 가죽질이며 반원형이다. 표면은 흑색, 회색, 황갈색, 암갈색 등의 고리 무늬가 있고 짧은 털로 덮여 있다. 표피의 털 아래는 암색의 피층이 발달한다. 살은 백색. 관공은 길이 1㎜ 정도. 구멍은 둥글고 3~5개/㎜, 백색, 황색, 회갈색 등이다. 포자는 5~8×1.5~2.5㎛, 원주형-소시지형, 표면이 매끄럽고 투명하다. 담자기는 15~20×5~6㎛, 곤봉형, 2, 4-포자성. 기부에 꺽쇠가 있지만 불분명하다. 낭상체는 관찰되지 않는다.

생태 연중 / 침엽수, 활엽수의 고목에 수십~수백 개가 겹쳐서 군생한다. 백색부후균.

분포 한국, 일본, 중국, 일본 등 전 세계

백장미잘린포자버섯

Truncospora roseoalba (Jungh.) Zmitr.
Abundisporus roseoalbus (Jungh.) Ryv.

형태 자실체는 자루가 없고 반배착생, 반원형이며 둥근 산 모양-쐐기형. 표면은 연한 회갈색에서 암자갈색-회흑색이 된다. 다년생일 경우 테 모양으로 줄무늬 홈선이 현저하다. 살은 암자갈색-진한 초콜릿색으로 가벼운 코르크질. 관공은 회백색에서 암자갈색-진한 초콜릿색이 된다. 포자는 4~5×2.5~3.5㎛, 타원형, 표면이 매끈하고 투명하며, 연한 자갈색이다.

생태 일년생, 다년생(2~3년) / 활엽수의 죽은 가지, 낙지 등에 반배착하여 발생한다.

분포 한국, 중국, 일본, 남미, 호주

꽃송이버섯

Sparassis crispa (Wulf.) Fr.

형태 자실체는 백색-밤색, 물결치는 꽃잎이 다수 모인 것 같다. 한 덩어리는 지름 10~30㎝, 높이 10~20㎝, 하얀 꽃배추과 닮아 아름답다. 근부는 덩어리 모양인 공통의 자루로 반복해서 가지가 나누어지며 각 가지에서 휘어진 꽃잎 모양을 형성한다. 자실층은 꽃잎 모양의 얇은 조각 아래쪽에 발달하며 자실체에는 표면과 뒷면의 구별이 있다. 꽃잎 모양의 각편은 두께 1㎜로 처음엔 유연하나 오래되면 단단하다. 포자는 4.5~6×3.5~4.5㎛, 난형, 표면이 매끄럽고 투명하며 기름방울을 가지고 있다. 담자기는 45~50×6~7㎛, 가는 곤봉형, 4-포자성. 기부에 꺽쇠가 있다. 낭상체는 관찰되지 않는다.

생태 여름~가을 / 살아있는 나무의 뿌리, 근처의 줄기나 그루터기와 연결된 땅에 발생한다. 아고산지대에 많다. 식용이며 심재부후균, 갈색부후균.

분포 한국, 일본, 중국, 유럽, 미국, 호주

주름균강 》 구멍장이버섯목 》 바늘버섯과 》 좀주름구멍버섯속

털좀주름구멍버섯

Antrodiella serpula (P. Karst.) Spirin & Niemelä
Antrodiella hoehnelii (Bres.) Niemelä

형태 자실체는 선반 모양, 반원형, 넓게 기질에 부착하며, 각 지름은 20~40㎜. 기질로부터 15~25㎜로 퍼지며, 부착된 곳의 두께는 10㎜. 표면의 위는 결절상, 밀집된 물결형을 가지며, 둔하고 벨벳상. 백색-크림색에서 나중에는 노란색. 가장자리는 약간 물결형, 다소 둔하고, 왕성하게 자랄 때 노란색이 진하다. 옆면의 미세구멍은 백색-황토색, 불규칙한 둥근형, 3~5개/㎜. 관의 길이는 2~3(5)㎜. 살은 질기고 크림색, 냄새가 약간 나고 맛은 온화하다. 포자는 3.5~4×1.5~2㎛, 원통-타원형, 표면이 매끈하고 투명하며 기름방울을 함유한 것도 있다. 담자기는 원통-곤봉형, 11~15×4~4.5㎛, 4-포자성. 기부에 꺽쇠가 있다.
생태 여름~가을, 연중 / 죽거나 단단한 나무, 등걸, 가지에 배착 발생한다. 보통 열을 지어 겹쳐 난다. 백색부후균.
분포 한국, 유럽, 아시아, 북미, 호주

주름균강 》 구멍장이버섯목 》 바늘버섯과 》 버터버섯속

누런살버터버섯

Butyrea luteoalba (P. Karst.) Miettinen

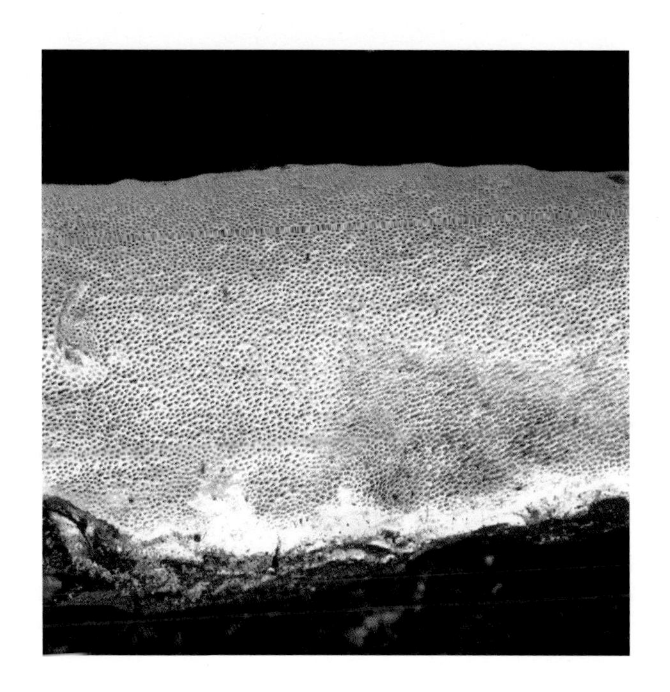

형태 자실체는 배착생이고 얇게 퍼진다. 처음에는 원형이다가 차차 여러 개가 융합되며, 질긴 섬유상이 된다. 쉽게 찢어지지 않으며 두께는 3㎜ 정도. 자실층은 얕게 원형 또는 각진형의 보통 크기의 구멍이 3~5개/㎜가 있다 신선할 때는 크림색이나 건조하면 연한 가죽색이다. 포자는 4.5~5.5×1.8~2.3㎛, 원주형-약간 소시지형, 표면이 매끈하고 투명하다. 난아미로이드 반을 보인다.
생태 일년생 / 죽은 소나무 또는 각종 침엽수 줄기에 난다.
분포 한국, 유럽

좀살색구멍버섯

Junghuhnia nitida (Pers.) Ryv.
Poria eupora (P. Karst.) Cooke

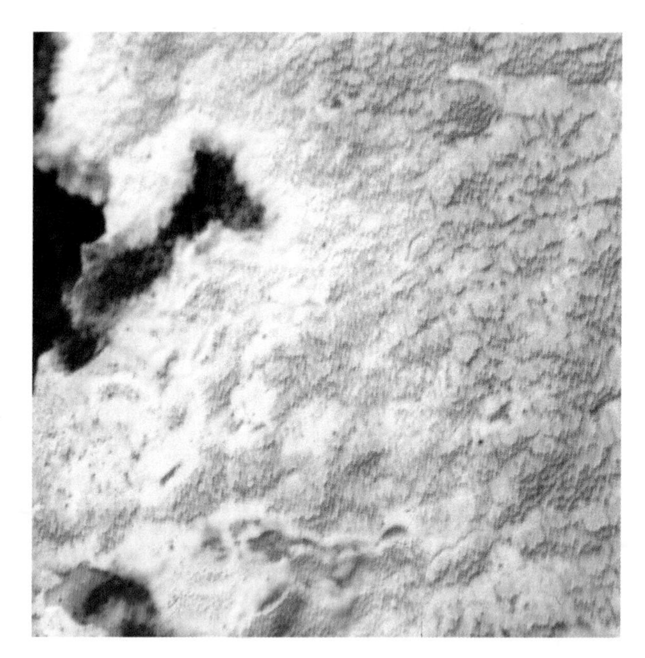

형태 자실체는 전체가 배착생이고 일년생. 원형의 섬 모양 또는 덩어리 모양으로 기물의 하면에서부터 부착하며 약 20㎝ 정도까지 넓게 퍼지기도 한다. 자실체는 두께 0.5~2㎜, 기물에서 쉽게 벗겨진다. 살은 가죽질-코르크질이고 살색이다. 가장자리는 유백색. 관공은 원형-다각형, 5~7개/㎜. 자실층은 두께 0.3~0.7㎜, 바닥층과 같은 색이다. 포자는 3~5×2~3㎛, 타원형, 표면이 매끈하고, 투명하다.
생태 일년생 / 활엽수의 죽은 나무나 가지에 난다. 백색부후균.
분포 한국, 일본, 남북미, 아시아, 호주

포도색잔나비버섯

Nigroporus vinosa (Berk.) Murrill
Fomitopsis vinosa (Berk.) Imaz.

형태 자실체의 균모는 반원형, 폭이 넓고 기물에 중첩해서 층상으로 난다. 관공층은 흔히 자루에 대하여 내린 주름살. 균모는 폭 4~10㎝, 두께 0.5~1㎝, 정도의 중형. 편평하거나 약간 조개껍질 모양으로 만곡된다. 건조하면 안쪽으로 강하게 말린다. 표면은 거의 털이 없고 진한 포도색-암자갈색 또는 흑자색. 색이 교차하며 테 무늬를 형성한다. 얕은 테모양으로 홈선이 있다. 각피는 분화되지 않는다. 가장자리는 얇고 날카롭다. 살은 약간 단단한 코르크질, 약간 탄력이 있고 연한 포도색. 하면은 포도색-흑자색, 관공은 1층, 길이 3~5㎜. 구멍은 원형, 7~9개/㎜. 포자는 4~4.5×1.5㎛, 소시지형, 표면이 매끈하고 투명하다.

생태 일년생 / 침엽수, 특히 소나무 그루터기에 겹쳐서 발생한다. 갈색부후균. 드문 종.

분포 한국, 일본, 동남아, 북미, 중미, 아프리카

바늘버섯

Steccherinum ochraceum (Pers. ex J.F. Gmell.) Gray
S. rhois (Schw.) Banker

형태 자실체는 반배착생, 때로는 전체가 배착생. 두께 0.5~2㎜의 막을 만들면서 수~수십 센티미터 크기로 퍼진다. 형성된 균모의 위쪽은 미세한 털이 있고 때로 약간 테 무늬가 나타나기도 한다. 황토색이나 오렌지 회색을 띠고 파상이다. 때로는 균모는 기와꼴로 겹쳐나며, 유연한 가죽질이다. 자실층은 침상 돌기가 밀생한다. 침은 송곳 모양, 길이 1~2.5㎜ 정도, 오렌지색-연어 살색이며 건조하면 퇴색된다. 배착성인 가장자리 부분은 생장 시 백색, 약간 균사가 퍼지거나 분명한 경계를 이루기도 한다. 포자는 3.5~4×2~2.5㎛, 난형, 표면이 매끈하고 투명하며 기름방울을 함유하기도 한다.

생태 연중 / 참나무 등의 활엽수 목재, 드물게 침엽수 목재에 난다. 땅에 있는 줄기나 가지에서는 배착생하며, 서 있는 나무에서는 반배착생한다. 백색부후균.

분포 한국, 일본, 러시아, 유럽, 북미

주름균강 》 구멍장이버섯목 》 바늘버섯과 》 바늘버섯속

바늘버섯(줄바늘형)

Steccherinum rhois (Schw.) Banker

형태 균모는 반배착생, 상반부는 반전되어 반원형-조개껍질 모양이고 가죽질이다. 좌우 3.5㎝, 전후 2㎝, 흔히 기물에 직접 붙지만 짧은 자루를 갖는 경우도 있다. 표면은 백황색-오렌지 황색, 황갈색의 명료한 테 무늬가 있으며 짧은 강모상의 백색 털이 밀생한다. 살은 강인한 섬유질. 건조할 때는 두께 1~2㎜다. 하면의 자실층은 다소 곤봉상의 1~2㎜ 크기의 침이 2~3개/㎜ 정도 있다. 포자는 3.5~4×2~2.5㎛, 타원형, 표면이 매끈하고 투명하다.
생태 일년생 / 활엽수의 죽은 줄기나 가지, 표고의 원목에 난다. 백색부후균.
분포 한국, 일본, 러시아, 북미

주름균강 》 구멍장이버섯목 》 바늘버섯과 》 바늘버섯속

산바늘버섯

Steccherinum oreophilum Lindsey & Gilb.

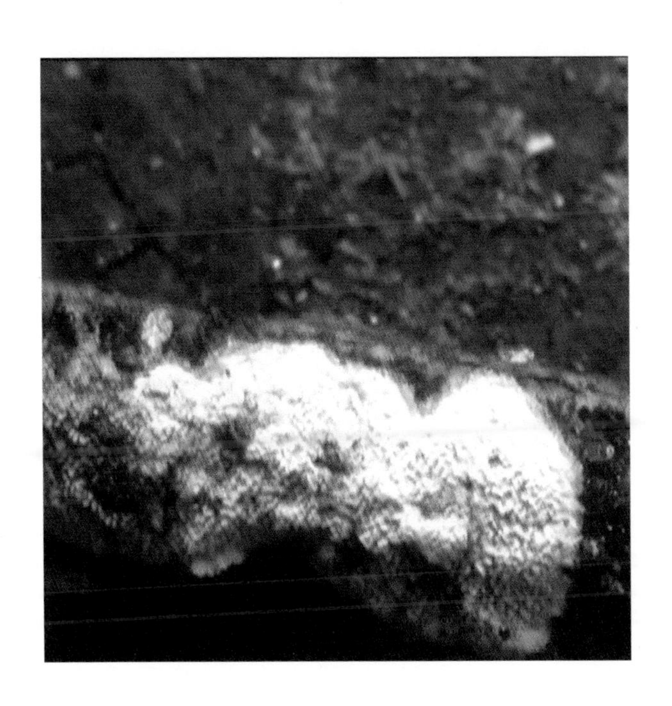

형태 자실체는 소형이며 배착생으로 퍼진다. 가장자리는 반전되며, 불임성인 위 표면은 솜털상. 자실층탁은 백색-크림색. 균사 조직은 2균사형, 일반균사는 꺽쇠가 있으며 벽은 얇고 폭은 2~3㎛, 투명하다. 골격균사는 격막이 없고, 드물게 분지하며, 벽은 두껍고, 두께는 2.5~5.5㎛. 낭상체는 70~90×7~10㎛, 많으며 벽이 두껍고 꼭대기는 껍질로 단단하다. 기원은 조직 골격균사에서 시작한다. 담자포자는 5~6.5×3~3.2㎛, 타원형-류원통형, 표면이 매끈하고 투명하며 벽은 얇다. 담자기는 원통형-곤봉형, 20~25×4~5㎛, 4-포자성. 기부에 꺽쇠가 있다.
생태 일년생 / 죽은 고목에 배착 발생한다.
분포 한국, 유럽

주름균강 》 구멍장이버섯목 》 애기꽃버섯과 》 애기꽃버섯속

종이애기꽃버섯

Stereopsis burtiana (Peck) Reid

형태 균모는 얕은 깔대기 모양이고 0.5~2㎝, 대체로 둥근 모양이며 얇은 막질이다. 표면은 담황-담갈색. 중앙은 진한 색이다. 광택이 있다. 방사상의 섬유상 무늬와 약간 불선명한 테 무늬가 나타나기도 한다. 흔히 균모가 서로 유착되기도 한다. 자실층면은 밋밋하고 방사상 주름이 있으며 균모 표면보다 연한 색이다. 가장자리는 불규칙한 거치가 많으며 때로는 심하게 찢어진 모양. 자루는 중심생-약간 편재되어 있고 높이 1~2㎝, 원주상인데 매우 단단하다. 포자는 지름 2.5~3㎛, 아구형, 표면이 매끈하고 투명하다.
생태 일년생 / 숲속의 지상에 군생한다.
분포 한국 등 전 세계

주름균강 》 구멍장이버섯목 》 황금털버섯과 》 끈적고약버섯속

결절끈적고약버섯

Xenasma tulasnelloideum (Höhn. & Litsch.) Donk
Xenasmatella tulasnelloidea (Höhn. & Litsch.) Oberw.

형태 자실체는 완전 배착생, 기질에 단단히 부착하며 얇게 막질을 형성한다. 점성의 막편이 수~수십 센티미터로 펴진다. 표면은 고르지 않고, 일반적으로 맥상-그물꼴, 다소 결절상. 색은 회백색, 청회색. 가장자리는 분명한 경계가 있으며 펴지지 않는다. 자실체는 왁스 같고, 신선할 때 점성이 있으며, 건조 시 껍질이 단단하다. 포자는 4~6×3.5~5㎛, 넓은 타원형, 표면에 사마귀 반점이 있으며 표면은 매끈하고 투명하다. 담자기는 10~18×6.5~8㎛, 4-포자성, 기부에 꺽쇠는 없다.
생태 가을 / 활엽수의 죽은 나무, 쓰러진 고목 아래에 발생한다. 드문 종.
분포 한국, 유럽, 북미, 아시아

황금털버섯

Xenasmatella vaga (Fr.) Stapl.
Trechispora vaga (Fr.) Liberta

형태 자실체 전체가 배착생. 기질에 0.2~0.5㎜ 정도의 얇은 섬유상 막질을 형성하며 견고히 부착된다. 크기는 수십 센티미터로 퍼진다. 표면의 중심은 알갱이 모양, 벌꿀 황색-연한 갈색. 가장자리는 솜털 모양으로 섬유상, 밝은 유황색, 오래된 것은 황색 균사다발을 형성한다. 포자는 3.6~5.6×2.4~4㎛, 난형-타원형, 표면은 가시가 있고 투명하다. 담자기는 13~22×5~6.5㎛, 곤봉형, 4-포자성, 기부에 꺽쇠가 있다. 낭상체는 없다.
생태 다년생 / 활엽수 또는 침엽수의 쓰러진 나무 지면 쪽에 난다.
분포 한국, 중국, 유럽, 북미

분홍목재고약버섯

Hyphoderma roseocremeum (Bres.) Donk

형태 자실체 전체가 배착생. 자실체는 기질에 편평하게 퍼지며, 자실층 표면은 밋밋하고, 황백색에서 청황색, 후에 오렌지 백색, 오렌지 회색을 거쳐 둔한 적색이 된다. 납질로 두께 0.1㎜ 정도다. 가장자리는 미세한 분상-털 모양. 포자는 8.8~12×3.6~5㎛, 소시지형 또는 원통형이며 포자벽은 얇고, 기름방울을 함유한다. 담자기는 25~30×4~6㎛, 4-포자성, 곤봉형-항아리형으로 중간이 응축한다. 기부에 꺽쇠가 있다.

생태 여름~가을 / 서 있는 전나무 등의 수간, 가지 또는 죽은 가지에 난다.

분포 한국, 미국

주름균강 》 돌기주름버섯목 》 목재돌기버섯과 》 석회돌기버섯속

각피석회돌기버섯

Lyomyces crustosus (Pers.) P. Karst.
Xylodon crustosus (Pers.) Chevall.

형태 자실체는 배착생. 처음 각각의 원형에서 유착되며 다소 퍼진다. 자실층탁은 돌출하며 처음 백색, 다음에 크림-황토색이 된다. 가장자리는 기질과 명확히 구분된다. 균사 조직은 1균사형, 균사에 꺽쇠가 있고, 폭은 3~4㎛, 벽은 얇다. 낭상체는 없다. 돌출 균사 끝은 특이하게 존재한다. 담자포자는 5~6×2.5~3㎛, 류원통형, 표면이 매끈하고 투명하며 포자벽은 얇다. 담자기는 20~30×4~5㎛, 곤봉형-원통형으로 중간이 응축되며, 4-포자성이다. 기부에 꺽쇠가 있다.
생태 연중 / 활엽수의 죽은 껍질에 배착 발생한다.
분포 한국, 유럽

주름균강 》 곤약버섯목 》 곤약버섯과 》 곤약버섯속

땅곤약버섯

Sebacina epigaea (Berk. & Broome) Bourdot

형태 자실체는 단단히 기질에 부착된다. 불규칙한 왁스 같은 막편을 형성하며 수 센티미터로 퍼진다. 분명한 가장자리가 있다. 표면은 밋밋하고 불규칙하며, 습할 시 유백색, 건조 시 백색. 막편의 얇은 것이 거의 보이지 않는다. 습할 시 점성이 있으며 얇다. 건조 시 껍질상. 포자는 10~13×8~10㎛, 타원형, 표면이 매끈하고 투명하다. 난아미로이드 반응을 보인다. 포자문은 백색. 담자기는 긴 원통형, 세로로 격막이 있고 길이는 15~18㎛, 4-포자성, 긴 소경자가 있다.
생태 여름~가을, 연중 / 습기가 있는 땅에 발생한다. 유기물 더미, 활엽수의 썩은 나무에 배착 발생한다.
분포 한국, 유럽

회색곤약버섯

Sebacina grisea Bres.
Exidiopsis grisea (Pers.) Bourd. & Maire

형태 자실체는 습할 시 왁스처럼 되며 막편은 높이 1㎜, 수~수십 센티미터로 퍼진다. 건조 시 얇은 껍질은 막편처럼 된다. 얇은 막편은 기질에 단단히 부착한다. 점토회색에서 검은 회색, 때때로 맑은 회색이나 황토색이 있다. 표면은 밋밋하고 둔하다. 가장자리는 불규칙하고 분명한 경계가 있다. 처음 단계는 작고 큰 둥근 막편이며 보통 나중에 유착한다. 포자는 11~14×5.5~7㎛, 타원형이나 원통형, 아몬드형, 표면이 매끈하고 투명하다. 때때로 알갱이를 함유한다. 담자기는 10~15×8~11㎛, 류구형-서양 배 모양, 세로로 격막이 있다.
생태 연중 / 죽은 나무의 껍질, 등걸, 쓰러진 나무의 가지에 발생한다.
분포 한국, 유럽

곤약버섯

Sebacina incrustans (Pers.) Tul. & C. Tul.

형태 자실체는 전체가 배착생. 기질에 단단히 붙고 두께 1㎜ 정도의 얇은 막질을 형성하면서 수 센티미터 크기로 퍼진다. 닭 벼슬, 옥수수 또는 사마귀 모양 등 매우 부정형으로 자라거나 기주를 덮는다. 표면은 밋밋하거나 울퉁불퉁한 물결 모양, 광택이 없고 칙칙한 유백색, 크림색-연한 갈색이며 회색과 분홍색이 섞여 있다. 가장자리는 뚜렷하게 경계가 있다. 살은 연약한 밀납질-연골질. 포자는 14~18×9~10㎛, 광타원형-난형, 표면이 매끈하고 투명하며 많은 알갱이가 있다.
생태 연중 / 딸기나무 등 각종 관목의 죽은 나무나 살아있는 나무, 풀 등을 피복하거나 각종 식물체를 유기한 곳, 맨땅 등에 발생한다.
분포 한국, 중국, 유럽

끈적뿔오렌지버섯

Ditangium cerasi (Schumach.) Costantin & L.M. Dufour
Exidia cerasi (Schmach.) Ricken, Craterocolla cerasi (Schumach.) Bref.

형태 자실체는 지름 1~4㎝, 다양한 형태로 편평하게 펴져 둥근 모양, 뇌 모양, 내장 모양, 컵 모양 등 불규칙하고 다양하다. 짧은 자루가 있다가 편평해지고 귓불 모양 등 다양하게 강하게 압착되어 기주에 부착된다. 작은 반점형이 있다. 표면은 밋밋하고 겔라틴질, 황토 분홍색이나 회황토색에서 연어색이 된다. 처음부터 질기고, 끈적거리며 부드럽다. 포자는 8~11×3.5~4.5㎛, 소세지 모양, 표면이 매끈하고 투명하며 기름방울이 있다. 담자기는 구형-난형, 긴 세로줄 격막이 있으며 9~10㎛로 4-포자성이나 소경자가 매우 길다.

생태 여름~겨울 / 고목의 단단한 부위에 뭉쳐서 발생한다.

분포 한국, 중국, 유럽 북미

굴뚝버섯

Boletopsis leucomelaena (Pers.) Fayod

형태 균모는 지름 5~10(20)㎝의 중형. 불규칙한 원형. 처음에는 가운데가 약간 오목한 둥근 산형이다가 편평해지며 가장자리가 다소 들어올려진다. 표면은 처음에는 회백색, 점차 회흑색-흑색이 된다. 미세한 털이 있다. 관공은 회백색-회청색, 처음에는 미세한 원형이다가 후에 쭈글쭈글한 모양이 된다. 길이는 1~2㎜ 정도. 자루는 길이 3~7㎝, 굵기 15~30㎜, 원주상이거나 밑동이 가늘고 균모와 같은 색. 살은 백색이나 상처를 받으면 적자색을 띤다. 쓴맛이 있으나 데쳐서 식용하며 맛이 좋다. 포자는 4~6×3.5~4㎛, 아구형-난형, 불규칙한 다각형으로 표면은 거칠고 백색이다.

생태 여름~가을 / 침엽수림, 활엽수림 지상에 산생-군생한다. 지역에 따라선 집단 발생한다.

분포 한국, 일본, 유럽, 북미

주름균강 》 사마귀버섯목 》 능이버섯과 》 갈색깔때기버섯속

황갈색깔때기버섯

Hydnellum aurantiacum (Batsch) P. Karst.

형태 균모는 지름 2~7㎝, 두께 3~8㎜로 약간 소형-중형. 다소 불규칙한 원형, 팽이 또는 깔대기 모양. 가장자리는 불규칙한 파상, 거친 톱니 모양. 균모 표면은 어릴 때 유백색, 면모가 있고 밋밋하다가 방사상으로 주름잡힌 요철이 생기고 중앙부가 오렌지 갈색이 된다. 가장자리는 연한 색-유백색. 살은 백색-연한 오렌지색, 기부는 오렌지 갈색. 자실층은 침상 돌기가 있고 자루에 대하여 내린 주름살. 표면의 침은 어릴 때 유백색이나 후에 갈색을 띤다. 돌기는 길이 5㎜ 이하. 자루는 길이 2~5㎝, 굵기 5~20㎜, 기부 쪽으로 굵어지고 오렌지 갈색-암갈색, 미세한 털이 있다. 포자는 지름 5~6㎛, 아구형, 담갈색, 혹 같은 돌기가 돌출한다.
생태 여름~가을 / 침엽수 임지나 침엽수림과 혼효림의 숲속 토양에 난다. 드문 종.
분포 한국, 일본, 유럽, 북미

주름균강 》 사마귀버섯목 》 능이버섯과 》 갈색깔때기버섯속

오렌지깔대기버섯

Hydnellum auratile (Britz.) Mass Geest.

형태 자실체는 균모와 자루로 구분된다. 균모는 지름 2㎝, 두께 2~5㎜로 불규칙하게 둥글거나 반원형, 결절형에서 깔대기형이 된다. 가장자리는 물결형의 톱니상, 가끔 부서져서 작은 엽편이 된다. 표면 위는 오렌지 색이다가 오렌지-갈색, 특히 중앙이 신해진다. 분명한 테를 가지며 방사상의 주름진 무늬가 있고 미세한 털이 있다. 검은색이며 섬유실의 인편이 있다. 가장자리는 크림색이 된다. 표면 아래는 자실층의 가시가 있다. 침은 자루에 대하여 내린 침, 오렌지-자갈색, 길이 3~4㎜로 기부로 두껍고, 미세한 털이 있다. 육질은 균모와 자루에서 검은 오렌지-갈색, 가끔 검은 테가 있다. 포자는 5~5.5×3.8~4.5㎛, 아구형, 밝은 갈색, 표면은 거친 결절형. 담자기는 가는 곤봉형, 27~38×5~7㎛, 4-포자성, 기부에 꺽쇠는 없다. 낭상체는 없다.
생태 여름~가을 / 활엽수와 침엽수의 혼효림에 군생한다. 드문 종.
분포 한국 , 중국, 유럽, 아시아, 북미

주름균강 》 사마귀버섯목 》 능이버섯과 》 갈색깔때기버섯속

살갗갈색깔때기버섯

Hydnellum caeruleum (Hornem.) P. Karst.

형태 균모는 지름 3~7㎝ 소형-중형. 불규칙한 원형이며 때로 몇 개가 융합하기도 한다. 개개의 자실체는 다소 팽이 모양. 표면은 동심원형, 방사상으로 얕은 주름이 있다, 털은 있다가 없어진다. 어릴 때는 가운데가 회청색, 가장자리는 유백색이다가 갈색-흑갈색를 띠게 된다. 가장자리는 파상, 불규칙한 톱니꼴, 백색이다. 살은 회색-흑청색. 자루는 적갈색-오렌지 갈색이고 코르크질. 자실층은 침상 돌기가 있고 자루에 대해서 내린 주름살, 침은 청백색, 갈색이다가 곧 회백색, 갈색이 되고 길이 5㎜ 이하, 지름 0.2㎜. 자루는 길이 2~5㎝, 굵기 10~20㎜, 단단하고 오렌지 갈색-갈색. 주변의 잔류물과 심하게 융합되기도 한다. 포자는 5~6×4~4.5㎛, 불규칙한 난형-아구형, 불규칙한 혹이 많이 돌출한다.
생태 여름 / 침엽수의 임지나 침엽수와 활엽수의 혼효림림 땅에 발생한다. 드문 종.
분포 한국, 일본, 유럽, 북미

주름균강 》 사마귀버섯목 》 능이버섯과 》 갈색깔때기버섯속

고리갈색깔때기버섯

Hydnellum concrescens (Pers.) Banker
Hydnellum scrobiculatum var. zontum (Batsch) K.A. Harrison

형태 자실체는 비교적 소형. 균모는 지름 3~7㎝, 편평하거나 거의 깔대기형 혹은 불규칙형. 녹슨 갈색 혹은 종려나무 갈색, 어릴 때 가장자리는 혁질이며 동심원상의 띠가 있고 융모가 있다. 중앙은 분명하고 조잡한 요철상이다. 살은 균모와 동색. 자루는 길이 1~1.4㎝, 굵기 0.3~1㎝, 균모와 동색. 긴 털이 있으며, 기부는 팽대한다. 포자는 4.5~6.2×3.5~4.7㎛, 구형에 가까운 타원형, 표면은 사마귀 반점이 있고 연한 갈색이다.
생태 여름~가을 / 혼효림의 땅에 군생한다.
분포 한국, 중국

향기갈색깔때기버섯

Hydnellum ferrugineum (Fr.) P. Karst.

형태 균모는 지름 3~10㎝의 소형-중형. 다소 팽이 모양이며 여러 균모가 유착되기도 한다. 균모는 불규칙한 원형, 가장자리는 파상. 약간 접시 모양으로 오목해지고 표면에 불규칙하고 완만한 요철이 나타난다. 눌린 면모로 비로드 같은 촉감이 있다. 색은 황갈색-암갈색 또는 적갈색, 가장자리는 유백색. 어린 버섯은 장마철 습할 때 혈적색 물방울이 생기기도 한다. 살은 균모와 자루가 별개의 층으로 구분되고 연한 적갈색. 자실층은 5㎜ 정도의 침상 돌기가 있고 유백색이다가 적갈색이 된다. 자루는 길이 1~5㎝, 굵기 10㎜, 단단하고 적갈색. 흔히 주변의 잔류물과 유합된다. 포자는 (4.5)5~6×3.5~4.8㎛, 아구형, 표면이 불규칙하고 거친 결절이 많이 돌출되어 있다. 색은 연한 갈색.

생태 여름~가을 / 소나무 또는 가문비나무 숲속의 지상에 난다.

분포 한국, 일본, 유럽, 북미

땅갈색깔대기버섯

Hydnellum geogenium (Fr.) Banker

형태 자실체는 단독 또는 다른 것과 유착한다. 균모는 지름 5~25㎝, 불규칙하고 편평하며 얇고 유연하며 띠가 있다. 색은 올리브-갈색, 짙은 갈색이다가 담황갈색이 되며, 보통 밝은 노란색 털이 있다. 어릴 때 표면은 섬유상, 매듭이 있으며, 중앙에 작은 구멍이 있다. 아래 표면의 가시는 내린 주름살형. 가시는 자루에 고르게 있으며 올리브 노란색-갈색. 보통 가장자리는 밝은 노란색. 자루는 짧거나 없으며 균모와 동색, 기부의 땅 주위에 수많은 노란색 균사체 술을 가진다. 살은 얇고, 올리브색, 냄새와 맛은 분명치 않다. 포자는 3~4.5×3~4㎛, 각진형-아구형, 표면은 결절상. 포자문은 갈색이다.

생태 여름~가을 / 침엽수의 땅에 난다. 식용하지 않는다. 보통종.

분포 한국, 유럽, 북미

비듬갈색깔대기버섯

Hydnellum scabrosum (Fr.) E. Larss., K.H. Larss. & Koljalg
Sarcodon scabrosus (Fr.) P. Karst.

형태 균모는 지름 4~14㎝, 중형-대형. 어릴 때는 얕은 둥근 산 모양이다가 편평해지며 중앙이 약간 오목해진다. 표면은 미모가 밀생하고 고랑 모양으로 수없이 찢어져 거스름 모양의 인편이 되는데, 특히 중앙부에는 위로 솟고 되며 가장자리는 눌러 붙는다. 어릴 때 연한 밤 갈색이다가 오래되면 흑갈색이 된다. 자실층은 길이 1~10㎜의 많은 침상 돌기가 있고 유백색이다가 곧 연한 분홍색-자갈색이 된다. 자루는 길이 3~10㎝, 굵기 10~20㎜, 원주상으로 기부가 가늘어진다. 표면에 작은 암색의 인편이 있고 속은 차 있다. 살은 치밀하고 유백색. 기부 쪽으로는 회녹색. 포자는 7~9×5.5~7.5㎛, 아구형, 거친 결절이 돌출한다.
생태 여름~가을 / 주로 참나무 등의 활엽수림 때로는 침엽수림 지상에 단생 또는 군생한다. 식용이며 드문 종.
분포 한국, 일본, 유럽, 북미

가시갈색깔대기버섯

Hydnellum scrobiculatum (Fr.) Karst.

형태 자실체는 단독 또는 다른 것과 유착한다. 균모는 지름 2~4.5㎝, 중앙이 들어가며, 방사상으로 주름지거나 표면 위는 능선이다. 보통 거칠고, 뾰족한 가시가 있다. 처음에 벨벳, 후에 섬유상, 미세하게 광택이 나고, 백색이다가 분홍색이 되며 중앙은 갈색으로 검다. 상처시 흑색이 된다. 자루는 길이 10~20㎜, 굵기 2~10㎜, 원통형, 가늘거나 또는 기부로 부푼다. 벨벳 또는 매트 같고 주름진다. 색은 균모와 같다. 살은 밀가루 냄새가 난다. 가시(침)는 길이 1~4㎜, 백색에서 자갈색이 된다. 포자는 5.5~7×4.5~5㎛, 류구형-난형, 표면은 거친 결절상, 밝은 갈색이다.
생태 가을 / 침엽수와의 혼효림에 발생한다.
분포 한국, 유럽

주름균강 》 사마귀버섯목 》 능이버섯과 》 갈색깔때기버섯속

나무갈색깔대기버섯

Hydnellum underwoodii (Banker) E. Larss., K.H. Larss. & Koljalg
Sarcodon underwoodii Banker

형태 균모는 폭 3~5.5㎝, 두께 1~2㎜, 낮은 둥근 산 모양이다가 편평해지며 가운데가 배꼽처럼 움푹해진다. 색은 갈색. 비늘 조각이 원심형으로 배열되어 있고 길이 1~2㎜, 중심 부분은 약간 반전되어 있다. 톱니 모양의 요철이 있고 드물게는 위로 뒤집히기도 한다. 가장자리는 안으로 말리며 매우 얇다. 자실층은 길이 1.5×2㎜ 정도의 침이 무수히 돌출되고 끝이 뾰족하다. 처음에는 백색이다가 점차 갈색으로 변한다. 자루는 길이 3.5~4.5㎜, 굵기 1.5㎝, 중심생이며 갈색, 보통 원주형이나 기부 부분이 다소 넓어진다. 포자는 지름 5~7㎛, 구형, 혹 모양의 돌기가 다수 있으며 기름방울을 함유한다.
생태 여름~가을 / 활엽수림의 땅에 난다.
분포 한국, 일본, 유럽, 북미

주름균강 》 사마귀버섯목 》 능이버섯과 》 갈색깔때기버섯속

피즙갈색깔때기버섯

Hydnellum peckii Banker

형태 자실체는 단독 또는 다른 것과 유착한다. 균모는 지름 3~7㎝, 편평한 둥근 산 모양에서 중앙이 들어가며 고르지 않거나 굴곡지며 능선형 또는 중앙에 작은 구멍이 있다. 처음 벨벳, 흔히 적색 물방울로 뒤덮이며, 백색이다가 중앙부터 연한 分노수색 또는 갈색-분홍색이 되고, 바깥쪽은 자색 또는 거의 흑색이 된다. 자루는 길이 5~60㎜, 굵기 5~20㎜, 원통형 또는 기부로 가늘고, 벨벳상. 색은 균모와 같다. 맛과 냄새는 불분명하다. 가시는 1~4.5 ㎜, 포자는 크기 5~5.5x 3.5~4㎛이다.
생태 늦여름~가을 / 침엽수림 땅에 난다. 보통종이 아니다.
분포 한국, 유럽

주름균강 》 사마귀버섯목 》 능이버섯과 》 살팽이버섯속

암갈색살팽이버섯

Phellodon melaleucus (Swartz. ex Fr.) P. Karst.

형태 자실체는 흔히 여러 개가 융합하여 불규칙한 모양이 된다. 균모는 2~5㎝, 둥근형이며 가운데가 오목하고 가장자리는 파상이다. 유백색-크림색이다가 회갈색-암갈색이 되는데 가장자리에 유백색으로 남기도 한다. 방사상으로 주름이 잡히기도 하며 미세한 털이 있다. 살은 균모에서는 1~3㎜ 정도로 얇고 회갈색-암갈색으로 가죽질. 자실층은 침상 돌기가 밀생하고 자루에 대하여 내린 주름살. 침은 1~3㎜, 백색이다가 곧 회색-회갈색을 띤다. 자루는 길이 1~3㎝, 굵기 3~10㎜, 원주상, 표면은 밋밋하고 약간 섬유상이나 털은 없다. 색은 흑갈색. 때로 몇 개의 자루가 함께 생긴다. 포자는 3.5~4.5×3~4㎛, 아구형, 가시 모양으로 돌기가 돌출한다.

생태 일년생 / 숲속의 땅에 발생한다.

분포 한국

주름균강 》 사마귀버섯목 》 능이버섯과 》 살팽이버섯속

솜살팽이버섯

Phellodon tomentosus (L.) Banker

형태 균모는 여러 개가 융합되어 큰 모양을 이루기도 한다. 개별적인 것은 2~6㎝로 소형, 대체로 둥근형이고 가운데가 오목하며 회갈색-적갈색. 가장자리는 유백색. 표면은 미세하게 방사상으로 주름이 있고 미세한 털로 덮여 있으며 암색의 테 무늬가 있다. 살은 얇고 연한 갈색, 가죽질. 자루의 살은 적갈색-흑갈색, 코르크질. 자실층은 침상 돌기가 밀생하고 자루에 내린 주름살형. 어릴 때는 백색이다가 회백색이 된다. 침은 1~3㎜ 정도. 자루는 길이 1~3㎝, 굵기 3~8㎜, 원주상 또는 약간 만곡되고 갈색-암갈색. 표면은 밋밋하고 털이 없다. 때로 여러 자루가 같은 부식토에서 나와 하나의 자실체를 만들기도 한다. 포자는 3.5~4×2.5~3.5㎛, 아구형, 표면에 침상 돌기가 많이 돌출된다.

생태 여름~가을 / 침엽수림, 활엽수림의 지상에 군생한다. 드문 종.

분포 한국, 일본, 유럽, 북미

살팽이버섯

Phellodon niger (Fr.) P. Karst.

형태 균모는 2~5(8)㎝, 대체로 둥근형-난형, 중앙이 오목하며 가장자리는 불규칙한 파상. 표면에 미세한 털과 테 무늬가 있으며 때로는 결절이나 곤추선 인편이 생기기도 한다. 어릴 때는 청흑색, 가장자리가 유백색이나 후에는 흑색이 된다. 살은 흑색이나 약간 갈색. 균모는 얇고 가죽질, 자루와 경계층이 있다. 자루는 코르크질로 단단하다. 자실층은 침상 돌기가 밀생하고 자루에 내린 주름살형, 유백색-청회색이다가 회갈색이 된다. 침은 1~3㎜ 정도. 자루는 길이 2~5㎝, 굵기 10~20㎜, 기부가 다소 굵어지나 아래로 가늘어지고 흑색, 털이 덮여 있다. 포자는 3.5~4.5×2.5~3.5㎛, 아구형-난형, 표면에 미세한 가시가 돌출한다.

생태 여름~가을 / 침엽수림, 활엽수림의 땅에 군생한다. 한 번 발생하면 계속 난다. 드문 종.

분포 한국, 일본, 유럽, 북미

능이버섯(능이)

Sarcodon imbricatus (L.) P. Karst.
Sarcodon asparatus (Berk.) S. Ito

형태 균모는 지름 5~20㎝의 중형-대형. 어릴 때는 얕은 둥근 산 모양이다가 편평해지며 후에는 중앙이 오목해져 깔대기 모양이 된다. 표면에 거칠고 큰 각편 모양의 인편이 밀생한다. 바탕은 붉은색을 띤 갈색-암갈색, 각편은 암갈색-흑갈색으로 진하다. 자실층은 길이 1~10㎜의 많은 침상 돌기가 있고 유백색이다가 곧 자갈색-암갈색이 된다. 자실층은 자루에 대하여 심한 내린 주름살형. 자루는 길이 5~8㎝, 굵기 20~30㎜, 기부 쪽이 가늘어지거나 부풀며 능이버섯과 달리 속이 차 있거나 때로는 비어 있다. 살은 백색, 다소 단단하다. 포자는 6.5~8×5~6㎛, 아구형, 거친 결절이 돌출되며 갈색이다. 어떤 것은 기름방울이 있다.
생태 여름~가을 / 소나무 및 가문비나무 숲속의 지상에 단생 또는 군생한다. 식용이다.
분포 한국, 일본, 중국, 유럽, 북미

능이버섯(향기형)

Sarcodon asparatus (Berk.) S. Ito

형태 자실체는 높이 10~20㎝, 나팔꽃 모양으로 퍼지며 깔대기형이 된다. 균모는 지름 10~20㎝. 균모의 중심은 깊게 파이며 자루 기부까지 달한다. 표면에는 거칠고 큰 각편 모양의 인편이 밀생한다. 어릴 때는 전체가 분홍색을 띤 담갈색, 점차 홍갈색 도는 흑갈색이 된다. 건조하면 거의 흑색. 살은 신선할 때 분홍 백색, 마르면 흑갈색, 두께 3~5㎜의 육질이다. 마르면 여러 해 보관할 수 있고, 향이 강하다. 식용으로 맛이 좋다. 자실층은 길이 1㎝에 이르는 많은 침상 돌기가 있고 회백색이다가 암갈색이 된다. 자실층은 자루에 심한 내린 주름살형. 자루는 길이 3~6㎝, 굵기 1~2㎝, 자실층과 자루는 경계가 불분명하다. 위쪽은 다소 긴 침이 밀생하고 기부 쪽은 민둥하다. 포자는 지름 5~6㎛, 아구형, 표면에 사마귀 반점이 있으며 담갈색이다.

생태 가을 / 활엽수림 지상에 열을 지어 군생한다. 흔한 종.

분포 한국, 일본

비듬능이

Sarcodon squamous (Schaeff.) Quél.

형태 균모는 지름 8~20㎝, 처음은 둥근 산 모양이다가 편평해지며 약간 중앙이 들어간다. 밋밋하다가 매우 미세한 벨벳상이 되며, 균열되어 집중적으로 띠를 만들며, 반전된 검은 인편이 있다. 자루는 길이 3~8㎝, 방추형, 강인하고 불규칙하며 연한 색. 자실층면은 처음 백색, 다음에 검은 자색-갈색, 표면의 가시의 길이는 10㎜ 내외. 자실층은 자루에 내린 주름살형, 빽빽하다. 살은 백색으로 연하며, 맛은 온화하다가 쓰다, 냄새는 좋지 않다. 포자는 6.5~8×5~6㎛, 류구형, 매우 불규칙한 사마귀 반점이 있다. 포자문은 갈색. 담자기는 30~45㎛, 긴 곤봉형, 4-포자성. 균사 조직은 1균사형이다.

생태 가을~초겨울 / 참나무 숲의 모래 땅에 단생, 소집단, 무리지어 발생한다. 때로 균륜을 형성한다.

분포 한국, 영국

주름균강 》 사마귀버섯목 》 능이버섯과 》 능이버섯속

흑록색능이

Sarcodon atroviridis (Morgan) Banker

형태 균모는 지름 2~8㎝, 둥근 산 모양에서 오래되면 볼록렌즈 모양이 된다. 황갈색이다가 엷은 황갈색이 되며 상처 시 검은색, 노쇠하면 전체가 검은색이 된다. 건조 시 녹색빛을 띠고 건조성. 표면은 펠트상, 밋밋하거나 구멍과 능선을 가진다. 가시는 길이 5~15㎜, 회색-담갈색에서 짙은 갈색, 끝은 연하며 부서지기 쉽다. 살은 단단하고 연한 담황색, 냄새는 없고 맛은 쓰다. 자루는 길이 50~80㎜, 굵기 5~10㎜, 담황색이다가 균모처럼 검게 된다. 표면은 밋밋하다. 포자는 6~8.5×6~8.5㎛, 아구형. 포자문은 담황갈색이다.
생태 여름~가을 / 혼효림에 난다.
분포 한국, 북미

주름균강 》 사마귀버섯목 》 사마귀버섯과 》 톱밥버섯속

실톱밥버섯

Odontia fibrosa (Morgan) Banker

형태 균모는 지름 2~8㎝, 둥근 산 모양에서 오래되면 볼록렌즈 모양이 된다. 황갈색이다가 엷은 황갈색이 되며 상처 시 검은색, 노쇠하면 전체가 검은색이 된다. 건조 시 녹색빛을 띠고 건조성. 표면은 펠트상, 밋밋하거나 구멍과 능선을 가진다. 가시는 길이 5~15㎜, 회색-담갈색에서 짙은 갈색, 끝은 연하며 부서지기 쉽다. 살은 단단하고 연한 담황색, 냄새는 없고 맛은 쓰다. 자루는 길이 50~80㎜, 굵기 5~10㎜, 담황색이다가 균모처럼 검게 된다. 표면은 밋밋하다. 포자는 6~8.5×6~8.5㎛, 아구형. 포자문은 담황갈색이다.
생태 여름~가을 / 혼효림에 난다.
분포 한국, 북미

까치버섯

Polyozellus multiplex (Underw.) Murr.

형태 균모는 뿌리 모양으로 생긴 자루가 분지되면서 각 가지의 선단에 혀-부채모양의 균모를 형성한다. 높이 10~20㎝, 직경 10~30㎝이며, 균모는 얇고 파상이다. 표면은 거의 밋밋하고 남회색-남흑색이다. 가장자리의 생장점은 다소 연한 색이다. 살은 얇고 약간 질긴 육질이다. 자실층은 회백색-회청색이고 흰 가루를 칠한 것처럼 보인다. 얕게 방사상으로 달리는 오글쪼글한 주름이 있다. 이 주름은 길게 자루에 내린 주름살 형이 되는 데 균모와 자루의 구분이 불명료하다. 포자는 지름 4~6㎛, 거의 구형, 표면에 가는 사마귀 반점이 덮여 있다.

생태 여름~가을 / 침엽수 또는 활엽수림의 지상에 군생한다. 식용하며 맛이 좋다. 흔한 종.

분포 한국, 일본, 북미

끈적반융단버섯

Pseudotomentella mucidula (P. Karst.) Svrček

형태 자실체는 완전 배착생이며 기질에 느슨하게 부착된다. 두께 0.5㎜의 스폰지-막질 막편을 형성하며 수 센티미터로 퍼져 나간다. 표면은 밋밋하다가 결절상이 되며, 둔하고, 황토색에서 노란색이 되거나 오렌지 갈색이 된다. 가장자리는 백색, 미세하게 부서지고 균사속이 있다. 스폰지상이고 유연하다. 포자는 지름 6~9㎛, 류구형, 표면에 사마귀 반점과 가시가 있다. 약간의 돌출상이며 황갈색이다. 담자기는 가는 곤봉상, 40~60×7~10㎛, 4-포자성. 꺽쇠는 없다.

생태 가을 / 혼효림의 죽은 나무에 배착 발생한다.

분포 한국, 유럽

주먹사마귀버섯

Thelephora aurantiotincta Corner

형태 자실체는 지상에 나지만 보통 풀의 줄기나 작은 나무에 생겨 올라온다. 여러 개의 균모가 부채형 또는 반원형으로 이중, 삼중으로 둘러싸여 퍼진다. 색은 오렌지 황색-오렌지 갈색, 생장하는 가장자리는 백색. 유연한 가죽질을 나타낸다. 자실체는 높이 5~8*cm*, 폭 5~10*cm*, 개별 균모는 폭 2~3*cm*, 두께 1~3*mm*. 위쪽은 방사상의 섬유질 인편이 있고 거칠다. 가장자리는 얇고 톱날모양의 가는 거치가 있다. 하면 자실층은 무수한 젖꼭지 모양 사마귀가 있다. 색은 가장자리가 백색, 중간은 오렌지 황색, 안쪽은 암적갈색. 포자는 6.5~9×6~8*µm*, 담회갈색, 혹 모양, 표면에 사마귀가 돌출한다.

생태 여름~가을 / 모래땅이나 나지에 발생한다.

분포 한국 등 북반구 온대 이북

많은가지사마귀버섯

Thelephora multipartita Schw.

형태 자실체는 가죽질로 자루가 있고 직립하며 나뭇가지 모양, 2~3×1~2㎝, 암갈색. 자루의 상부에서 불규칙하게 가지를 윤생하고 각 가지는 다수의 쪼개진 조각이며, 갈라진 깔때기 모양이다. 각 조각은 편평하고 끝은 손 모양, 백색, 표면에 섬유상의 선이 있다. 자루는 길이 1~2㎝, 굵기 0.1~0.3㎝, 직립하거나 구부러지며 상부에서 분지하고 밤 갈색이며 융털이 있다. 자실층은 아래에 있고 많은 사마귀 반점이 있으며 회갈색-자회색. 살은 재목색. 포자는 크기 7~8×6㎛, 황갈색, 타원형, 알갱이가 있다.

생태 여름~가을 / 숲속 땅에 난다.

분포 한국, 중국, 일본, 북미

주름균강 》 사마귀버섯목 》 사마귀버섯과 》 사마귀버섯속

가시사마귀버섯

Thelephora anthocephala (Bull.) Fr.

형태 자실체는 지름 2㎝ 정도, 높이는 6㎝ 정도까지 이른다. 위쪽의 짧은 분지 부분은 1~2㎝ 정도이며 끝이 2가닥으로 갈라지기도 한다. 몇몇 자실체가 함께 나 직경이 커보일 때도 있다. 밑동에서 올라온 자루가 분지되고 반복 분지하면서 가늘어지며, 끝은 뾰죽한 모양이 된다. 표면은 밋밋하고 회갈색-라일락 색, 가지 끝은 백색. 포자는 7~9.5×5~7.5㎛, 아구형-불규칙한 난형, 표면은 많은 결절과 1.5㎛ 가시 모양이 돌출하며 황갈색, 기름방울을 가진다. 담자기는 50~65×10~12㎛, 가는 곤봉형 2,4-포자성, 기부에 꺽쇠가 있다. 낭상체는 관찰

생태 여름~가을 / 활엽수림이나 침엽수림, 벌채지의 풀나 이끼 사이에 난다. 드문 종.

분포 한국, 중국, 일본, 유럽, 북미

참고 싸리버섯과 비슷한 산호 모양-관목의 가지 모양으로 지상에 부착한다.

주름균강 》 사마귀버섯목 》 사마귀버섯과 》 사마귀버섯속

단풍사마귀버섯

Thelephora palmata (Scop.) Fr.

형태 자실체는 연한 가죽질, 자루가 있으며 직립한다. 균모는 불규칙하게 분지하고 집단화하며 2~7×1~5㎝. 각 조각은 편평하고 끝쪽으로 넓게 손 모양으로 분지를 반복한다. 최선단은 끌 모양, 털이 있고 백색이나 다른 부분은 암자색, 건조하면 밤갈색. 자실층은 끝과 자루를 제외하고 전면에 형성되며 등과 배의 구별이 없다. 자루는 길이 1~1.5㎝, 굵기 0.1~0.2㎝, 하나이거나 분지하며 악취가 난다. 포자는 8~11×7~8㎛, 황갈색, 각진 광타원형, 표면에 뿔 모양 돌기가 있다. 담자기는 70~80×9~11㎛, 원통형-곤봉형, 4-포자성, 기부에 꺽쇠가 있다.

생태 여름~가을 / 땅에 난다

분포 한국, 중국, 일본, 호주, 아시아(시베리아), 유럽, 북미

주름균강 》 사마귀버섯목 》 사마귀버섯과 》 사마귀버섯속

붓털사마귀버섯

Thelephora penicillata (Pers.) Fr.

형태 자실체는 높이 1~2㎝, 지름 2~4㎝, 집단을 이룬다. 단일 개체의 밑동은 기주에 붙어 있고, 상부는 다수의 가지가 분지된다. 각 가지는 높이 1~2㎝, 지름 1㎜ 정도, 가지의 폭은 4~6㎜, 편평하고 선단은 바늘 모양으로 분지되어 붓 끝처럼 된다. 처음에는 유백색-연한 가죽색, 오래되면 갈색-암자갈색, 선단은 유백색-연한 색. 살은 암갈색. 포자는 8~9×6~7㎛, 불규칙한 구형-불규칙한 타원형, 표면에 가시가 있다.
생태 여름~가을 / 숲속의 땅 또는 낙엽에 단생-군생한다.
분포 한국, 중국, 일본, 유럽

주름균강 》 사마귀버섯목 》 사마귀버섯과 》 융단버섯속

회보라융단버섯

Tomentella griseo-violacea Litsch

형태 자실체는 완전 배착생, 기질에 느슨하게 부착하며, 막편의 두께 0.5㎜ 정도로 형성하며 수 십센티미터로 퍼진다. 표면은 밋밋하다가 알갱이가 된다. 색은 회청색이다가 흑갈색이 되며 희미한 보라색이 된다. 가장자리는 분명한 경계가 있다가 없어진다. 유연하고 낙실 혹은 약간 털상이 된다. 분생자형성 균사층은 검은 갈색. 포자는 6~8×5.5~7㎛, 아구형, 엽편 모양, 표면에 거친 사마귀 반점과 가시가 있으며, 밝은 갈색이다. 담자기는 40~55×8~10㎛, 가는 곤봉형, 4-포자성, 기부에 꺽쇠가 있다.
생태 여름~가을 / 죽은 침엽수, 나무의 옆면 등에 배착 발생한다.
분포 한국, 아시아, 북미

이끼융단버섯

Tomentella bryophila (Pers.) Larsen
T. pallidofulva (Peck) Litsch.

형태 자실체 전체가 배착생. 자실체는 수 센티미터로 퍼지며, 면모상, 막질을 형성하면서 얇게 퍼진다. 기질에 느슨하게 붙어 있다. 표면은 어릴 때 회색-약간 자갈색, 후에 황색끼를 띤 녹슨 갈색이 된다. 표면은 밋밋하고 분상이다. 하면의 기질층은 회색-암색으로 표면의 자실층보다 진하다. 가장자리는 얇게 퍼진다. 포자는 지름 8~10㎛, 아구형, 갈색, 표면에 뾰족한 침이 많다.
생태 여름~가을 / 주로 활엽수, 때로는 침엽수의 썩은 목재 하면 쪽으로 난다.
분포 한국

귀털융단버섯

Tomentella crinalis (Fr.) M.J. Larsen

형태 자실체는 완전 배착생으로 쉽게 기질로부터 분리된다. 자실체는 기질에 얇게 형성되며, 털의 막편은 수~수십 센티미터로 퍼진다. 표면은 분명히 둔한 사마귀 반점이 있고, 치아형이며 높이 1(2)㎜, 녹슨 갈색-검은 갈색. 가장자리는 분명한 경계가 있다. 띠 같은 필라멘트처럼 자라고, 균사속을 형성한다. 펠트상이며 솜털상이다. 포자는 9~10×8~9㎛, 아구형, 표면에 거친 사마귀 반점이 있거나 약간 톱니꼴, 사마귀 점은 때로 2개의 결절되며 갈색이다. 담자기는 곤봉형, 40~50×7~10㎛, 4-포자성, 기부에 꺽쇠가 있다.

생태 가을~봄 / 침엽수와 단단한 나무의 썩은 고목에 발생한다. 드문 종.

분포 한국, 유럽, 북미, 아시아

가시가루융단버섯

Tomentellopsis echinospora (Ellis) Hjortst.

형태 자실체는 완전 배착생, 쉽게 기질로부터 분리된다. 불규칙한 막편이 수 센티미터로 퍼져 나간다. 표면은 밀집한 아치형 분상이다가 미세한 털상이 되며, 황백색이다가 연한 황노란색이 된다. 필라멘트상, 얇고 가장자리 테는 얇고 아치 모양이다. 포자는 지름 5~6㎛, 구형-아구형, 표면에 미세한 점상의 가시가 있다. 담자기는 20~35×7~9㎛, 4-포자성, 기부에 꺽쇠는 없다.
생태 겨울 / 죽은 침엽수와 활엽수의 옆면에 발생한다.
분포 한국, 유럽

주름균강 》 미세고약버섯목 》 미세고약버섯과 》 짧은털버섯속

갈색짧은털버섯

Brevicellicium olivascens (Bres.) Lars. & Hjortst.

형태 자실체는 전체가 배착생, 얇고 밀납질-각질 모양 막편을 형성하며 기질에 단단히 붙어 있다. 수 센티미터 크기로 퍼지며 표면은 극히 미세한 사마귀가 전면에 분포되어 있다. 가장자리는 다소 밋밋하며 털 모양, 백색-크림색 또는 녹색빛을 띤 황토색이다. 밀납질로 연하다. 포자는 3.8~5.3×3~4.3㎛, 아구형-난형, 표면이 매끈하고 투명하며 뚜렷한 꼭지가 있다. 기름방울을 함유한다.
생태 연중 / 활엽수 또는 침엽수의 목재 표면에 난다.
분포 한국, 유럽

주름균강 》 미세고약버섯목 》 미세고약버섯과 》 방석고약버섯속

흰방석고약버섯

Sistotremastrum niveocremeum (Höhn. & Litsch.) J. Erikss.

형태 자실체는 배착생, 편평하며, 자실층탁은 구멍이 되고, 백색이다. 가장자리는 분화되지 않는다. 균사 조직은 1균사형으로 꺽쇠가 있으며 폭은 2~3㎛, 벽은 얇고 약간 두꺼우며 투명하다. 낭상체는 없다. 담자포자는 6~9×3~4㎛, 좁은 타원형-류원통형 또는 류아몬드형, 표면이 매끈하고 투명하며 포자벽은 얇다. 담자기는 관 모양으로 응축되며 15~25×4~6㎛, 보통 (4)6-포자성으로 기부에 꺽쇠가 있다.
생태 일년생 / 활엽수와 침엽수의 죽은 고목에 배착 발생한다.
분포 한국, 유럽

긴돌기가루버섯

Subulicystidium longisporum (Pat.) Parmasto

형태 자실체는 완전 배착생. 기질에 느슨하게 부착하며 얇게 형성된다. 막질의 막편이 수 센티미터로 퍼져 나간다. 표면은 밋밋하고 둔하며, 아치형의 가루상, 백색-회색. 가장자리는 얇고 균사속은 없으며 부드럽다. 포자는 10~11×1.8~2.2㎛, 좁은 원통형-방추형, 표면이 매끈하고 투명하다. 담자기는 항아리형 비슷하며 12~14×4.5~6㎛, 4-포자성. 기부에 꺽쇠가 있다.
생태 가을 / 침엽수의 죽은 껍질, 단단한 나무 위에 배착 발생한다. 드문 종.
분포 한국, 유럽, 아시아, 북미

융합미세고약버섯

Trechispora cohaerens (Schwein.) Jülich & Stalpers

형태 자실체는 완전 배착생. 기질에 단단히 얇게 부착하며, 털-막질의 막편이 두께 0.3㎜, 수 센티미터로 퍼진다. 표면은 처음 밋밋하다가 약간 고르지 않게되며 결절-사마귀 반점이 된다. 색은 백색-크림색. 가장자리는 털-솜털상, 유연하고 부분적으로 균사속을 이룬다. 포자는 3~5×2.2~4㎛, 아구형-물방울 모양, 표면이 매끈하고 투명하며 끝이 돌출한다. 담자기는 원통-곤봉형, 8~18×4~5㎛, 4-포자성, 어떤 것은 기부에 꺽쇠가 있다.
생태 여름~가을 / 활엽수의 죽은 나무, 쓰러진 침엽수에 배착 발생한다. 드문 종.
분포 한국, 유럽, 아시아, 북미

연질미세고약버섯

Trechispora mollusca (Pers.) Liberta

형태 자실체 전체가 배착생. 기질에 느슨하게 부착된다. 자실층은 1~4개/㎜의 미세한 구멍을 형성하면서 수 센티미터로 퍼져 나간다. 어릴 때는 백색이다가 이후 황토색을 띤다. 가장자리는 끈 모양의 균사속이 퍼져 나가며 유연하고 연약하다. 포자는 4~5×3~4㎛, 광타원형. 표면은 매끈하고 투명하다. 가시가 덮여 있고 기름방울을 함유한다.
생태 연중 / 썩은 활엽수나 침엽수의 목재 아래에 나며 낙엽층에도 퍼진다.
분포 한국, 일본, 유럽, 북미

산호아교뿔버섯

Calocera coralloides Kobay.

형태 자실체는 3~5×3~6㎜ 정도의 극소형. 활엽수의 고목에 산호 모양으로 부착한다. 밑동에서 조밀하게 2~3회 분지된다. 분지된 가지의 아래쪽은 원통형 또는 약간 눌린 모양, 지름 0.5~1.2㎜, 상단 끝 부분은 가늘고 뾰족하다. 털이 없고 황색이다. 건조하면 적황색-계피색을 띤다. 포자는 7.5~10×3.5~4.2㎛, 장난형, 굴곡되고 무색이다.

생태 여름~가을 / 죽은 활엽수나 가지에 난다.

분포 한국, 일본

황소아교뿔버섯

Calocera cornea (Batsch) Fr.

형태 자실체는 높이 4~10㎜, 밑동 1㎜ 정도의 극소형. 긴 원추형 또는 선단이 뾰족한 긴 원주형이고 드물게 끝이 휘거나 선단이 분지되기도 한다. 단단한 젤라틴질로 어릴 때는 진한 황색이나 나중에는 오렌지 황색이 된다. 살은 백색. 포자는 7~10×2.5~4㎛, 원주상의 타원형-약간 소시지형, 표면이 매끈하고 투명하며 1개의 격막이 있고 기름방울을 함유한다.

생태 여름~가을 / 활엽수 때로는 침엽수의 부후목에 단생-군생한다. 재목의 표면이 흑색이 된다.

분포 한국 등 거의 전 세계

달팽이아교뿔버섯

Calocera crorniformis Kobay.

형태 자실체는 밑동의 폭 0.7~1.2㎜, 길이 4~8㎜ 정도의 극소형. 기부에는 열 개 정도의 가지가 결합되어 있다. 자실체는 연골질, 원통형으로 상하 폭이 같으며 드물게 눌린 모양도 있다. 선단은 대체로 둔하다. 처음에는 황색이다가 이후 오렌지 황색이 된다. 포자는 크기 10~13.5×5~6㎛, 난형-소시지형. 표면이 매끈하고 투명하며 3개 정도의 격막이 있다.
생태 여름 / 썩은 침엽수 목재에 발생한다.
분포 한국, 일본

곤봉아교뿔버섯

Calocera glossoides (Pers.) Fr.
Dacryomitra glossoides (Pers.) Bref.

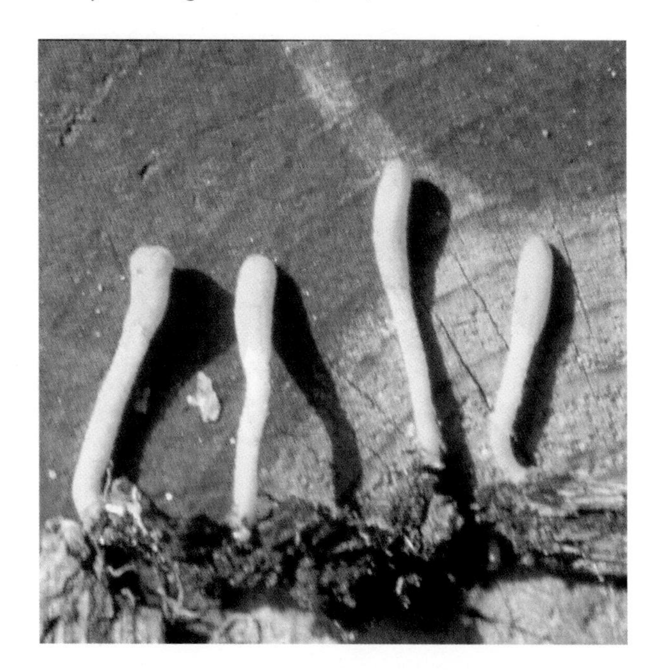

형태 자실체는 굵기 1~2㎜, 높이 3~10㎜ 정도의 극소형. 모양은 원추형-곤봉형, 흔히 눌려 있다. 색은 황색이다가 오래되면 흑갈색이 된다. 살은 황색, 연골질이며 단단하다. 포자는 크기 12~14(17)×3~5㎛, 좁은 타원형-원주형 또는 소시지형이다.

생태 가을~초가을 / 썩은 침엽수 목재에 발생한다. 흔히 여러 개가 함께 붙어서 군생한다.

분포 한국, 유럽

아교뿔버섯

Calocera viscosa (Pers.) Fr.

형태 자실체는 일반적으로 밑동에서 가지가 많이 분지되지 않은 싸리버섯 모양. 젤라틴질을 가진 연골질이다. 건조하면 각질이 되고 단단해진다. 전체가 선명한 오렌지 황색-오렌지 색 또는 진한 황색을 띠며, 높이 3~5㎝ 정도. 밑동은 원통형이나 압착된 원통형. 가지는 선단을 향해서 2차 분지가 계속된다. 살은 백색. 포자는 크기 7~10×3.5~4.5㎛, 타원형-약간 소시지형이다. 표면은 매끈하고 투명하며 기름방울을 함유한다.
생태 여름~가을 / 침엽수의 고목 또는 낙엽 위에 단생-속생한다.
분포 한국, 유럽

머리붉은목이

Dacrymyces capitatus Schw.

형태 자실체는 납작한 접시 모양, 지름 0.5~1㎜ 정도의 극소형. 극히 짧은 자루에 의해서 목재의 기물에 견고하게 부착된다. 연한 회황색이고 다소 투명하며 표면은 밋밋하다. 연골질-젤라틴질이며 연약하고, 때로 표면에 미분상의 백색 물질이 보이기도 한다. 포자는 크기 (8)10~13×4~4.5㎛, 타원상의 원주형, 약간 굽어 있다. 표면이 매끈하고 투명하며 3개의 격막이 있다.

생태 여름~가을 / 활엽수 때로는 일부 침엽수 부후목의 표면에 군생한다. 드문 종.

분포 한국, 유럽, 전 세계

손바닥붉은목이

Dacrymyces chrysospermus Berk. & Curt.
D. palmatus Bres.

형태 자실체는 뇌 모양이고 후에 얕게 찢어져서 열편이 되기도 한다. 지름 1~6㎝의 소형으로 오렌지 황색, 약간 투명한 느낌이 든다. 연골질이며 젤라틴질로 연약하다. 포자는 크기 16~20×5.5~7㎛이고 소시지형, 1~7개의 격막이 있다.
생태 봄~가을 / 죽은 침엽수 줄기 부분에 단생 또는 군생한다.
분포 한국, 일본 등 전 세계

붉은목이

Dacrymyces stillatus Nees

형태 자실체는 지름 1~5(15)㎜ 정도의 극소형. 작은 둥근 방석이나 돋보기 또는 빵 모양 등이며 자라면서 여러 개가 엉겨붙어서 울퉁불퉁한 덩어리 모양이 되기도 한다. 연한 황색-오렌지 황색 드물게 거의 황색인 것도 있다. 오래되어 건조하면 진한 오렌지 황색이나 붉은빛을 띠기도 한다. 표면은 밋밋하고 신선한 것은 젤라틴질이며 다소 탄력성이 있고 투명한 느낌이 든다. 포자는 지름 5~6㎛, 타원상의 원주형. 표면은 밋밋하고 약간 굽어 있으며 막이 두껍다. 3개의 격막이 있다.

생태 봄~가을 / 주로 껍질이 없는 부후목의 표면, 때로는 껍질 위에도 난다. 썩은 건축재 등에도 난다.

분포 한국, 일본, 전 세계

붉은목이강 》 붉은목이목 》 붉은목이과 》 붉은목이속

다형포자붉은목이

Dacrymyces variisporus McNabb

형태 자실체는 지름 2~5㎜의 극소형. 어릴 때는 작은 둥근 방석이나 돋보기 모양, 나중에는 편평하거나 약간 중앙이 들어간 접시 모양이 되기도 한다. 표면은 밋밋하거나 약간 주름진 모양. 자루가 없이 목재 기물에 직접 붙으며 습할 때는 황색-오렌지 황색이나 건조하면 오렌지 적색. 신선할 때는 젤라틴질이어서 탄력이 있다. 오래되면 여러 개체가 들러붙어서 진득진득한 덩어리 모양이 되기도 한다. 포자는 15~19(27)×4.5~7㎛, 타원상의 원주형, 표면이 매끈하고 투명하며 일부는 약간 휘어 있다.
생태 봄~가을 / 침엽수의 죽은 줄기 부분에 단생-군생한다.
분포 한국, 일본 및 전 세계

붉은목이강 》 붉은목이목 》 붉은목이과 》 초롱버섯속

산초롱버섯

Guepiniopsis alpina (Earle) Brasf.
Guepinia alpina Earle

형태 자실체는 끈적임이 있으며 높이 5~10㎜, 지름 3~15㎜. 종, 팽이, 컵, 방석 모양 등이며 좁은 기부로 기질에 부착하며 직립 또는 매달리는 형이다. 표면의 위는 임성, 밋밋하거나 약간 건조성이며, 광택이 난다. 색은 황금 노란색. 표면의 아래는 불임성, 밋밋 또는 주름지고 매끈하거나 가루상 또는 솜털상이다. 살은 붉은색, 끈적임이 있으며, 냄새와 맛은 불분명하다. 표면은 노란색. 건조 시 단단하고 적오렌지 색. 포자는 15~17×4.5~6㎛, 소시지 모양, 표면이 매끈하고 투명하다. 어릴 때는 격막이 없고 성숙하면 3~4개의 격막이 있다. 포자문은 백색. 담자기는 Y자 모양이다.
생태 여름 / 썩은 침엽수 고목 등에 산생-군생한다. 보통종.
분포 한국, 북미

금강초롱버섯

Guepiniopsis buccina (Pers.) Fr.

형태 자실체는 지름 0.5~1㎝, 높이 1㎝. 컵 모양이며 편평하거나 한쪽으로 치우친 또는 받침 없는 술잔 모양이다. 때때로 기질로부터 직접 나오며, 보통 짧은 자루가 있다. 표면은 밋밋하고 노란색-오렌지색. 자루에는 긴 줄의 고랑이 있다. 살은 점질성이나 단단하다. 냄새와 맛은 없다. 포자는 11~16×4~6㎛, 원통형-아몬드형, 표면이 매끈하며, 1~3개의 격막이 잇다. 담자기는 쇠스랑 비슷하다.

생태 봄~여름 / 활엽수의 죽은 가지에 군생한다.

분포 한국, 유럽

주황혀버섯

Dacryopinax spathularia (Schw.) G.W. Martin
Guepinia spathularia (Schw.) Fr.

형태 자실체는 높이 1~1.5㎝로 머리 부분과 자루로 이루어져 있다. 머리는 아교질의 주걱 또는 부채 모양, 자루는 납작하다. 자실체 전체가 오렌지 황색, 건조하면 한쪽은 백색이 된다. 자실층은 오렌지 황색면에 발달한다. 포자는 7~10.5×3.5~4㎛, 난형-소세지형, 한쪽 끝이 돌출하고, 표면이 매끈하고 투명하며, 황색이다. 포자가 싹트기 전에 1개의 격막을 만든다. 담자기는 포크형 또는 Y자형이고 2개의 가지 끝에 난형-소시지형의 포자가 붙는다.
생태 연중 / 침엽수 고목의 갈라진 틈새에 일렬로 무리를 지어 나거나 쓰러진 고목, 나무계단, 평상 등의 벌어진 틈새에도 난다. 목재를 분해하여 자연으로 환원시키는 역할을 한다.
분포 한국, 일본 중국 등 전 세계 난대 및 열대 지방

노랑주발목이

Ditiola peziziformis (Lév.) Reid
Femsjonia peziziformis (Lév.) Karst.

형태 자실체는 지름 5~10㎜의 극소형. 종, 원통, 팽이 또는 컵 모양 등 다양하며 폭과 높이가 비슷하다. 자실층의 표면은 밝은 난황색, 일반적으로 약간 오목하거나 편평하지만 때로는 약간 볼록한 것도 있다. 표면은 밋밋하지만 약간 주름질 때도 있다. 가장자리는 고르거나 약간 굴곡지기도 한다. 바깥면(측면)은 자실층 면을 감싸고 있으며 유백색, 미세한 털이 있다. 신선할 때는 제라틴질, 연하다. 자루는 없고 기물에 직접 붙기도 하며 간혹 밑쪽으로 좁아져 짧은 자루 모양으로 보이기도 한다. 포자는 22~25×8~9㎛, 원주형-타원형, 약간 소시지형, 표면이 매끈하고 투명하며 알갱이가 많다.

생태 여름~가을 / 전나무 등 여러 활엽수의 위쪽 수피를 뚫고 나와 군생-속생한다. 드문 종.

분포 한국, 일본, 유럽

붉은목이강 》 붉은목이목 》 흰점질버섯과 》 점질버섯속

투명점질버섯

Myxarium nucleatum Waller
Exidia nucleata (Schwein.) Burt

형태 자실체는 작고 둥근 방석 모양이며 지름 1~4㎜, 서로 결합하여 큰 덩어리는 지름 4㎝가 되는 것도 있다. 개개의 자실체는 백색이며 투명하고, 때때로 분홍색 또는 보라색을 띤다. 칼슘 옥살레이트의 작은 크리스탈이 있다. 살은 유연하고 점성이 있으며 냄새는 없다. 포자는 크기 10~18×4~6㎛로 원통형-아몬드형, 표면이 매끈하고 투명하다. 담자기는 수지상의 격막이 있으며 4-포자성이다.
생태 봄~여름 / 쓰러진 나무에 발생한다.
분포 한국, 유럽

흰목이강 》 흰목이목 》 산호목이과 》 산호목이속

산호목이

Holtermannia corniformis Kobaysi

형태 자실체는 높이 0.5~1.5㎝, 밑동 폭 1.5~2㎜의 극소형. 처음에는 구형이다가 나중에 각진형, 원통형-원주형이 되며 선단은 뾰족하다. 약간 눌려져 있고 속은 차 있다. 거의 분지되지 않으나 간혹 2분지 되는 것도 있다. 표면에 자실층이 형성된다. 표면은 밋밋, 불투명하며, 처음에는 암자색이나 이후 끝부분은 백색이 되고 숙성된 후에는 적황색이 된다. 포자는 크기 5~6.5×3.3~3.6㎛, 타원형, 표면이 매끈하고 투명하며 무색이다.
생태 여름~가을 / 활엽수의 낙지에 군생한다.
분포 한국, 일본

큰담자목이

Sirobasidium magnum Boedijn

형태 자실체는 교질상, 작은 개체들이 집합한다. 표면은 많은 굴곡진 주름살 형태이며 큰 개체는 분명한 꽃 모양으로 길이 1~8cm, 폭 1~6cm, 높이 1~3.5cm 정도다. 선명한 황색, 종려나무 갈색 혹은 적갈색이다가 이후에 종려나무 흑색이 된다. 균사들이 연쇄적으로 연합하며 두께 50~70μm. 아래의 담자기는 구형 내지 혹은 방추형. 4~8개가 착생하며 기단은 연쇄 연합한다. 담자기는 격막으로 나뉘며 횡으로 나뉜 것은 드물다. 나뉜 것은 2~4, 보통 2개 세포. 세포는 황갈색, 11~27.5×29.7×6.3~11.5(12.2)μm. 상단 담자기는 방추형, 쉽게 탈락하며 10~25(28)×4~8μm. 담자포자는 6~9.5×6~9μm, 구형-류구형, 무색, 표면에 작은 가시가 있다.

생태 여름~가을 / 활엽수림의 고목 또는 쓰러진 고목, 입목 등에 군생한다.

분포 한국, 유럽

붉은흰목이

Naematelia aurantialba (Bandoni et Zang) Millanes & Wedin
Tremella aurantialba Bandoni et Zang

형태 자실체는 길이 8~15㎝, 폭 7~11㎝, 뇌 모양 또는 판열상으로 기부는 나무에 착생한다. 싱싱할 때 황금색 혹은 오렌지 황색, 단단하지만 물에 담구면 원래대로 복구된다. 균사는 연쇄상으로 결합한다. 담자기는 4-포자성, 구형 또는 난원형. 포자는 3~5×2~3㎛, 류구형 또는 타원형이다. 분생 포자낭은 거의 병 모양이고 3~5×2~3㎛, 구형 또는 타원형이다.
생태 여름~가을 / 고산의 활엽수 고목 또는 썩은 고목에 난다. 꽃구름버섯(Stereum hirstum) 등에 기생 또는 공생한다.
분포 한국, 중국

꽃검은흰목이

Phaeotremella foliacea (Pers.) Wedin, J.C. Zmora & Millanes
Tremella foliacea Pers.

형태 자실체는 지름 10cm, 높이 5cm 정도에 이르며 우그러진 꽃잎 모양의 열편이 중첩하여 꽃잎 덩어리 모양을 이룬다. 표면은 밋밋하고 연한 갈색-연한 살색을 띤 갈색 또는 적갈색 등이다. 신선할 때는 젤라틴질이며 다소 투명한 느낌이고 건조하면 딱딱한 연골질 박편 덩어리처럼 된다. 가장자리는 갈라지고 물결 모양이다. 포자는 9~11×6~8㎛로 난형-난상의 구형, 뾰족한 돌기가 있고 표면이 매끈하고 투명하다. 담자기는 13~16×10~13㎛, 구형-난형, 세로 격막이 있다.
생태 초여름~가을 / 활엽수 줄기의 썩은 부위에 흔히 난다.
분포 한국, 중국, 일본 등 전 세계

미역검은흰목이

Phaeotremella fimbriata (Pers.) Spirin & Malysheva
Tremella fimbriata Pers.

형태 자실체는 꽃잎 모양의 열편이 중첩해 나서 꽃잎 덩어리 모양을 이룬다. 미역 모양을 연상시킨다. 신선할 때는 흑갈색-흑적색, 건조하면 검은색, 연골질의 덩어리 모양으로 응축된다. 지름 6㎝, 높이 4㎝ 정도. 포자는 10.5~12.5×7~9㎛, 난형-구형, 표면이 매끈하고 투명하며 암색이다. 꽃잎 모양으로 갈라진 조각은 흰목이보다 크다.

생태 여름~가을 / 활엽수 줄기의 썩은 부위에 난다.

분포 한국, 일본, 유럽, 북미, 호주

노란흰목이

Tremella aurantia Schwein.

형태 자실체는 지름 2~10㎝의 것이 뭉쳐지고, 뭉툭한 가장자리가 한쪽으로 겹쳐진다. 표면은 노란색, 오렌지 노란색이며, 습할 시 광택이 나고 그렇지 않으면 둔하다. 건조 시 빳빳하며 단단하고, 비가 온 후에는 다시 생생해진다. 살은 부드럽고 끈적임이 있다. 냄새와 맛은 불분명하다. 포자는 6~9.5×6~7.5㎛, 아구형-난형, 표면이 매끈하고 투명하다. 담자기는 전형적으로 특징적인 격막이 있으며 자루가 있고, 2, 4-포자성이다. 분생자는 크기 2~4x1.5~3㎛이다.
생태 여름/ 꽃구름버섯(Stereum hirstum) 속의 버섯에 기생한다. 자실체는 활엽수의 죽은 가지에 발생한다. 흔한 종.
분포 한국, 유럽

흰목이강 》 흰목이목 》 흰목이과 》 흰목이속

점흰목이

Tremella coalescens L. S. Olive

형태 자실체는 처음에 주머니 모양으로 발생하고 인접한 것들끼리 융합을 반복하며 얇게 펴져서 부정형 덩어리가 된다. 단단한 젤라틴질이며 흑갈색-적갈색, 표면 위쪽은 융합의 흔적인 주름이 있고 밋밋하며, 그 전면에 자실층이 생긴다. 아래쪽은 밋밋하며 기물에 압착되어 붙는다. 불임성 자실체는 (습할 시) 지름 4㎝ 이상, 높이 1~5㎜ 정도까지 발달하지만, 건조하면 흑색, 연골질의 박막상이 된다. 자실층 하부에는 균사를 만드는 망상의 내부 구조가 있다. 담자포자는 8.5~12×7.5~10.5㎛, 구형-아구형, 반복 발아하거나 효묘상 출아를 한다. 담자기는 자실층의 임성균사에 깊이 매몰되며 아구형-난형, 16.5~24.5×14~23㎛, 성숙 후 격벽이 세로로 2~4개의 방으로 나누어진다.
생태 봄~가을 / 활엽수의 고목에 발생한다.
분포 한국, 일본, 북미

결절흰목이

Tremella encephala Pers.

형태 습하고 신선할 때 자실체는 불규칙하게 반구형-방석형, 압착되어 편평하게 기질에 부착한다. 자실층의 위쪽 표면은 결절-물결형, 고랑이 있고 다소 뇌처럼 주름이 있다. 백색, 노란색, 황토색 또는 연한 핑크-갈색이지만 때때로 우유빛을 띠며, 둔하다가 광택이 있다. 가장자리에 분명한 경계가 있다. 단면도는 기부의 중앙에 단단한 백색 중심이 있고 그것을 점질 물질이 둘러싸고 있다. 포자는 9~11×7.5~9㎛, 구형-짧은 타원형, 표면이 매끈하고 투명하다. 때로 기름방울 함유하며 한쪽 끝이 돌출한다. 담자기는 13~20×13~18㎛, 아구형, 세로로 긴 격막과 2개의 긴 담자기가 있다.

생태 봄 / 고목에 자실체가 집합하여 발생한다.

분포 한국, 유럽

흰목이

Tremella fuciformis Berk.

형태 자실체는 순백색, 지름 3~8㎝, 높이 2~5㎝, 반투명한 젤리질이며 닭볏 모양 또는 구불구불한 꽃잎 집단과 같다. 건조하면 오므라들고 단단해진다. 자실층은 표면에 발달하며 담자기는 난상의 구형으로 지름 10~13㎛, 세로의 칸막이에 의해 4실로 갈라진다. 포자는 크기 6~8×5~6㎛로 거의 난형이다.
생태 여름~가을 / 활엽수의 말라 죽은 가지에 난다. 중국에서는 요리에 쓰인다.
분포 한국, 중국, 일본, 대만, 열대 지방

흰목이강 》 흰목이목 》 흰목이과 》 흰목이속

황금흰목이

Tremella mesenterica Retz.
Tremella lutescens Pers.

형태 자실체는 지름 2~6㎝, 높이 2~4㎝ 정도이며 때로는 그보다 큰 것도 있다. 건조하면 수축되고 연골질이며 다소 두꺼운 잎 모양이 여러 개 중첩되어 뇌의 모양을 연상시키는 덩어리 모양을 이룬다. 젤라틴질이며 황백색-황색, 때로는 오렌지색. 표면은 밋밋하고 약간 투명하다. 포자는 10~16×7~8㎛로 난형, 표면이 매끈하고 투명하며 뾰족한 돌기가 있다. 담자기는 20~25×12~17㎛, 난형-곤봉형, 세로의 긴 격막이 있으며 4-포자성이다.
생태 봄~가을 / 참나무 등 활엽수의 죽은 가지에 난다.
분포 한국, 중국, 일본, 전 세계

흰목이강 》 흰목이목 》 흰목이과 》 흰목이속

황금흰목이(황색형)

Tremella lutescens Pers.

형태 자실체는 높이 5~8㎜, 지름 3~8㎜, 깊이 3~4㎜, 두꺼운 뇌 모양으로 굴곡지며 서양 술잔 모양. 표면에는 줄무늬가 있고 연골질이다. 넓게 펴지며 오렌지색 또는 황색, 안쪽은 자실층으로 덮여 있다. 무모이며 가장자리는 얇고 물결상, 대부분 찢어진다. 자루는 원통형, 길이 2~4㎜, 굵기1~1.5㎜, 표면에 줄무늬가 있고 무모이며 적색이다. 포자는 11.2~13×4.2~5㎛. 타원형으로 3개의 격막이 있다. 담자기는 크기 12~23×8~18㎛이다.
생태 여름 / 자실체는 군생 또는 총생한다.
분포 한국, 일본

흰목이강 》 흰목이목 》 흰목이과 》 흰목이속

방울흰목이

Tremella globispora Reid

형태 자실체는 지름 2~5㎜, 신선하며 습기가 있을 때 반구형-볼록한 모양. 핵균강의 자실체에 의해 나무껍질 속에 만들어진 주둥이부터 점찍은 것처럼 붙는다. 표면은 큰 사마귀 또는 물결 모양의 자실층이 있다. 표면은 매끄럽고 광택이 나며, 백색에서 젖색을 거쳐 연한 갈색이 되나 때로는 녹색이 되기도 한다. 살은 아교질로 연하고 오래되면 곁에 있는 균체들이 엉겨 붙기도 한다. 신선할 때는 젤라틴질로 부드러우며 건조하면 균체 일부가 기질에 눌러 붙기도 한다. 건조하면 잘 볼 수 없다. 포자는 6~7.5×5~7㎛, 아구형-광난형, 표면이 매끄럽고 투명하며 뾰족한 돌기가 있다. 담자기는 12~16×11~13㎛, 아구형, 세로의 긴 격막이 있다. 균사에 꺽쇠가 있다. 아미로이드 반응을 보인다.
생태 연중 / 핵균강의 죽은 자실체와 참나무, 밤나무 가지에 난다.
분포 한국, 중국, 유럽, 북미

방석흰목이

Tremella pulvinalis Kobay.

형태 자실체는 지름 2~3㎝ 정도의 소형. 전체가 유백색-백색이고 덩어리 모양으로 나며 표면에 많은 요철과 주름이 잡혀 있어서 뇌 모양을 연상시킨다. 절단하면 살이 투명하게 보인다. 포자는 크기 7~10×4~6㎛, 타원형-난형, 표면이 매끈하고 투명하다.
생태 초여름~가을 / 참나무 등의 활엽수의 죽은 가지에 난다.
분포 한국, 유럽

원시흰목이

Tremella simplex Jckson & Martin

형태 자실체는 지름 1~5㎝, 매듭이나 렌즈 모양이며 서로 유착되어 크게 퍼져 나간다. 색은 백색, 황토색 또는 황갈색이다. 자실층의 표면 위쪽은 밋밋하다가 약간 결절형, 숙주의 자실층에 단단하게 부착한다. 왁스처럼 미끄럽고 유연하며 끈적임이 있고 용해되기도 한다. 오래되면 점질층이 된다. 담자포자는 지름 5~7㎛, 구형-아구형, 표면이 매끈하고 투명하다. 분명한 돌출이 없다. 분생자 포자는 아구형, 표면이 매끈하고 투명하며 지름 3~4㎛, 균사 부분은 분생자 응축이 된다. 담자기는 10~12×8~12㎛, 2-포자성이며 아구형-곤봉형이다.
생태 연중 / 나뭇가지, 나무껍질, 땅에 넘어진 나무에 발생한다. 단생하거나 여러 개가 발생한다.
분포 한국, 유럽, 아시아, 북미

뇌흰목이

Tremella steidleri (Bres.) Bourdot & Galzin

형태 자실체는 크기 1~5㎝, 처음에는 다소 울퉁불퉁한 덩어리였다가 불규칙한 덩어리 모양, 뇌 모양이 된다. 살은 연한 갈색이며 단단하고 점질성이다. 포자는 7~7.5×5.5~6㎛, 타원형, 표면이 매끈하고 투명하다. 난아미로이드 반응을 보인다. 담자기는 류구형-타원형, 20~30㎛, 2, 4-포자성이며 세로로 긴 격막이 있다. 포자문은 백색이다.
생태 가을 / 참나무 등 활엽수의 썩은 나무에 많이 나고, 꽃구름버섯(Stereum hirstum)의 자실체에 기생한다. 단생 혹은 소집단 발생한다. 매우 드문 종.
분포 한국, 유럽

일본흑구멍버섯

Pseudotulostoma japonicum
Battarrea japonica (Kawam. ex Otani) I. Asai, H. Sato & Nara

형태 유균은 지중생, 오백색-오황갈색으로 가는 털이 있다. 긴 지름 3~4㎝, 짧은 지름 2~2.5㎝, 성숙하면 벌어진다. 자루가 신장하여 긴 혹은 곤봉 모양 두부를 가지며, 높이는 5~12㎝ 정도. 두부와 자루는 경계가 불분명하며, 두부는 지름 1~3㎝, 결국 가는 자루가 된다. 색은 쥐색-회갈색, 또는 녹청색이나 황백색. 두부의 상반부 각피는 불규칙한 파편이 되어 떨어진다. 솜털상의 청색빛을 띠는 회색 포자 덩어리가 노출된다. 자루는 원통형, 섬유상의 종선이 있다. 목질로 꺽이지 않고 속은 차 있으며 기부에 황갈색 주머니가 있다. 포자는 지름 8~9(10)㎛, 구형, 3층의 막이 있고 청색이다. 표면에 작은 가시 또는 사마귀 돌기가 있다. 담자기는 원통형이다.

생태 가을 / 활엽수 아래 땅에 단생-군생한다.

분포 한국, 일본

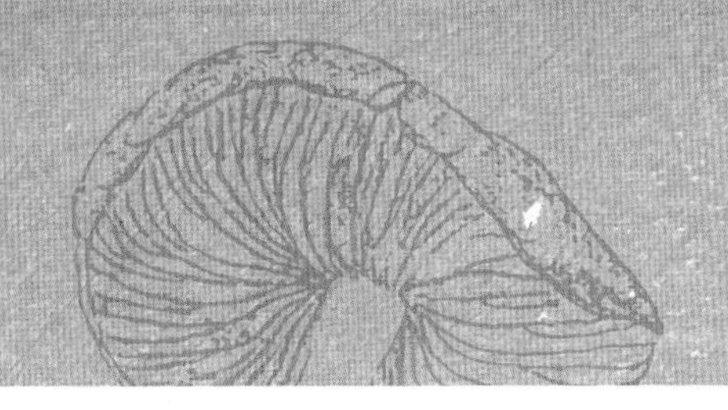

강, 목, 과 미상 종

자주국수버섯

Alloclavaria purpurea (O.F. Müll) Dent. & McL.
Clavaria purpurea O.F. Müll

형태 자실체는 높이 3~12㎝, 폭 1.5~5㎜, 원통형으로 가늘고 길며 밑동과 끝이 가늘어져 방추형이다. 흔히 다발 모양, 전체가 연한 보라색, 회자색, 자갈색 등이며 퇴색하면 연한 난황색-탁한 분홍색이 된다. 밑동에는 융털 모양의 흰 균사가 있다. 살은 백색 또는 표면과 같은 색이며 매우 약하다. 포자는 크기 5.5~9×3~5㎛, 타원형-장타원형, 표면이 매끈하고 투명하며 무색이다.
생태 가을 / 침엽수림의 지상에 군생-속생한다. 때로는 20개 이상이 다발로 속생하기도 한다. 식용이다.
분포 한국, 일본, 중국, 유럽, 북미

장미상처버섯

Contumyces rosellus (M.M. Moser) Redhead, Moncalbo, Vilgalys & Lutzoni
Omphalina rosella (M.M. Moser) M.M. Moser ex Redhead, Ammirati & Norvell

형태 균모는 지름 5~20㎜, 둥근 산 모양이나 배꼽형에서 움푹 팬 깔때기 모양이 된다. 가장자리는 아래로 말렸다가 펴진다. 줄무늬 선은 홈선이 되며, 오래되면 가끔 가리비 모양이 된다. 표면은 건조성, 미세한 가루가 있고 흡수성이다. 연한 포도 갈색이나 적갈색 또는 라일락색을 띠다가 분홍색이 된다. 살은 두께 1㎜, 회분홍색. 주름살은 자루에 대하여 내린 주름살로 성기고 폭이 좁으며 연한 분홍색. 자루는 길이 10~25㎜, 굵기 1~3㎜로 원통형, 속은 차 있다가 빈다. 부서기 쉽고 미세한 가루가 있으며 밋밋하다. 포도 갈색에서 분홍 갈색이 되거나 색이 연해진다. 냄새와 맛은 불분명하다. 포자는 7~10.5×4~5.5㎛, 타원형, 표면이 매끈하고 투명하다, 난아미로이드 반응을 보인다. 균사에 꺽쇠가 있다.

생태 여름~가을 / 풀숲, 이끼류 속에 산생-군생한다.

분포 한국, 북미

째진흰컵버섯

Cotylidia diaphana (Cooke) Lentz
Stereum diaphanum (Schw.) Cke.

형태 자실체는 높이 2~4㎝, 지름 1~4㎝ 정도. 전체가 백색-크림색이며 심한 깔대기형으로 특히 밑으로 깊이 들어가서 파열된다. 하면의 자실층은 백색이다. 표면은 얇고, 질기고, 휘어지기 쉬우며, 줄무늬 선과 희미한 테 무늬가 있다. 가끔 가장자리는 톱날형이고 찢어지며 얇다. 살은 1㎜ 이하로 가죽질. 주름살은 자루에 대하여 내린 주름살, 방사상으로 부챗살처럼 되며 백색이다. 자루는 길이 1~3㎝, 굵기 1~3㎜로 원주형, 중심생 또는 약간 편심생으로 얇고, 백색이며 밋밋하고 단단하다. 기부에 부드러운 털이 있다. 포자는 5~8×3~5㎛, 타원형, 표면이 매끈하고 투명하다.
생태 여름~가을 / 숲속의 지상에 단생, 가끔 군생한다.
분포 한국, 중국, 일본, 유럽, 북미

엽편컵버섯

Cotylidia panosa (Sowerby) D.A. Reid

형태 자실체는 팽이, 엽편, 깔대기 모양이며 융합하여 로제트 같이 뭉쳐서 지름 30~100㎜에 이른다. 각각의 자실체는 깔대기 모양 혹은 가장자리가 불규칙한 물결형, 높이 30~50㎜, 기부로 가늘어지며 겉면은 세로로 고랑의 맥상이고 밋밋하다. 색은 백색-크림색, 황갈색, 노쇠하면 둔해진다. 내부 표면은 털상, 세로로 고랑이 있으며, 때로 희미한 테가 있고, 오렌지 갈색이다가 어두운 갈색이 된다. 살은 질기고 코르크질이며, 단단하다. 건조 시 부서지며, 맛은 시다. 포자는 7~9×4~5.5㎛, 광타원형, 표면이 매끈하고 투명하며, 한쪽 끝이 뾰족하다. 담자기는 가는 곤봉형, 50~60×5~7㎛, 4-포자성. 기부에 꺽쇠는 없다.

생태 가을 / 혼효림의 나뭇잎, 침엽수 잔존물의 흙 속, 위에 군생. 단생-군생 또는 줄을 지어 자란다. 드문 종.

분포 한국, 유럽

파상컵버섯

Cotylidia undulata (Fr.) P. Karst.

형태 자실체는 배꼽 모양으로 움폭 들어가고, 높이는 15㎜에 달한다. 균모와 자루로 나눈다. 균모는 지름 4~7㎜, 깊은 배꼽형이며 강한 깔대기 모양이다. 표면은 밋밋하고 미세한 방사상의 섬유상, 황토-갈색. 가장자리는 전연 또는 찢어지고, 약간 물결형, 옆면의 자실층은 밋밋하고, 약간 방사상으로 말린다. 돋보기 아래서는 거친 털상이다. 자루는 두께 0.5~1㎜, 투명한 황회색으로 부드럽고 질기다. 포자는 3.5~4.5×2~2.5㎛, 타원형, 표면이 매끈하고 투명하며 기름방울을 함유한다. 담자기는 가는 곤봉형, 15×4㎛, 4-포자성. 기부에 꺽쇠는 없다.
생태 가을 / 이끼류가 있는 땅에 단생-군생한다. 드문 종.
분포 한국, 유럽

주름균강 》(목 미상) 》 흰살버섯과 》 흰살버섯속

무른흰살버섯

Oxyporus cuneatus (Murr.) Aoshi.
Hapalopilus cuneatus (Murr.) Imaz.

형태 자실체는 반배착생, 때로는 배착생. 균모는 반원형-조개껍질형, 때로 선반(띠) 모양이고 기물에 직접 부착된다. 가로 1~5㎝, 두께 2~5㎜, 표면은 백색. 연한 털이 밀생하고 테 무늬는 없다. 살은 백색. 얇고 유연한 섬유질, 건조하면 유연성이 없어진다. 자실체 주변이나 표면에는 선태류나 말류가 생장하여 녹색을 띠기도 한다. 관공은 길이 1~4㎜, 백색-연한 노란색. 구멍은 3~4개/㎜, 다소 큰 편이다. 목재의 표면에 배착 생장하는 경우 관공의 구멍은 다소 크게 보인다. 포자는 지름 5~6㎛, 구형, 표면이 매끈하고 투명하다.
생태 일년생 / 삼나무, 편백 등 침엽수류의 죽은 나무나 썩은 등걸에 난다.
분포 한국, 일본, 북미

주름균강 》(목 미상) 》 흰살버섯과 》 흰살버섯속

큰구멍흰살버섯

Oxyporus latemarginatus (Dur. & Mont.) Donk

형태 자실체는 배착생, 넓게 퍼지며, 두께 2~5(10)㎜, 싱싱할 시 유연하다가 단단해진다. 건조 시 잘 분리되고 부서진다. 가장자리는 보통 임성, 백색, 털상. 구멍은 각지며 1~3개/㎜, 뾰족한 격벽이 있고, 표면은 싱싱할 때 백색-상아색, 건조 시 백색-크림색. 살은 유연한 섬유상, 두께 1㎜, 관의 층은 연속된다. 두께 7㎜, 맛은 온화하다. 균사 조직은 1균사형, 지름 3~8㎛, 벽은 얇고 흔히 분지하며 격막이 있다. 담자포자는 5.5~7×3~4㎛, 좁은 타원형, 매끈하고 투명하다. 난아미로이드 반응을 보인다. 담자기는 16~20×5~7㎛, 곤봉형, 4-포자성, 기부에 간단한 격막이 있다. 낭상체는 좁은 곤봉형-원주형, 20~28×4.5~6㎛, 기부에 간단한 꺽쇠가 있다.
생태 여름~가을, 연중 / 고목에 군생한다. 백색부후균.
분포 한국, 유럽

흰살버섯

Oxyporus populinus (Schum.) Donk

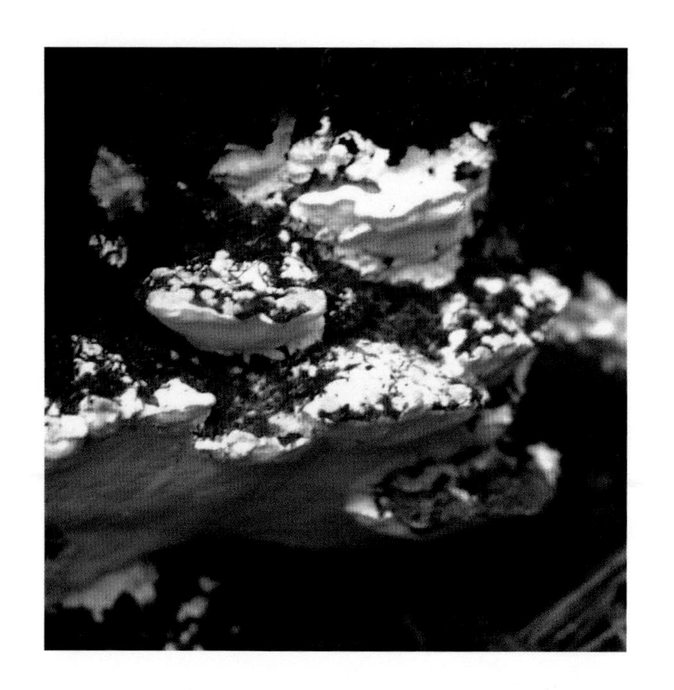

형태 균모가 기물에 직접 부착되거나 반배착생. 균모는 부채꼴-반원형, 좌우 3~7㎝, 전후 2~4㎝, 두께 1~4㎝. 표면은 밋밋하거나 약간 결절이 있고 미세하게 눌린 면모가 있으며 매끄럽다. 흔히 균모 위에 이끼나 지의류가 자란다. 색은 회백색, 크림색, 황토 갈색 등이며, 생장 시 가장자리는 유백색이다. 가장자리는 날카롭고 다소 물결 모양으로 굴곡된다. 살은 크림색, 탄력이 있고 부드럽지만 건조 시 깨지기 쉽다. 관공은 매우 미세하며 둥글거나 각진형, 5~7(8)개/㎜, 크림색-황토색. 길이 2~3㎜, 매년 나이에 따라서 층이 생기며 벽은 없다. 포자는 3.5~4.5×3~4.5㎛, 아구형-구형, 표면이 매끈하고 투명하다. 기름방울이 있기도 하다.
생태 다년생 / 각종 활엽수 입목의 상처부에 침입하여 백색부후를 일으킨다.
분포 한국, 일본, 중국, 유럽, 북미, 호주

이끼흰살버섯

Oxyporus ravidus (Fr.) Bond. & Sing.

형태 균모가 기물에 직접 부착되거나 반배착생. 균모는 얇고 가죽질. 반원형-불규칙한 편평형이고 옆의 균모와 유착하여 선반(띠) 모양을 이룬다. 좌우 3~10㎝, 전후 1.5~2.5㎝, 표면은 유백색-크림색. 흔히 이끼류나 말류에 의해 녹색을 띤다. 심하게 짧은 털이 밀생해 있고 표면이 거칠다. 불명료한 테 모양으로 홈선이 있다. 관공은 유백색, 길이 1.5~2.5㎜. 구멍은 다각형, 크기가 같지 않고 때로 미로상이다. 포자는 6×4.5㎛, 타원형, 표면이 매끈하고 투명하다.

생태 다년생 / 활엽수의 죽은 나무 또는 그루터기 등에 난다. 백색부후균.

분포 한국, 일본, 유럽, 북미

흰목재민껍질버섯

Peniophorella praetermissa (Karst.) K.H. Larss
Hyphoderma praetermissum (Karst.) Erikss. & Strid

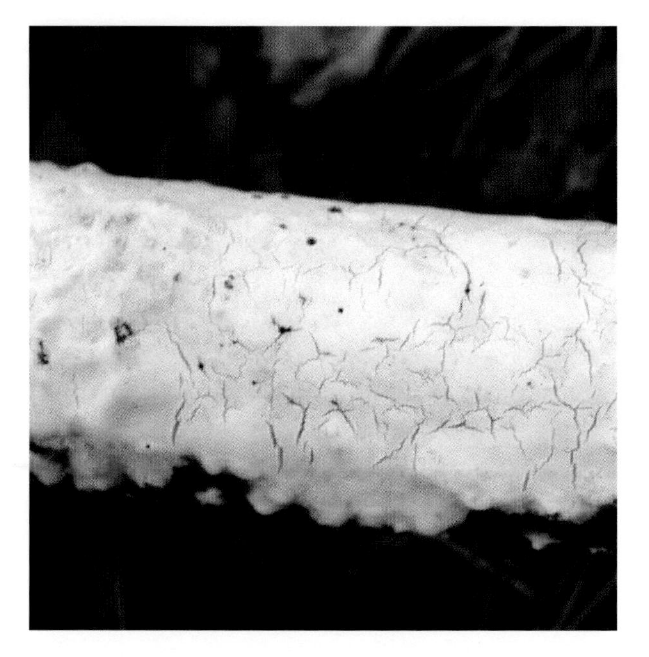

형태 자실체 전체가 배착생으로 기물에 얇고 느슨하게 부착한다. 왁스 비슷한 막질의 자실층이 수 센티미터 크기로 퍼진다. 표면은 거의 밋밋하거나 다소 둥글둥글하게 작은 결절이 생기기도 한다. 색은 회백색, 오래되거나 건조할 때는 담황색이다. 가장자리는 뚜렷하게 경계가 생기거나 얇게 퍼져 나간다. 유연하고 밀납질이다. 포자는 8~10×3.5~4.5㎛, 원주형-난형, 어떤 것은 한쪽이 편평하거나 들어가 있고, 표면이 매끈하고 투명하다.
생태 여름~가을 / 썩은 침엽수 또는 활엽수의 목재나 껍질에 난다. 흔하지 않다.
분포 한국, 유럽, 북미

털목재민껍질버섯

Peniophorella pubera (Fr.) P. Karst.
Hyphoderma puberum (Fr.) Waller.

형태 자실체 전체가 배착생으로 기물에 얇고 단단하게 부착한다. 막질의 자실층은 수 센티미터 크기로 퍼진다. 자실층 표면은 처음 황백색에서 청황색, 후에 오렌지 백색, 오렌지 회색을 거쳐 둔한 적색이 된다. 표면은 밋밋하고 둔하다. 가장자리는 균사가 퍼져있다. 유연하고 밀납질이며 건조할 때는 목질 자체가 균열되어 함께 갈라진다. 포자는 8~8×3.5~4.5㎛, 타원형-원주형, 표면이 매끈하고 투명하며 기름방울 또는 알갱이가 들어 있다.
생태 여름~가을 / 썩은 활엽수 목재에 난다. 때로는 낙엽층에도 퍼진다. 드문 종.
분포 한국, 유럽

주름균강 》 (목 미상) 》 이끼버섯과 》 수지고약버섯속

수지고약버섯

Resinicium bicolor (Albert. & Schwein.) Parm.

형태 자실체는 배착생. 기질에 단단하게 부착하면서 막편은 수~수십 센티미터 크기로 퍼진다. 표면에 불규칙하고 0.3㎜ 정도 높이의 미세한 사마귀가 수없이 돌출해 있다. 색은 크림색-황토색. 사마귀 반점은 때로 암갈색을 띤다. 사마귀 반점 중 일부는 약간 적색이나 녹색 또는 갈색 반점을 나타내기도 한다. 가장자리는 얇게 퍼지며 유연하고 밀납질이나 건조하면 부서지기 쉽다. 포자는 5~6×3~3.5㎛, 불규칙한 타원형, 한쪽이 평평하거나 약간 안으로 굽는다. 표면이 매끈하고 투명하다.

생태 연중 / 수피가 없는 침엽수에, 아주 드물게는 활엽수에도 난다. 백색부후균.

분포 한국, 일본, 러시아, 유럽, 북미

주름균강 》 주름버섯목 》 (과 미상) 》 오렌지버섯속

이끼오렌지버섯

Loreleia postii (Fr.) Readh., Mon. Vilg. & Lutz.
Omphalina postii (Fr.) Sing.

형태 균모는 지름 0.5~1.5㎝, 어릴 때는 둥근 산 모양이나 곧 중앙부가 오목하고 가운데에 작은 볼록이 있다. 밝은 오렌지색-오렌지 적색이다. 가장자리에 줄무늬 선이 있다. 살은 얇고 균모와 같은 색이다. 주름살은 자루에 대하여 내린 주름살로 황색-황백색, 폭이 두껍고 매우 성기다. 자루는 길이 2~8㎝, 굵기 1~3㎜, 원주형이다. 표면은 연한 오렌지 황색이고 습할 때는 가로로 반투명한 띠가 보이기도 한다. 포자는 6~10 × 4~5.5㎛, 타원형. 포자문은 백색이다.

생태 여름~가을 / 이끼 사이에 단생-군생한다.

분포 한국, 유럽 북미

비단깔대기버섯

Leucocybe candicans (Pers.) Vizzini, P. Alvarado, G.Morenno & Conosiglio.
Clitocybe candicans (Pers.) Kummer

형태 균모는 지름 2~5㎝, 막질에 가깝고 둥근 산 모양이다가 차차 편평해지며 중앙부는 오목하다. 표면은 건조하고 백색, 미세한 비단 털이 있어서 광택이 난다. 살은 얇고 백색, 맛은 온화하다. 가장자리는 처음에 아래로 말린다. 주름살은 자루에 대하여 내린 주름살로 밀생, 폭은 좁고 얇으며 백색이다. 자루는 길이 2.5~5㎝, 굵기 0.3~0.5㎝로 원주형, 다소 구부정하며 백색이다. 표면은 매끄러우며 연골질이다. 자루의 속은 비어 있으며 기부에 백색 융털이 있다. 포자는 4~5×3~4㎛, 아구형, 표면은 매끄럽고 투명하다. 포자문은 백색이다.

생태 여름~가을 / 분비나무숲이나 가문비나무숲의 썩은 낙엽층에 군생한다.

분포 한국, 중국, 일본, 유럽, 북미, 북반구 온대

흰주름비단깔대기버섯

Leucocybe connata (Schmach.) Vizzini, P. Alvarado, G. Moreno & Consiglio
Clitocybe connata (Schmach.) Gillet, Lyophyllum connatum (Schu

형태 균모는 지름 3~7㎝, 넓은 둥근 산 모양에서 차차 편평해지며, 가장자리는 백색, 흔히 물결형이고 작은 담황색 인편 조각을 함유한다. 주름살은 자루에 대하여 약간 내린 주름살로 백색, FeSO4 용액에서 서서히 자색으로 변한다. 자루는 길이 30~60㎜, 굵기 8~15㎜, 기부로 가늘고 백색이다. 포자는 6~7×3.5~4㎛로 긴 타원형이다. 포자문은 백색이다.
생태 여름 / 혼효림의 땅에 밀집한 총채 모양으로 발생한다. 식용 여부는 알려지지 않았다.
분포 한국, 북아메리카

대추씨퇴비버섯

Panaeolina foenisecii (Pers.) Maire
Panaeolus foenisecii (Pers.) J. Schrot., Psilocybe foenisecii (Pers. ex Fr.) Quél.

형태 균모는 지름 1~2㎝, 종 또는 둥근 산 모양이며 검은 갈색, 건조하면 연한 진흙 갈색이 된다. 색은 녹슨 색이 가장자리쪽에서 시작되며 가장자리는 흔히 검게 남는다. 자루는 길이 40~70㎜, 굵기 2~3㎜, 균모보다 연한 색이다. 살은 담황갈색, 냄새는 분명치 않다. 주름살은 자루에 대하여 바른 주름살, 어릴 때 연한 갈색, 나중에 검은 얼룩이 생긴다. 포자는 크기 12~15×7~8.5㎛, 레몬형, 표면은 거칠고 발아공이 있다. 포자문은 검은 갈색이다.
생태 여름~가을 / 풀밭, 길가 등에 군생-산생한다. 식용하지 않는다. 보통종.
분포 한국, 유럽

주름균강 》 주름버섯목 》 (과 미상) 》 퇴비버섯속

둘레흰퇴비버섯

Panaeolina sagarae Hongo

형태 균모는 지름 5~18㎜, 종 또는 둥근 산 모양이다가 둔하게 펴진다. 표면은 처음 희미한 과실색에서 회백색이 되며, 이어서 곧 씻겨버리며 매끈해지고 초콜릿색이 된다. 가장자리는 습할시 줄무늬 선이 나타난다. 살은 얇고, 맛은 온화하며 냄새는 없다. 주름살은 자루에 대하여 올린-바른 주름살, 배불뚝형, 약간 성기며, 폭 3㎜ 정도. 회색에서 갈색을 거쳐 암갈색이 된다. 언저리는 백색, 솜털상. 자루는 길이 1.5~4㎝, 굵기 2~3㎜, 위아래가 같거나 위로 가늘다. 자루의 아래로 갈색-오렌지색, 위는 연한 색. 표면은 미세한 가루상, 약간 섬유상-줄무늬상이다. 꼭대기는 습할시 투명한 물방울이 있다. 포자는 8~11×4.5~5.5㎛, 류타원형, 발아관이 있고 짙은 갈색. 담자기는 23~26×8~9.5㎛, 4-포자성, 기부에 꺽쇠가 있다.
생태 여름/ 숲속의 땅에 발생한다.
분포 한국, 일본

주름균강 》 주름버섯목 》 (과 미상) 》 말똥버섯속

갈색둘레말똥버섯

Panaeolus cinctulus (Bolt.) Sacc.

형태 균모는 지름 1~4㎝의 극소형~소형, 종형-원추형이다가 둥근 산형, 평평한 형이 되고 가운데가 약간 돌출된다. 표면은 습할 때는 암적갈색이지만 건조하면 연한 점토갈색. 가장자리에는 본래 색채가 진하게 남아서 다소 띠 모양. 오래되면 균모의 둘레가 고랑처럼 주름이 잡히기도 한다. 주름살은 자루에 대하여 바른 주름살, 성숙하면 거의 흑색. 폭이 넓고 약간 촘촘하며 언저리는 백색의 분상. 자루는 길이 3.5~8㎝, 굵기 2.5~5㎜, 다소 가늘고 길다. 속은 비어 있다. 표면은 연한 적갈색, 위쪽은 미세한 분말이 덮여 있다. 포자는 10.5~13×8~10×6~7㎛, 넓은 레몬형, 표면이 매끈하고 투명하며, 발아공이 있다. 포자문은 흑색이다.
생태 여름~가을 / 소똥이나 말똥, 비옥한 토양에 여러 개씩 속생-군생한다.
분포 한국 등 거의 전 세계

흰계란말똥버섯

Panaeolus antillarum (Fr.) Dennis
Anellaria antillarum (Fr.) Hongo

형태 균모는 지름 2.5~4.5㎝, 소형. 처음 반구형-종 모양이다가 다소 펴지지만 평평하게 되진 않는다. 표면은 습할 시 점성이 있고 백색-연한 점토색, 약간 방사상의 주름이 있다. 건조할 때는 특히 중앙 양쪽 표피가 가늘게 갈라진다. 살은 백색. 주름살은 자루에 대하여 바른 주름살, 폭이 넓고 약간 촘촘하고 성숙하면 흑색이 된다. 언저리는 백분상. 자루는 길이 3.5~10㎝, 굵기 3.5~8㎜, 가늘고 길다. 표면은 백색-연한 살색. 섬유상의 세로 줄무늬 선이 있고, 미세한 가루가 덮여 있다. 속은 차 있으나 노쇠하면 빈다. 포자는 13~18×10~12.5㎛, 육각형의 넓은 난형 또는 타원형, 발아공이 있다.

생태 봄~가을 / 말똥이나 소똥 또는 비옥한 밭 부근에 군생한다.

분포 한국, 일본, 중국

점성말똥버섯

Panaeolus caliginosus (Jungh.) Gillet

형태 균모는 지름 1~3㎝, 높이 1~2.5㎝, 원추-종 모양이지만 펴지진 않는다. 표면은 흡수성으로 검은 적색-흑갈색, 습할 시 희미하게 투명한 줄무늬 선이 나타나고 건조 시 중앙이 황토갈색. 때로 방사상으로 주름이 있다. 가장자리는 예리하고 잔편은 없다. 살은 습기가 있고, 갈색, 얇다. 주름살은 올린, 또는 좁은 바른 주름살로 회색-회흑색, 얼룩점이 있고 폭이 넓으며, 언저리는 밋밋하고 백색의 솜털상. 자루는 길이 8~12㎝, 굵기 1.5~2.5㎜, 원통형, 유연하다. 표면은 무디고 흑갈색 바탕색에 미세한 백색-밝은 회색 가루, 가끔 자색을 띤다. 속은 비어 있다. 기부에 백색 털이 있고, 꼭대기는 신선할 때 미세한 반점이 있다. 포자는 11.5~15×7.5~9.5㎛, 타원형-구형, 흑적갈색, 두꺼운 벽과 발아공이 있다. 담자기는 원통-곤봉형, 22~27×10~13㎛, 4-포자성, 기부에 꺾쇠가 있다.

생태 여름~가을 / 풀숲 속의 기름진 땅에 군생, 드물게 단생한다.

분포 한국, 일본, 중국, 유럽, 열대와 아열대, 온대 일부

주름균강 》 주름버섯목 》 (과 미상) 》 말똥버섯속

말똥버섯아재비

Panaeolus fimicola (Pers.) Gill.

형태 균모는 폭 (0.7)1~2.5㎝의 극소형-소형, 그 이상의 것도 있다. 어릴 때 반구형-종형이다가 통상 평편해지며 중앙부가 둔하거나 근소한 돌출이 생긴다. 표면은 흡습성, 밋밋하며, 회갈색-회백색. 중앙은 황갈색-다갈색. 건조할 때는 가장자리에 갈색 띠가 보인다. 때로 줄무늬 선이 있고 가장자리 끝에 백색 피막 잔편이 붙어 있으나 소실되기 쉽다. 바른 주름살이며 폭이 매우 넓고 성기며 회갈색이다가 곧 흑색이 된다. 자루는 길이 5~15㎝, 굵기 1~3㎜로 가늘고 길다. 탁한 백색-다갈색, 불명료한 미세한 견사상 줄무늬 선이 있고 꼭대기는 백분상, 속이 비어 있다. 포자는 10~12×7~8㎛, 레몬형, 회갈색. 포자문은 흑색이다.
생태 봄~가을 / 말똥이나 시비 토양에 단생-군생한다.
분포 한국, 일본, 유럽, 북남미, 호주, 아프리카

말똥버섯

Panaeolus papilionaceus (Bull.) Quél.
P. campanulatus (Fr.) Quél., P. campanulatus var. sphinctrinus (Fr.) Quél.,
P. retirugus (Fr.) Gillet., P. sphinctrinus (Fr.) Quél.

형태 균모는 지름 (1.5)2~4㎝의 소형, 반구형이다가 둥근 산 모양이 되고 때로는 중앙이 돌출된다. 표면은 담회색, 중앙부를 향해 황토색-갈색을 띤다. 표면은 밋밋하고 흔히 거북이 등 모양으로 균열된다. 어릴 때 가장자리가 안쪽으로 감긴다. 살은 크림색. 주름살은 바른 주름살이며 회갈색이다가 거의 흑색이 된다. 폭이 매우 넓고 성기며 언저리는 백색 테두리가 있다. 자루는 길이 5~10㎝, 굵기 2~3㎜, 가늘고 길다. 속은 차 있다가 빈다. 표면에 가는 분말이 있고 색은 유백색-연한 홍갈색, 단단하지만 부러지기 쉽다. 포자는 13~18.5×8.2~10.4×9.6~13㎛, 적갈색, 측면은 타원상 편도 모양, 전면은 렌즈 모양. 표면이 매끈하고 투명하다. 벽이 두껍고 발아공이 있다. 포자문은 흑색이다.

생태 봄~가을 / 목초지, 잔디밭 말똥 등에 발생한다.

분포 한국 등 거의 전 세계

말똥버섯(소형)

Panaeolus campanulatus (L.) Fr.

형태 균모는 소형으로 직경 3㎝, 거의 원추형 혹은 둔형이다가 반구형이 되며, 중앙은 볼록하다. 표면은 점성과 광택이 있고 담황색-회갈색 혹은 홍색. 가장자리는 색이 옅다. 건조 시 중앙은 균열하며, 오백색, 균막의 잔편이 부착한다. 살은 균모와 동색이며 얇다. 주름살은 바른 주름살, 빽빽하고 회색이다가 흑색이 되며, 언저리는 약간 백색. 자루는 길이 6~20㎝, 굵기 0.2~0.4㎝, 줄무늬 선이 있다. 자루의 속은 비었고 기부의 색은 진하다. 포자는 14~16×9~12㎛, 전면은 레몬형, 측면은 타원형. 흑색이며 표면이 매끈하고 투명하며 광택이 난다. 연낭상체는 35~40×7~8㎛, 원주형으로 만곡진다.

생태 봄~가을 / 동물의 똥 또는 비옥한 땅에 단생-군생한다.

분포 한국, 중국

말똥버섯(퇴비형)

Panaeolus retirugus (Fr.) Gillet

형태 균모는 지름 3~6㎝, 종 모양으로 갈색, 노쇠하고 건조하면 흔히 백색이 된다. 표면은 매끈하며 미세한 구멍이 있거나 주름이 있다. 주름살은 바른 주름살, 빽빽하며, 폭이 넓다. 색은 처음 자회색에서 흑갈색이 된다. 자루는 길이 90~150㎜, 굵기 3~7㎜, 속은 비어 있고 백색-연한 회색, 밀집된 가루가 있고 신선할 때 물방울이 맺힌다. 살은 얇고, 갈색, 약간 악취가 난다. 포자는 크기 (11)12~16(18)×8~11㎛. 포자문은 흑색이다.

생태 봄~여름 / 동물의 똥 또는 비옥한 땅에 난다. 식용할 수 없다.

분포 한국, 북미

말똥버섯(목장형)

Panaeolus sphinctrinus (Fr.) Quél.

형태 균모는 지름 2~4㎝, 넓은 원추형이다가 종 모양이 되며, 때로 궁뎅이 비슷하다. 습할 시 회흑색에서 거의 검은색이 되며, 건조 시 퇴색한 회색이 되며 중앙이 검은 황토색 끼가 있다. 가장자리는 치아상. 주름살은 자루에 대하여 바른 주름살, 회색에서 검은색이 된다. 언저리는 백색. 자루는 길이 60~120㎜, 굵기 2~3㎜, 꼭대기는 더 연한 색. 살은 얇고 연한 회색이다. 포자는 크기 14~18×10~12㎛, 레몬형. 포자문은 흑색이다.
생태 늦여름~가을 / 목장의 동물의 똥, 풀밭에 군생한다. 식용할 수 없다. 보통종.
분포 한국, 북미

주름균강 》 주름버섯목 》 (과 미상) 》 말똥버섯속

청색말똥버섯

Panaeolus cyanecens Berkeley and Broome

형태 균모는 지름 1.5~3.5(4)㎝, 성숙하면 반구형이나 종 모양. 가장자리는 습할 시 투명한 줄무늬 선이 생긴다. 어린 자실체에서는 안으로 말리지만 오래되면 펴진다. 성숙하면 편평해지며 흔히 갈라진다. 밝은 갈색에서 퇴색하여 회색 또는 중앙을 중심으로 거의 백색, 담황갈색이 남지만 곧 퇴색한다. 균모는 불규칙하게 수평으로 갈라지고 파편이 있다. 살은 상처 시 청변한다. 주름살은 올린 주름살, 얇고, 주름살에 사이에 2~3개의 주름살이 있으며 성숙하면 회백색 반점이 있다. 자루는 길이 (65)85~115㎜, 굵기 1.5~3㎜, 위아래가 같거나 기부로 부푼다. 흔히 꼭대기는 회색. 전체가 연한 노란색이나 후에 기부로 갈색, 상처 시 청색한다. 표면은 미세한 섬유 반점이 있으나 곧 사라진다. 파편은 없다. 포자는 12~14×7.5~11㎛, 레몬형, 표면은 투명하지 않고, 알갱이는 없다. 포자문은 흑색. 담자기는 4-포자성이나 간혹 2-포자성.
생태 여름~가을 / 풀밭과 목장의 똥에 산생-군생한다.
분포 한국, 북미

주름균강 》 주름버섯목 》 (과 미상) 》 말똥버섯속

잔디말똥버섯

Panaeolus reticulatus Overh.

형태 균모는 지름 6~10㎜, 원추상의 반구형에서 종모양이 되며 중앙은 넓은 둥근형. 표면은 밋밋하고 방사상의 섬유가 있다. 건조 시 그물꼴의 맥상, 베이지 갈색, 흡수성. 습할 시 회색-적갈색, 황토갈색 띠가 가장자리쪽으로 있다. 육질은 회갈색, 얇고, 거의 냄새가 없으며 맛은 온화하나 분명치는 않다. 가장자리는 검고, 예리하다. 주름살은 바른 주름살, 흑갈색, 폭이 넓다. 가장자리는 백색의 섬유상. 자루는 길이 5~7㎝, 굵기 1~2㎜, 원통형, 잘 휘어지고 부서지며, 속은 차 있다. 표면은 밝은 베이지색, 일렬로 백색 가루가 있다. 기부는 적갈색, 가끔 띠를 형성한다. 포자는 7.9~10.5×4.6~5.5㎛, 타원형, 표면이 매끈하고 적갈색. 포자벽은 두껍고 발아공이 있다. 담자기는 곤봉형, 23~30×10~12㎛, 기부에 꺽쇠가 있다. 연낭상체는 굴곡된 원통형, 15~40×5~7㎛.
생태 봄 / 잔디, 풀밭, 이끼류가 있는 곳에 단생-군생한다. 드문 종.
분포 한국, 일본, 중국, 유럽

긴대말똥버섯

Panaeolus rickenii Hora
P. acuminatus var. rickenii (Hora) Roux, Garcia & Charret

형태 균모는 지름 0.6(1)~2㎝의 극소형. 둥근 산 모양이나 원추형이며 중앙이 돌출되기도 한다. 습할 시 가장자리에 줄무늬가 있지만 건조하면 사라진다. 색은 황갈색-그을음 색. 살은 얇다. 주름살은 자루에 대하여 바른 주름살, 회색-흑색, 다소 성긴 편이다. 자루는 길이 5~10㎝, 굵기2~3㎜, 담갈색, 분홍갈색-그을은 색이며 꼭대기는 연하다. 포자는 13~16×9.5~11㎛, 레몬형. 포자문은 흑색이다.
생태 여름~가을 / 습기가 많은 지역의 풀밭에 산생한다. 식용할 수 없다.
분포 한국, 유럽

검은띠말똥버섯

Panaeolus subbaltetus Berk. & Br.
P. venenosus Murril

형태 균모는 지름 4~5㎝, 둥근 산 모양에서 종 모양을 거쳐 거의 편평해진다. 중앙에 넓은 볼록이 있다. 색은 적갈색에서 갈색이 되며, 건조 시 퇴색하며 흑갈색 띠가 가장자리 둘레에 생긴다. 주름살은 자루에 대하여 바른 주름살에서 톱니형이 되며 밀생하고, 중앙에서 약간 부풀며 얼룩이 있다. 색은 갈색, 언저리는 백색이 남으며, 성숙하면 검은색이 된다. 자루는 길이 50~60㎜, 두께 2~4㎜, 부서지기 쉽고, 속은 비었으며 섬유상이다. 미세한 백색 섬유실 아래는 불그스레하며 아래로 검어진다. 때로 상처 시 기부는 녹변한다. 포자는 11.5~14×7.5~9.5㎛, 옆에서 보면 레몬 모양, 정면에서 보면 류타원형. 담자기는 2, 4-포자성. 연낭상체는 없고, 측낭상체는 다양한 형태다.

생태 봄~가을 / 동물의 똥 또는 비옥한 거름에 군생-속생한다.

분포 한국, 유럽, 시베리아, 하와이, 남북미

주걱혀버섯

Guepinia helvelloides (DC.) Fr.
Phlogiotis helvelloides (DC.) Martin, Tremiscus helvelloides (Dc.) Donk

형태 자실체는 크기 30~100×20~50㎜로 귀 모양에서 원추형, 옆은 늘어나고 결각 상태. 기부로 자루처럼 생긴 것이 가늘어지고 가끔 백색이다. 가장자리는 꽃잎 모양이며 오렌지 분홍색이나 연어-적갈색이다. 표면은 밋밋하나 보통 오래되면 주름진 맥상으로 바깥쪽이 자실층이다. 육질은 탄력 있고 끈적인다. 포자는 9.5~11×5.5~6㎛, 불규칙한 타원형이나 한쪽 옆이 납작하며 끝이 뾰족하다. 표면은 매끈하고 투명하다. 담자기는 14~20×10~11㎛, 난형, 2~4개의 긴 세로 격막이 있다. 균사의 길이는 1~3㎛다.

생태 여름 / 줄을 지어 고목, 나무껍질의 틈새에 단생-속생한다.

분포 한국, 중국

은행잎혀버섯

Guepinia hevelloides (DC.) Fr.

형태 자실체는 자루와 머리 부분이 일체가 되어 땅 위에 난다. 아랫부분이 자루가 되어 땅위에 직립하며 윗부분은 은행잎 모양 또는 귀 모양이어서 구둣주걱을 연상시킨다. 균모의 끝은 아래로 굽어 있다. 위쪽 하면은 자실층이 발달하는 데 밋밋하거나 주름이 잡혀 있다. 높이 3~8(10)㎝, 폭은 위쪽은 3~6㎝, 대부분이 0.5~2㎝. 습할 시 젤리 같다. 색은 연한 황적색-연한 주홍색. 마르면 수축되고 단단한 연골질이 된다. 포자는 9.5~11×5.5~6㎛. 타원형이나 한쪽 옆이 납작하며 끝이 뾰족하다. 표면이 매끈하고 투명하다.

생태 여름~가을 / 침엽수림의 땅에 난다.

분포 한국, 일본, 유럽, 북미

헛바늘목이

Pseudohydnum gelatinosum (Scop.) Karst.

형태 자실체는 지름 4㎝, 두께 1.5㎝, 반원형-부채꼴 모양으로 기물에 직접 붙기도 하나 주걱 모양의 짧은 자루가 붙기도 한다. 젤라틴질로 윗면은 연한 갈색-흑색, 미세한 털처럼 돌기(균사다발)가 덮여 있다. 아랫면은 백색-황백색, 긴 원추상의 가시가 밀집해 있고 이곳에 자실층이 생긴다. 가시는 길이 4㎜, 폭 1㎜ 정도. 포자는 5~6×4.5~5.5㎛로 구형-아구형, 끝이 뾰족하며 표면이 매끈하고 투명하며 알갱이가 있다. 담자기는 10~15×7~9㎛, 서양배 모양, 긴 세로 격막이 있으며 4-포자성. 낭상체는 없다. 균사는 폭 1.5~2.5㎛, 격막에 꺽쇠가 있다.

생태 여름~가을 / 침엽수의 썩은 그루터기나 뿌리 등에서 단생-군생한다. 식용한다.

분포 한국, 중국, 일본, 유럽, 남북미, 뉴질랜드

주름균강 》 소나무비늘버섯목 》 (과 미상) 》 가루고약버섯속

구멍가루고약버섯

Subulicium rallum (Jacks.) Jül. & Stalp.

형태 자실체는 완전 배착생, 기질에 단단히 부착하며 얇게 형성된다. 가루상의 막편이 수 센티미터로 퍼져 나간다. 표면은 돋보기로 보면 약간 구멍으로 보이며, 맑은 회색이다가 습할 시 청회색을 띤다. 가장자리는 사방으로 펴지며 섬유상이고 유연하다. 포자는 5.5~7×5.5~6㎛, 류구형, 표면이 매끈하고 투명하며 작은 기름방울을 함유한다. 담자기는 항아리 모양 비슷하고 20~25×4~5㎛, 4-포자성, 기부에 꺽쇠는 없다.
생태 여름~가을 / 죽어서 썩은 고목 아래에 배착 발생한다. 드문 종.
분포 한국, 유럽, 북미

주름균강 》 소나무비늘버섯목 》 (과 미상) 》 옷솔버섯속

옷솔버섯

Trichaptum abietinum (Pers. ex J.F. Gmel.) Ryvarden

형태 균모는 반원형-부채꼴, 얇고 편평하다. 전후 1~2㎝, 두께 1~1.5㎜ 정도의 극소형이며 다수가 중첩해서 층으로 난다. 가로로 이어져 선반 모양이 되기도 한다. 유연한 가죽질인데 건조하면 강하게 수축되어 안쪽으로 굽는다. 표면은 유백색-회백색, 말류가 덮여 녹색을 나타내기도 한다. 짧은 털이 밀생한다. 불명료한 테 무늬가 있고 얕게 홈선이 있다. 살은 극히 얇고 약간 아교질을 띠며 유백색-칙칙한 살색. 관공은 연한 분홍색-보라색이다가 자갈색이나 황갈색이 된다. 구멍은 원형, 매우 얕고 3~4개/㎜. 관공의 벽은 얕고 다소 톱니꼴. 포자는 7~8×2.5~3.5㎛, 타원형-소시지형. 표면이 매끈하고 투명하다.
생태 여름~가을, 연중 / 소나무, 전나무 등 죽은 침엽수 입목 또는 줄기나 가지, 낙지 등에 난다. 매우 흔한 종.
분포 한국, 북반구 온대 이북

테옷솔버섯

Trichaptum biforme (Fr.) Ryvarden

형태 균모는 자루가 없이 기물에 직접 부착한다. 반원형 또는 선반 모양이거나 부착 부위가 협소한 부채꼴-혀 모양이다. 균모는 폭 1~6㎝, 두께 1~2㎝. 표면은 회백색-연한 회갈색, 암색의 테 무늬가 다수 형성되며 짧은 밀모가 덮여 있다. 가장자리는 얇고 날카로우며 건조할 때는 아래쪽으로 굽는다. 살은 극히 얇고 백색, 강인한 가죽질. 관공은 어릴 때 보라색을 띠지만 점차 담황-담갈색을 띤다. 어릴 때는 얕은 관공 모양이다가 벽이 무너져 얕은 톱니 모양의 침이 되어 밀생한다. 포자는 5~7×2~2.5㎛, 원주형, 다소 굽었으며 표면이 매끈하고 투명하다.

생태 여름~가을, 연중 / 보통 죽은 활엽수나 그루터기에 난다. 갱목에도 발생한다. 다수가 중첩해서 군생한다. 백색부후균.

분포 한국, 일본, 전 세계

긴옷솔버섯

Trichaptum elongatum (Berk.) Imaz.

형태 자실체는 1.5~4×1.2~3.5㎝, 두께 1~2㎜로 국자 모양, 긴 이빨형이다. 균모는 자루가 없고, 기와가 겹친 형태이고 혁질이며 황색이다. 표면은 편평하고 섬세한 털이 불명료하게 띠를 형성하며 때때로 무늬를 이룬다. 가장자리는 얇고 예리하다. 하측에 자실층이 없다. 살은 거의 백색, 두께 0.5~1㎜. 구멍은 육계색, 다각형, 4~5개/㎜. 포자는 4.5~5×1~1.5㎛, 원주형으로 만곡진다. 낭상체는 분명치 않다.
생태 여름~가을 / 썩은 활엽수 고목에 발생한다.
분포 한국, 중국

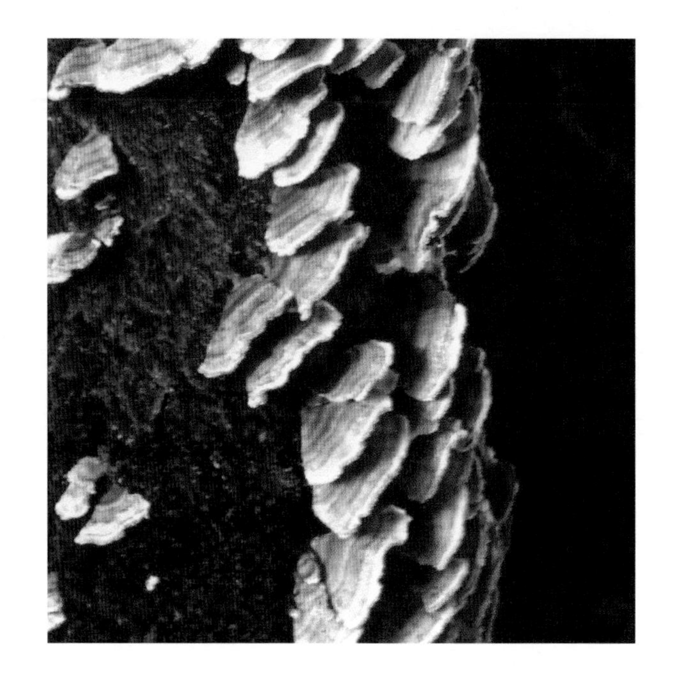

주름균강 》 소나무비늘버섯목 》 (과 미상) 》 옷솔버섯속

흑보라옷솔버섯

Trichaptum fuscoviolaceum (Ehrenb.) Ryvarden

형태 자실체는 자루가 없이 직접 기물에 부착하거나 반배착생. 균모는 폭 2~4cm, 두께 1~3mm 정도의 극소형-소형. 자실체는 반원형 또는 선반형이고 편평하다. 표면은 유백색, 회백색 또는 회색이고 거친 털이 덮여 있다. 다수가 중첩해서 층으로 난다. 가장자리는 얇고 날카로우며 건조 시 안쪽으로 굽는다. 관공은 진한 자갈색, 톱니 모양이며 방사상으로 배열하고 길이 1~3mm. 자루는 없다. 살은 극히 얇고 백색, 약간 아교질을 띠며 건조 시 다소 연골질이다. 포자는 7~8.5×2.5~3μm, 원주형-소시지형, 표면이 매끈하고 투명하다.

생태 여름~가을(연중) / 침엽수, 참나무 등 각종 활엽수의 죽은 줄기나 가지, 낙지 등에 난다. 백색부후균. 매우 흔한 종.

분포 한국, 북반구 온대 이북

주름균강 》 구멍장이버섯목 》 (과 미상) 》 원반고약버섯속

쓰가원반고약버섯

Aleurocystidiellum tsugae S.H. He & Y.C. Dai
Aleurodiscus tsugae Yasuda

형태 자실체는 전 배착생으로 얇고 납질이다. 지름 1.5~6cm, 두께 0.15~0.3mm, 표면은 밋밋하다. 자실층은 담육색이며 흰가루상으로 가늘게 갈라진다. 색은 흑갈색. 가장자리와 기질과의 경계가 분명하다. 포자는 크기 16~22×14~17μm, 타원형이다. 표면이 매끈하고 투명하며 희미한 적색을 띤다. 담자기는 자루가 길며, 폭은 13μm 내외, 4-포자성이다.

생태 일년생 / 고목, 가지 등의 껍질에 배착 발생한다.

분포 한국, 일본

흰자루등버섯

Amaropostia stiptica (Pers.) B.K. Cui, L.L. Shen & Y.C. Dai
Boletus albidus Schaeff., Oligoporus stipticus (Pers.) Gilb & Ryvarden

형태 자실체는 둥근 선반 모양. 기질에 자루가 없이 넓게 붙는다. 가로 3~12㎝, 전후 2~5㎝, 두께 4㎝ 정도. 윗면은 편평하고 약간 앞쪽으로 경사지며 결절이 있어서 고르지 않다. 미세한 털이 덮여 있다. 어릴 때는 백색, 나중에 황토색을 띤 크림색. 가장자리는 두꺼우면서 날카롭다. 여러 개의 균모가 층으로 나기도 한다. 하면의 자실층은 백색, 구멍은 구형 또는 가늘고 긴 모양이며 미로상, 3~4개/㎜. 관공의 길이는 10㎜ 정도. 살은 부서지기 쉽고 약간 섬유질이며 백색이다. 포자는 3.5~5×2~2.3㎛, 타원형, 표면이 매끈하고 투명하다.
생태 연중 / 일반적으로 침엽수의 그루터기, 넘어진 나무 등에 나며 드물게는 활엽수에도 난다. 일반적으로 1개씩 나지만 가끔 2~3개가 상하로 유착되어 나기도 한다.
분포 한국, 유럽

주름균강 》 구멍장이버섯목 》 (과 미상) 》 균핵버섯속

균핵가루버섯

Bulbillomyces farinosus (Bres.) Jülich.

형태 자실체는 배착생이며 불규칙하게 퍼진다. 기질에 얇게 부착된다. 색은 백색-회색, 자실층은 밋밋하거나 낭상체가 돌출하여 미세한 털상이다. 가장자리는 명확하지않다. 균사 조직은 1균사형, 균사에 꺽쇠가 있다. 조직은 얇다가 약간 두꺼운 벽이 되며 폭은 3~5㎛로 다소 청색을 띤다. 담자포자는 6~9×5~6㎛, 타원형-난형. 표면이 매끈하고 벽은 두꺼우며 청색을 띠고 기름방울을 함유한다. 난아미로이드 반응을 보인다. 담자기는 류구형, 15~20×6~8㎛, 4-포자성, 기부에 꺽쇠가 있다. 낭상체는 원통형-물결형, 50~100×5~10㎛, 벽이 두껍고 촘촘하다.

생태 일년생 / 고목의 표면에 배착 발생한다.

분포 한국, 유럽

주름균강 》 구멍장이버섯목 》 (과 미상) 》 흑귓등버섯속

물렁흑귓등버섯

Fuscopostia fragilis (Fr.) B.K. Cui, L.L. Shen & Y.C. Dai
Postia fragilis (Fr.) Jül., Tyromyces fragilis (Fr.) Donk

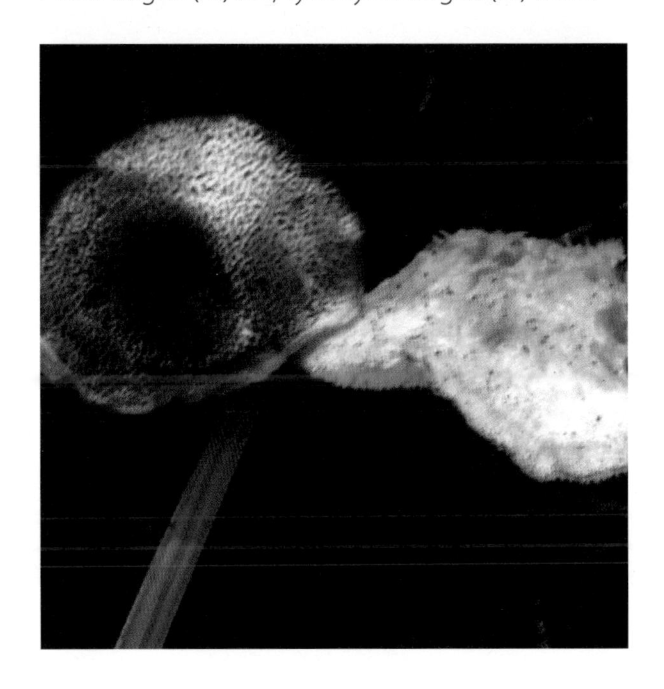

형태 자실체는 지름 2~6㎝, 두께 5~10㎜, 선반형-부채형으로 기주에 2~3㎝의 돌기가 있다. 표면은 얕은 물결형-결절형, 방사상의 섬유실과 미세한 털이 있다. 테는 노란색-황토색에서 오렌지 갈색이 된다. 가장자리는 물결형, 백색에서 황토색이 되며 다소 예리하다. 육질은 백색, 두께 2~8㎜로 즙이 나오고 섬유상으로 탄력이 있다. 냄새는 없고 맛은 온화하다. 관공은 길이 2~5㎜, 관공의 층은 기주에 대하여 내린 관공. 구멍은 백색, 만지면 갈색 얼룩이 생긴다. 각진형이다가 미로형이 되며 2~4개/㎜. 포자는 4.5~6×1.5~2㎛, 원주형-소시지형, 표면이 매끈하고 투명하며 기름방울을 함유한다. 담자기는 원주형-곤봉형, 15~25×4~5.5㎛, 4-포자성, 기부에 꺽쇠가 있다. 낭상체는 없다.

생태 여름~가을 / 소나무 등의 죽은 고목에 중첩하여 군생한다. 드문 종.

분포 한국, 중국

북방시루버섯

Climacocystis borealis (Fr.) Kotl. & Pouz.
Tyromyces borealis (Fr.) Imazeki

형태 자실체는 반원형-부채꼴 또는 주걱 모양으로 기질에 직접 부착된다. 때로는 균모가 좁게 연장되어 짧은 자루 모양이 되기도 한다. 전후 3~12㎝, 좌우 5~20㎝, 두께 1.5~3㎝의 중형-대형. 표면은 거친 털이 섬유상으로 밀생하고 방사상 요철 홈이 있다. 색은 백색이다가 곧 밀짚색이 된다. 가장자리는 어릴 때 다소 뭉툭하나 곧 날카로운 파상이 된다. 때로 가장자리가 다소 진한 색. 살은 즙이 많고 탄력성이 있으며 질기다. 색은 백색-크림색, 절단하면 층이 있다. 하면은 백색이다가 황백색이 된다. 구멍은 원형-각진형, 오래되면 약간 미로상, 1~3개/㎜. 관공의 길이는 2~6㎜. 포자는 5~6×3.5~4㎛, 난형, 표면이 매끈하고 투명하며 기름방울을 함유하기도 한다.

생태 여름~가을 / 소나무, 전나무, 가문비나무 등 죽은 침엽수나 그루터기, 입목, 줄기 등에 난다. 드물게는 활엽수에도 난다. 다수가 층으로 나기도 한다. 백색부후균.

분포 한국, 일본, 중국, 필리핀, 유럽, 북미

주름균강 》 구멍장이버섯목 》 (과 미상) 》 후막고약버섯속

백설후막고약버섯

Hypochnicium punctulatum (Cooke) Erikss.

형태 자실체는 전체가 배착생으로 기물에 얇게 단단하게 부착한다. 때로는 부근의 다른 자실체 층과 결합하면서 수 센티미터 크기로 퍼진다. 표면은 거의 밋밋하거나 약간 사마귀형으로 돌기가 생긴다. 색은 백색-크림색, 페인트를 칠한 느낌을 준다. 가장자리는 둔하게 경계를 이루거나 다소 미세하게 균사가 퍼져 나간다. 유연하고 밀납질이다. 포자는 6.5~8.5×6~6.5㎛, 광타원형, 표면이 매끈하고 투명하다. 뭉툭한 사마귀의 반점이 덮여 있고 벽이 두껍다.

생태 일년생 / 기질에 배착 발생한다.

분포 한국, 유럽, 북미

주름균강 》 구멍장이버섯목 》 (과 미상) 》 새방패버섯속

초록새방패버섯

Neoalbatrellus caeruleoporus (Peck) Audet
Albatrellus caeruleoporus (Peck) Pouzar

형태 균모는 원형-부정원형, 둥근 산 모양 또는 일그러진 찐빵 모양이 되기도 한다. 균모는 폭 3~20㎝, 두께 1~2㎜ 정도로 소형-대형까지 있다. 표면은 녹색-청녹색이다가 점차 하늘색이 되지만 나중에는 퇴색하여 회갈색이 되며 밋밋해진다. 살은 두껍고 연한 적황색-살구색. 관공은 길이 1~2㎜, 구멍은 원형이며 2~3개/㎜. 자루는 길이 3~5㎝, 굵기 1~3㎝, 중심이 약간 가장자리로 치우치거나 측생한다. 색은 균모와 같고 흔히 밑동에 여러 개가 유착하여 서로 합쳐져 난다. 포자는 지름 4~5㎛, 구형 또는 아구형, 표면이 매끈하고 투명하다.

생태 가을 / 소나무, 솔송나무 등의 숲속 땅에 난다.

분포 한국, 일본, 중국

회청색새방패버섯

Neoalbatrellus yasudae (Lloyd) Audet
Albatrellus yasudae (Lloyd) Pouz.

형태 균모는 지름 2~7㎝, 거의 원형, 처음에는 둥근 산 모양이다가 편평하게 퍼진다. 표면은 진한 청남색, 건조하면 푸른색을 잃고 암갈색이 된다. 표면에 점질성이 있고 니스를 칠한 것처럼 광택이 있다. 살은 백색, 속이 차 있다. 관공은 백색, 길이 2~3㎜, 구멍은 둥글고 작다. 자루는 길이 3~6㎝, 굵기 3~12㎜, 유백색이며 중심생-편심생. 포자는 4.5~5×4㎛, 타원형, 표면이 매끈하고 투명하다.
생태 가을 / 소나무와 혼합된 잡목림의 지상에 군생한다. 식용이다.
분포 한국, 일본

황백참빗담자버섯

Scytinostromella olivaceoalba (Bourdot & Galzin) Ginns & M.N.L. Lefebvre

형태 자실체는 완전 배착생에서 퍼져 나가며, 박막, 자실층탁은 밋밋하다. 연한황색 또는 황백색, 가장자리는 털상 또는 가균상. 균사 조직은 2균사형, 일반균사는 꺽쇠가 없고 벽은 얇으며, 폭 3~4.5㎛, 노란색-황갈색이다. 골격균사는 분생자형성 균사층 안에 있으며 균사에 흔히 존재한다. 벽은 두껍고 폭 1~2㎛, 노란색-황갈색이다. 접낭체는 20~25×3~5㎛, 방추형 또는 원통형, 물결형이며, 응축되어 뾰족한 젖꼭지 모양이다. 알갱이가 있고 헛낭상체는 없다. 담자포자는 4~4.5(5)×2~2.5㎛, 타원형-좁은 타원형, 표면이 매끈하고 투명하며 벽이 얇다. 희미한 아미로이드 반응을 보인다. 담자기는 원통형으로 중앙이 응축하며 15~20×3.5~5㎛, 4-포자성. 기부에 꺽쇠가 있다.

생태 봄~가을 / 죽은 침엽수, 드물게는 단단한 나무에 배착 발생한다. 드문 종.

분포 한국, 유럽 북미 아시아

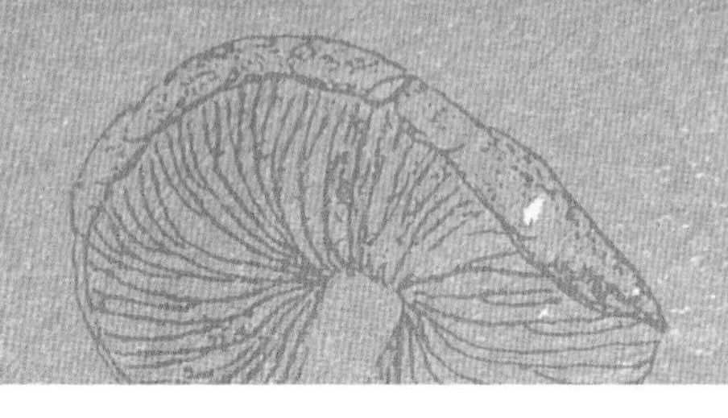

『한국의 균류』 1~5권 누락 종

주름균강 》 주름버섯목 》 밀고약버섯과 》 흰등버섯속

총채흰등버섯

Anomoloma myceliosum (Peck) Niemelä & K.H. Larss

형태 자실체는 배착생. 작은 것이 넓게 펴지며, 두께 3㎜ 정도, 쉽게 기질에서 떨어진다. 싱싱할 때는 부드럽고 솜 같고, 건조 시 부서지기 쉽다. 표면의 구멍은 싱싱할 시 백색, 건조 시 크림색, 구멍은 각지며, 3~4개/㎜이다가 평균 1~2개/㎜가 된다. 벽은 얇고 약간 치아상 또는 절각된 격벽이다. 관은 깊이 1㎜. 균사 조직은 1균사형, 일반균사는 꺽쇠가 있다. 가장자리는 보통 넓고 솜털상으로 균사체 같은 실이 있다. 미세한 껍질이 있으며 벽은 얇다가 두꺼워지며 폭은 2.5~5㎛, 드물게 분지한다. 조직과 균사층의 벽은 얇고 밋밋하며 폭 2~4㎛. 담자포자는 3~4×2.1~2.8(3)㎛, 타원형-류구형, 벽이 얇고, 표면이 매끈하고 투명하며 드물게 기름방울을 함유한다. 아미로이드 반응을 보인다. 담자기는 11~20×4~7㎛, 곤봉형, 4-포자성. 기부에 꺽쇠가 있다.
생태 연중/ 활엽수의 표면에 배착 발생한다.
분포 한국, 유럽

주름균강 》 주름버섯목 》 밀고약버섯과 》 흰구멍버섯속

비단흰구멍버섯

Anomoporia bombycina (Fr.) Pouzar

형태 자실체는 배착생. 신선할 때 유연하고, 구멍의 표면은 백색이다가 보라색-연한 갈색이 된다. 가장자리는 털상, 드물게 매우 얇은 균사속이 있다. 구멍은 둥글다가 각져지며 1~2개/㎜. 관의 층과 살은 크림색-연한 갈색. 균사 조직은 1 균사형, 일반균사는 투명하고 분지가 많고 꺽쇠가 있다. 폭은 2~5.5㎛. 낭상체는 없다. 담자포자는 5~7.5×3.5~4.5㎛, 광타원형, 표면이 매끈하고 투명하며 벽은 얇다. 담자기는 25~38×5~7㎛, 곤봉상, 투명하며 기부에 꺽쇠가 있다.
생태 연중 / 죽은 고목의 껍질에 배착 발생한다.
분포 한국, 유럽

꽃귀버섯

Plicaturopsis crispa (Pers.) D.A. Reid

형태 균모는 지름 1~2㎝의 반원형, 부채꼴 또는 조개껍질 모양이다. 균모는 짧은 자루에 의해 기질에 부착해 있다. 균모의 위쪽 표면은 가는 털이 덮여 있고, 때로 골이 잡혀 있다. 가장자리는 흔히 무딘 톱니꼴-물결 모양이며 황토색-적갈색, 끝부분은 약간 연한 색이다. 균모의 하면(자실층)은 엽맥상의 주름살이 방사상으로 퍼져 있고 백색-황토색. 신선할 때는 유연한 가죽질, 건조할 때는 단단하고 부서지기 쉽다. 포자는 3.5~4×1~1.3㎛, 원주형-소시지형, 표면이 매끈하고 투명하며 2개의 기름방울이 있다.
생태 가을~초겨울 / 참나무 등 활엽수의 썩은 둥치나 줄기, 가지에 군생-층생한다. 흔한 종.
분포 한국, 중국, 일본, 북반

주름균강 》 주름버섯목 》 벚꽃버섯과 》 투명뿔나무버섯속

투명뿔나무버섯

Pseudoarmillariella ectypoides (Peck) Sing.

형태 균모는 지름 2~6㎝, 배꼽 혹은 깔대기 모양으로 균모와 주름살이 투명하다. 자실체는 건조성에 얇고, 회색 또는 노랑-담황색이다. 표면은 방사상으로 줄무늬가 있으며 검은 섬유실이 있고 군데군데 흑색의 인편 같은 술(총채)을 가지고 있다. 주름살은 자루에 대하여 심한 내린 주름살로 거의 기부 근처까지 내려온다. 주름살의 폭은 좁고 간격은 보통이며 황색이다. 자루는 가늘고 길며 길이가 16㎝ 높이까지 발달한다. 기부에 털이 있다. 포자문은 백색이다.
생태 여름 / 썩은 고목에 발생한다.
분포 한국, 북미

주름균강 》 주름버섯목 》 국수버섯과 》 나무싸리버섯속

나무싸리버섯

Clavicorona taxophila (Thom) Doty

형태 자실체는 높이 0.8~2(3)㎝, 밑동이 가늘고 위쪽은 얇고 넓은 판자 모양이 되며 선단은 절각을 이룬다. 편평한 선단은 0.4~0.9㎝ 정도이며 백색이다가 오래되면 황색을 띤다. 살은 백색이다. 포자는 크기 3~4×2~3㎛, 광타원형 혹은 아구형이다.
생태 가을/습지의 침엽수와 활엽수 낙지, 뿌리, 낙엽 등에 난다.
분포 한국, 유럽

주름균강 》 주름버섯목 》 멍게버섯과 》 멍게버섯속

뿌리멍게버섯

Cristinia rhenana Grosse-Brauckm.

형태 자실체는 배착생이지만 불규칙한 모양으로 느슨하게 부착된다. 자실층 표면은 그물꼴이다가 밋밋해진다. 색은 백색-회색, KOH 용액에서는 보라색이 된다. 가장자리는 얇은 균사 다발. 균사 조직은 1균사형이며 균사 폭은 3~5㎛, 밋밋하며, 자실층 아래의 균사는 얇은 벽이 있다. 균막에는 꺽쇠가 있다. 분생자형성 균사는 간단한 격막이 있고 꺽쇠가 산재한다. 담자포자는 지름 5~7㎛, 구형이며 각진 모양, 표면이 매끈하고 투명하다. 벽은 두껍고, 한쪽 끝이 돌출한다. 낭상체는 없다. 담자기는 류곤봉상-류원통형, 25~35×6~7.5㎛, 4-포자성. 기름방울과 알갱이를 함유하며, 기부에 꺽쇠가 있다.

생태 연중 / 썩은 나무 표면 또는 껍질 속에 발생한다.

분포 한국, 유럽

주름균강 》 주름버섯목 》 낙엽버섯과 》 털무리낙엽속

흰털무리낙엽버섯

Nothopanus candissimum (Sacc.) Kuhner
Cheimonophyllum candissimus (Sacc.) Sing.

형태 균모는 지름 1~2㎝, 반구형 또는 신장 모양, 표면은 노란색 바탕에 미세한 백색 털이 있다. 가장자리는 안으로 굽었다가 노쇠하면 약간 줄무늬 선이 나타난다. 살은 얇고 유연하다. 색은 백색-노란색. 냄새와 맛은 불분명하다. 주름살은 백색-노란색, 약간 성기다가 빽빽해지며 폭이 넓다. 자루는 백색, 편심생, 매우 짧거나 때때로 없다. 포자문은 백색. 포자는 5~6×4.5~5.5㎛, 구형-아구형, 표면이 매끈하고 투명하다. 난아미로이드 반응을 보인다. 연낭상체는 실처럼 분지한다.

생태 여름~가을 / 죽은 낙엽수에 단생 또는 집단 발생한다. 식용 여부는 알려지지 않았다.

분포 한국, 일본

흰털술잔낙엽버섯

Chaetocalathus liliputianus (Mont.) Sing.

형태 균모는 지름 0.5~1.6㎜, 배착생으로 기물 위에 부착하며 술잔형 또는 부채형이다. 표면은 막질, 순백색, 위는 융모가 기물의 부착점에 다수 있다. 가장자리는 길게 아래로 늘어지며 무늬가 있다. 살은 백색, 얇고 맛과 냄새는 없다. 주름살은 백색, 밀생하며 길이가 다르다. 자루는 없다. 포자는 7.5~10×5~7㎛, 타원형, 무색이며 매끈하고 투명하다. 난아미로이드 반응을 보인다. 담자기는 곤봉형, 20~25×4~6㎛, 무색, 4-포자성. 측낭상체는 50~100×10~14(16)㎛, 호리병 모양이며 많고 담황색이다. 정단은 결정체가 있으며, 연낭상체는 측낭상체 비슷하며 25~40×7~10㎛, 담황색, 아미로이드 반응을 보인다.

생태 여름~가을 / 활엽수림의 고목, 떨어진 가지 등에 군생한다.

분포 한국, 중국

깨진항아리버섯

Merismodes anomalus (Pers.) Sing.

형태 자실체는 컵 또는 항아리, 찻잔 받침 모양이다. 균모는 지름 0.2~0.5㎜, 높이 0.1~0.3㎜, 내부 표면의 자실층은 밋밋하며 크림색-황토색이다. 바깥면의 표면은 밝은 갈색이며 압착되고 빽빽한 털이 있다. 가장자리는 크림색, 털끝에서 갈라진 털이 나오고, 신선할 때 유연하다. 건조 시 각질이고 단단하며, 집단 또는 조밀하게 속생하며 때로 수 센티미터로 표면을 피복한다. 포자는 8~9.5×3.7~4.5(5)㎛, 타원형 혹은 약간 아몬드 모양, 표면이 매끈하고 투명하며 기름방울을 함유하기도 한다. 담자기는 가는 곤봉형, 30~40×5~6.5㎛, 4-포자성, 기부에 꺽쇠가 있다.

생태 연중 / 죽은 활엽수, 관목 등의 나무에 난다.

분포 한국, 유럽, 전 세계

사마귀꽃고약버섯

Cylindrobasidium evolens (Fr.) Jülich

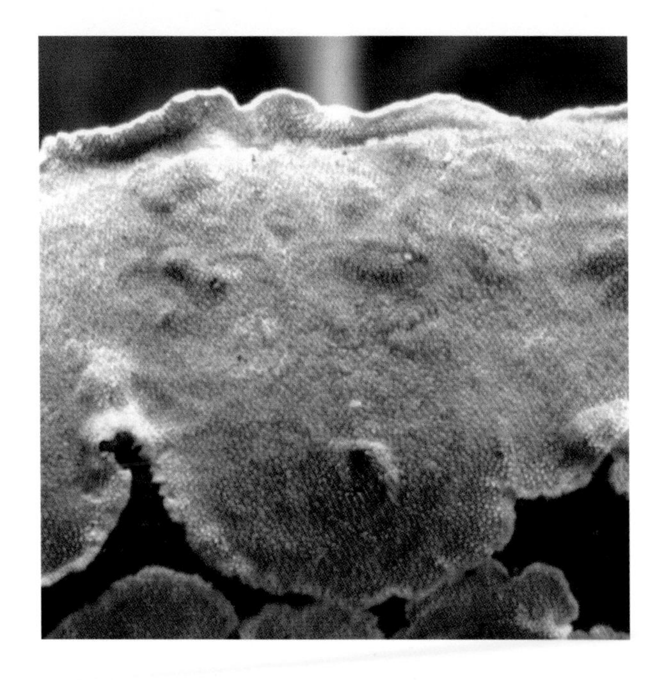

형태 자실체는 배착생-반배착생. 표면은 크고 작은 고약 모양이고 유연한 막질-밀납질이다. 처음에는 기물 표면에 둥근 반점 모양으로 작게 발생하여 서로 융합하면서 넓은 모양을 이룬다. 초기 발생 시 백색-담황갈색 표면에 얕은 사마귀 모양으로 결절이 생기고, 이 부분이 다소 진해지고 둘레에 방사상으로 얕은 주름이 생긴다. 때로 반전되어 균모를 형성한다. 자실층면은 밋밋하거나 얕은 사마귀 모양 결절이 있다. 색은 백색-담황갈색이다가 갈색을 띤다. 가장자리는 백색. 포자는 7~10×4~6㎛, 타원형, 표면이 매끈하고 투명하다.

생태 일년생 / 주로 활엽수의 죽은 가지나 줄기에 난다.

분포 한국 등 전 세계

큰느타리버섯

Pleurotus giganteus (Berk.) Karun. & K.D. Hyde
Lentinus giganteus Berk.

형태 균모는 지름 5~23㎝, 어릴 때는 편평한 반구형이다가 편평해지며 중앙은 들어가서 약간 깔대기 모양 또는 주발 모양이 된다. 표면에 백색 인편이 있으며, 나중에 중앙은 색이 짙어진다. 가장자리는 줄무늬 선이 있다. 육질은 백색, 냄새가 난다. 주름살은 자루에 대하여 내린 주름살, 백색 또는 연한 황백색, 약간 밀생하며 포크형이다. 자루는 길이 5~18㎝, 굵기 0.8~2.5㎝, 원주형이며 중심생 또는 드물게 편심생이다. 색은 오백색 또는 백색. 표면에 털이 있다. 속은 차 있으며 연하고 백색, 기부 쪽으로 길어지고 뿌리 모양이다. 포자는 6.5~9.5×5~7.5㎛, 타원형, 광택이 나고 투명하다. 측낭상체와 연낭상체는 23~38×6.5~11.5㎛, 곤봉상. 포자문은 백색이다.
생태 여름~가을 / 상록활엽수림의 땅에 묻힌 썩은 고목에 단생-군생한다. 식용하며 인공 재배한다.
분포 한국, 중국

흰벼슬버섯

Cristinia helvetica (Pers.) Parmasto

형태 자실체는 배착생, 느슨하게 부착하여 퍼진다. 자실체 표면은 밋밋하다가 굉장히 커지며 백색-연한 황토색 또는 분홍색이 된다. 가장자리는 보통 균사가 꽃술 모양이 된다. 균사 조직은 1균사형, 균사는 지름 3~6(8)㎛, 밋밋하며 벽이 얇고 꺽쇠가 있다. 대부분이 분생자 형성 균사층에서 균사 꽃술을 형성하며 지름 30~50㎛. 담자포자는 3.5~5×3~4㎛, 난형-류구형, 작은 돌출물이 있고, 표면이 매끈하고 투명하며 벽은 약간 두껍다. 낭상체는 없다. 담자기는 아원통형이며 15~25×5~7㎛, 4-포자성, 기름방울을 함유한다. 기부에 꺽쇠가 있다.

생태 연중 / 썩은 고목의 표면에 배착 발생한다.

분포 한국, 유럽

주름균강 》 무당버섯목 》 가시이빨버섯과 》 가시이빨버섯속

민가시이빨버섯

Echinodontium japonicum Imazeki

형태 자실체는 대부분 기질의 수피면에 부착한다. 특히 불규칙하게 퍼지며, 지름 2~10㎝, 가장자리는 반전하여 좁은 균모를 만든다. 균모는 폭 2~4㎜, 표면이 무모이며 환문은 없고 거칠다. 가장자리는 흑색이나 담회백색이 되며 갈색 띠가 있다. 살은 약 1㎜, 목질, 단단하고 딱딱하며 2층으로 구성된다. 상층은 연기색 또는 초다색, 하층은 육계색이 되며 침은 가늘고 침상으로 여러 기부에 합착 또는 융합하기도한다. 길이는 0.4~1㎝. 기부는 지름 0.5㎜, 선단은 뾰족하고 오백색이다. 자실층의 두께는 30~50㎛, 다수의 낭상체가 매몰된다. 낭상체는 40~55×6~15㎛, 자실층보다 솟지 않으며, 보통 결정이 피복하고 넓은 방수체를 형성한다. 담자자루는 곤봉형, 4-포자성. 포자는 6~7.5×4~4.5㎛, 넓은 타원형, 표면이 매끈하고 투명하다.

생태 연중 / 참나무류의 고목에 발생한다.

분포 한국, 일본

주름균강 》 무당버섯목 》 껍질고약버섯과 》 수지버섯속

다색수지버섯

Dendrophora verisformis (Berk. & M.A. Curtis) Chamuris

형태 자실체는 불규칙한 모양이며 질기다. 자실층의 임성 표면은 털상이 되며, 매끈하고 검은 갈색에서 회흑색이 된다. 자실층탁은 밋밋하다가 약간 결절상이 된다. 노쇠하면 갈라지며 흑갈색이 되고, 건조하면 더 연해진다. 균사 조직은 1균사형, 균사에 꺽쇠가 있으며 얇다가 두꺼운 벽이 된다. 기부 균사는 갈색, 얇다가 두껍게 되며, 폭은 2~6(8)㎛이다. 수지상 사상체는 갈색, 벽은 얇다가 두꺼워진다. 담자포자는 5~8×1.5~2.5㎛, 아몬드형. 낭상체는 원추형, 벽은 두껍고, 황갈색이다. 담자기는 류곤봉형, 25~30×5~6㎛이며 4-포자성, 기부에 꺽쇠가 있다. 표면이 매끈하고 투명하며 벽이 두껍다.

생태 봄~가을 / 썩은 고목의 껍질 등에 배착 발생한다.

분포 한국, 유럽

주름균강 》 그물버섯목 》 녹슨버짐버섯과 》 녹슨버짐버섯속

가죽녹슨버짐버섯

Serpula himantoides (Fr.) P. Karst.

형태 자실체는 배착생으로 불규칙하며 막편을 형성하여 퍼져 나간다. 매우 얇으며 기질에 느슨하게 부착된다. 아래는 실크, 벨벳의 회색, 사마귀 점이 구멍 비슷한 것을 만든다. 가장자리는 불분명하고 미세한 털상이 짧게 형성되며, 얇은 층을 형성한다. 살은 백색, 얇고, 실크형에서 섬유성이며 유연하다. 포자는 9~12×5~7㎛, 타원형, 표면이 매끈하고 투명하다. 담자기는 50~80㎛, 길게 늘어난 곤봉형이며 낭상체는 없다. 균사형은 2균사형. 포자문은 황색이다.

생태 가을 / 죽은 침엽수, 활엽수의 낙엽에 발생한다. 보통종이 아니다.

분포 유럽, 특히 영국

주름균강 》 그물버섯목 》 그물버섯과 》 해그물버섯속

산해그물버섯

Xerocomellus cisalpinus (Simonini, H. Ladurner & Peintner) Klofa

형태 균모는 지름 4~10㎝, 둥근 산 모양이다가 곧 편평해진다. 매우 다양한 색이 있지만 거의 검은 갈색이다가 적색 또는 둔한 적갈색이 된다. 어린 것은 핑크색이나 적색일 때도 있다. 오래되면 표면이 심하게 갈라진다. 냄새는 분명치 않으며 맛은 온화하다. 관공의 관과 구멍은 어릴 때 노란색, 오래되면 올리브색을 띤다. 상처 시 청색-녹색으로 변한다. 자루는 원통형, 싱싱할 때 위쪽 절반은 순노란색, 아래쪽은 강한 적색을 보인다. 점상-섬유실이 있다. 포자는 11.4~15×4.5~5.7㎛, 류방추형, 올리브-갈색. 매우 미세한 종선의 줄무늬가 있다.

생태 여름~가을 / 혼효림의 땅에 1~2개가 난다.

분포 한국, 유럽

째진해그물버섯

Xerocomellus zelleri (Murrill) Klofac
Boletus zelleri (Murrill) Murrill

형태 균모는 지름 5~12㎝, 둥근 산 모양, 검은색에서 흑갈색이 되지만 약간의 올리브색을 띤다. 표면의 껍질은 가끔 갈라지며 표피 밑은 적색이다. 표면은 밋밋하거나 꽤 울퉁불퉁한 주름 상태로 흔히 벨벳상이다. 냄새와 맛이 좋다. 관공의 관과 구멍은 노란색, 상처 시 청색으로 변한다. 자루는 길이 50~100㎜, 굵기 7~20㎜, 원통형, 적색에 약간 노란색을 띠며, 오래되면 둔한 올리브색이 된다. 건조 시 가루상-점상. 포자는 12~15×4~5.5㎛, 방추형-타원형. 포자문은 올리브-갈색이다.
생태 여름~가을 / 혼효림의 땅에 군생한다. 식용이다.
분포 한국, 북미

흰녹색가죽버섯

Kavinia alboviridis (Morgan) Gilb. & Budington

형태 자실체는 완전 배착생, 기질에 느슨하게 부착한다. 색은 백색, 솜털상의 분생자형성 자실층에는 원추상의 돌기가 있다. 꼭대기에는 길이 1~2(3)㎜, 두께 0.2㎜의 녹색 가시가 있고 향지성이다. 유연하고 부서지기 쉬우며 표면은 자실층으로 덮여 있다. 분생자형성 자실층은 매우 얇고, 아치형, 솜털상, 많은 백색 균사체가 퍼지며, 가장자리는 얇고, 균사속을 가진다. 이 균은 수 센티미터로 퍼져 나간다. 포자는 7.5~9×3~4㎛, 타원형, 표면에 사마귀 반점이 있다. 벽은 두껍고, 노란색이다. 담자기는 20~25×5~7㎛, 4-포자성, 기부에 꺾쇠가 있다.

생태 봄~가을 / 썩은 활엽수, 침엽수에 배착 발생한다. 드문 종.

분포 한국, 유럽, 북미, 아시아

뿔회색뿌리버섯

Rhizoctonia pseudocornigera (M.P. Christ.) Oberw., R. Bauer, Granica & R. Kirschner
Ceratobasidium pseudocornigerum M.P. Christ.

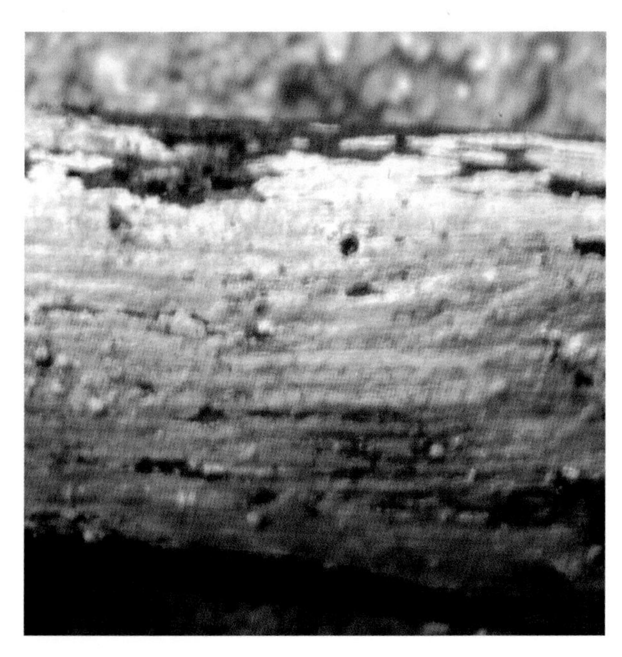

형태 자실체는 완전 배착생, 기질에 느슨하게 부착하며 필름 같은 얇은 막편이 수 센티미터로 퍼진다. 표면은 밋밋하고 회백색, 건조 시 거의 보이지 않는다. 가장자리는 흩어진다. 왁스처럼 약간 끈적임이 있다. 자실체는 곰팡이냄새가 나고 쉽게 씻겨 나간다. 포자는 8~12×3~4.5㎛, 타원-원주형 또는 거의 방추형, 표면이 매끈하고 투명하다. 담자기는 류구형-난형, 10~13×8~10㎛, 4-포자성, 기부에 꺽쇠가 없다. 낭상체는 없다.

생태 봄~가을 / 죽거나 단단한 나무의 썩은 가지, 땅에 넘어진 나무에 발생한다. 드문 종.

분포 한국, 유럽

담자균문

Basidiomycota

녹균아문

Pucciniommycotina

깜부기균아문

Ustilaginomycotina

녹균아문 》 녹균강 》 날개무늬병균목 》 날개무늬병균과 》 날개무늬병균속

자주빛날개무늬병균

Helicobasidium mompa N. Tanaka

형태 식물의 줄기나 밑동과 땅을 둘러싸고 번식하는 자갈색 펠트상의 균이다. 두께 1~2㎜ 정도이며 표면에 목이형의 담자기를 만든다. 포자는 12~25×4~7㎛, 길고 거꾸로 된 난형으로 무색이다. 이 균은 땅속에서 살고 식물의 뿌리나 땅속 줄기 등의 표면에 어두운 갈색 가는 균사속을 감는다.
생태 다년생 / 땅속에서 살면서 식물의 뿌리나 땅속 줄기 등에 침입하여 조직을 썩힌다. 식물을 말라 죽게 하여 각종 과수, 뽕나무, 차나무, 임목 외 농작물 등에 큰 피해를 준다.
분포 한국, 일본, 동남아시아

녹균아문 》 녹균강 》 고약병균목 》 고약병균과 》 고약병균속

비로드고약병균

Septobasidium kameii Kaz.

형태 나무에 배착하는 배착생. 자실체는 원형-장타원형으로 넓게 퍼지며, 오래되면 나무 전체를 포위하기도 한다. 색은 갈색-짙은 갈색. 자실체는 비로드상의 균사막으로 이들은 때로 불규칙한 균열이 생긴다. 두께 2㎜ 정도로 여러 층을 만든다. 포자는 크기 21~27×5~6㎛, 장타원형, 무색이다.
생태 연중 / 솎아베기가 잘 안된 과밀한 숲속의 음습한 곳, 통풍이 잘 안되는 곳, 수간에 발생한다.
분포 한국, 일본

깜부기균아문 》 떡병균강 》 떡병균목 》 떡병균과 》 떡병균속

비후포자떡병균

Exobasidium pachysporum Nannf.

형태 곰팡이가 숙주 식물의 잎에 침투하며 침투된 식물 표면은 적색 와인 반점이 된다. 잎은 두껍지 않으며 아랫면을 뒤덮고, 백색의 반점이 나타난다. 가루상의 자실층이며 곰팡이 자실체는 나타나지 않는다. 포자는 11~17×3~5㎛, 원주형-타원형, 표면이 매끈하고 투명하며 기름방울을 함유한다. 격막이 있으며, 때때로 분생자의 발아점이 된다. 담자기는 원주형-곤봉형, 50~55×4.5~5.5㎛, 4-포자성. 기부에 꺽쇠는 없다.
생태 여름 / 살아있는 잎에 기생한다.
분포 한국, 유럽, 북미, 아시아

깜부기균아문 》 떡병균강 》 떡병균목 》 떡병균과 》 떡병균속

분홍떡병균

Exobasidium rhododendri (Fuckel) Cramer

형태 곰팡이가 숙주 식물의 잎에 침투하여 불규칙하고 둥글게 부풀게 한다. 지름 10~30㎜, 분홍색-적색이 되며, 미세한 백색 가루가 자실층으로부터 만들어져 표면 전체를 덮는다. 사과처럼 부풀지만 자실체를 형성하지는 않는다. 보통 어린 잎의 끝에 감염된다. 담자포자는 12~15×3~4㎛, 원주으로 굽어 있으며, 표면이 매끈하고 투명하며 기름방울 또는 알갱이가 있다. 성숙하면 1개의 격막이 있다. 담자기는 40~50×8~12㎛, 원통형, 자루가 있고 4, 6-포자성이다. 기부에 꺽쇠는 없으며, 낭상체는 관찰되지 않는다.
생태 봄~가을 / 곰팡이가 식물을 침투하여 식물에 병을 일으킨다.
분포 한국, 유럽

변형균문

Myxomycota

산호먼지

Ceratiomyxa fruticulosa var. **fruticulosa** (O.F. Müll) T. Macbr.
Ceratiomyxa fruticulosa (O.F. Müll) T. Macbr.

형태 자실체는 군생하며 수지상이다. 어릴 때는 투명하나 건조하면 백색 또는 황색이 된다. 높이는 약 10㎜ 정도. 포자는 10~13×6~7㎛, 난형, 타원형 또는 아구형으로 거의 투명하다. 변형체는 투명하나 백색 또는 황색이다. 자실체의 분지가 길고 구부러진다.

생태 봄~가을 / 썩은 고목에 나며 드물게 산 나무의 껍질에 나기도한다.

분포 한국, 일본 등 전 세계

변종 두 가지가 있다. 처진산호먼지(Ceratiomyxa fruticulosa var. descendens)는 순백색에 원주상으로 분지하지 않는 형태이고 산호먼지아재비(Ceratiomyxa fruticulosa ver. porioides (Alb & Schw.) A. Lister)는 순백색에 집단을 이뤄 벌집 모양을 띤다.

분홍공먼지

Lycogala epidendrum (J.C. Buxb. ex L.) Fr.

형태 자실체는 공 모양 또는 편평한 둥근 모양, 불규칙한 모양이다. 황갈색 또는 짙은 청갈색이나 갈색에 가깝고, 결국 흑색이 된다. 자낭은 지름 0.3~1.5㎝, 표피층이 얇고 약하며 노란색이나 어두운 갈색의 작은 비늘 조각 모양의 혹이 있다. 끝부분이 갈라지며 포자를 퍼뜨린다. 포자는 지름 6~7.5㎛, 구형, 표면에 그물꼴이 있으며 황토색-진한 회색이다가 오래되면 황색이 된다. 변형체는 오렌지 홍색이다가 오래되면 흑색이 된다.

생태 여름~가을 / 썩은 나무나 산 나무에 군생 또는 밀생, 산생한다.

분포 한국, 중국, 일본 등 전 세계

격자체먼지

Cribraria cancelata (Batsch) Nann-Brem.
Cribraria cancelata var. cancellata (Batsch) Nann-Brem.

형태 자낭체는 군생한다. 자낭은 지름 0.7㎜, 높이 5㎜, 아구형이고, 때로 위아래가 움푹 들어가며, 적갈색-암갈색이다. 늑골(팔)은 40~50개가 자낭의 기부로부터 나온다. 늑골과 늑골은 가는 연결사로 연결된다. 포자는 지름 5~7㎛로 구형이며 표면에 가는 사마귀 반점이 있다. 때로는 벽소립자가 부착하며 적갈색-암갈색이 된다. 변형체의 색은 자색이 진한 흑색이다.
생태 봄~가을 / 특히 썩은 침엽수에 많이 나며, 활엽수에 등에 군생한다.
분포 한국, 일본 등 전 세계

변형균강 》 변형복균아강 》 이먼지목 》 체먼지과 》 체먼지속

쇠열매체먼지

Cribraria microcrapa (Schrad.) Pers.
Dictydium microcarpum Schrad.

형태 자낭은 지름 0.3㎜, 높이 약 5㎜, 황갈색-황토색이며 소형이다. 배상체는 아니다. 자루는 1.8㎜ 이상으로 길다. 벽망의 절(매듭)은 두껍고, 벽소립은 암색이다. 포자는 지름 5~7㎛, 황갈색-황토색, 표면에 미세한 가시가 있다. 변형체는 무색-백색이지만 나중에는 갈색이 된다. 절(매듭)은 두껍지 않으며 벽소립 입자가 연한 색을 나타내는 종도 있다.
생태 봄~가을 / 썩은 침엽수 또는 생목의 껍질에 난다. 단자낭체는 군생 또는 산생한다.
분포 한국, 일본

변형균강 》 변형복균아강 》 이먼지목 》 체먼지과 》 체먼지속

보라색체먼지

Cribraria purpurea Schrad.

형태 자낭은 1.2㎜, 높이 3㎜, 적색이 가미된 자색이다. 배상체의 크기는 자낭의 1/2 이하다. 벽망의 절(매듭)은 넓고 두껍지 않으며 연락사에서 떨어진 잔편이 많다. 자루의 길이는 자낭의 약 2배다. 포자는 지름 5~7.5㎛, 구형, 적색이 가미된 자색이다. 표면에 가는 사마귀 반점이 있다. 변형체는 적자색 혹은 진한 적색이다.
생태 늦가을, 드물게 봄 / 썩은 침엽수 위에 난다. 단자낭체는 군생한다. 보통종이 아니다.
분포 한국, 일본

변형균강 》 변형복균아강 》 이먼지목 》 체먼지과 》 체먼지속

빛체먼지

Cribraia splendens
(Schrad.) Pers.

형태 자낭은 지름 0.7㎜, 높이 2.5㎜ 정도이며 거의 구형이며 황토색이다. 자루의 길이는 자낭의 약 4배 정도. 배상체는 없고, 8~15개의 늑골(팔)이 자낭의 기부로부터 나오며, 불규칙한 망이 된다. 절(매듭)은 그다지 확실하지 않고 거의 편평하고 약간 두껍다. 벽소립자는 지름 0.5~1㎛ 정도로 작다. 포자는 지름 6~7㎛, 구형, 황토색이다. 표면에 미세한 사마귀 반점이 덮여 있다. 변형체는 연필심 색이다.
생태 봄~가을 / 썩은 나무에 난다. 단자낭체는 군생한다. 보통종이 아니다.
분포 한국, 일본

변형균강 》 변형복균아강 》 이먼지목 》 장내먼지과 》 그물먼지속

말불그물먼지

Reticularia lycopperdon Bull.
Enteridium lycoperdon (Bull.) Farr.

형태 착합자낭체는 반구형-둥근 산 모양, 폭은 약 10㎝. 신선할 때는 백색 피막이 있고, 나중에는 갈색이 된다. 변형막은 백색. 의세모체는 착합자낭체의 밑에서 나온며, 나뭇가지 모양으로 분지한다. 선단부는 굽은 실 모양이 된다. 포자는 직경 8~9㎛, 적갈색, 아구형이며 표면의 약 2/3가 망목형이다. 개개의 포자가 유착하여 착합포자가 된다. 의모체에 부착하는 경우가 많다. 변형체는 백색이다.
생태 봄~가을 / 썩은 고목에 단생-산생한다. 보통종.
분포 한국 등 전 세계

회색활먼지

Arcyria cinerea Fr.

형태 자낭은 높이 약 4㎜, 원주형, 타원형, 삼각추형 등이며 드물게는 구형이다. 색은 회백색-담황색. 세모체는 짧은 가시(침)가 있는 실 모양으로 분지하거나 서로 유착하여 복잡한 그물망을 형성한다. 자낭의 기부에 있는 배상체는 작고, 내면에 돌기가 있다. 포자는 지름 6~7㎛, 구형, 표면에 사마귀 반점이 있으며 연한 회색-황색을 나타낸다. 변형체는 보통 백색이다.

생태 여름~가을 / 단자낭체는 군생, 드물게 산생한다.

분포 한국, 일본 등 전 세계

부들활먼지

Arcyria denudata (L.) Wettst.

형태 자낭은 높이 약 6㎜, 원추형이나 난형, 드물게 구형이다. 적색이 보통이지만 복숭아색이 섞이거나 오렌지색인 것도 있다. 오래되면 퇴색하여 갈색을 나타낸다. 변이가 많다. 세모체는 얕은 술잔 모양으로 강하게 부착한다. 세모체의 실은 환, 반환, 치아, 침 모양 등의 돌기가 융기되어 있다. 술잔 모양의 무늬는 그물꼴 모양이다. 포자는 지름 6~8㎛, 적색, 표면에 여러 개의 사마귀 반점이 있다. 변형체는 백색이다.
생태 봄~가을 / 썩은 고목의 껍질이나 재목에 난다. 단자낭체는 군생, 드물게 산생한다.
분포 한국 등 전 세계

녹슨활먼지

Arcyria ferruginea Saut

형태 자낭은 짧은 원통형-난형, 둔한 오렌지색이나 복숭아색 또는 적갈색을 나타낸다. 세모체가 신장하기 전의 높이는 약 2㎜. 배상체는 크고, 내면에 망상의 무늬가 있다. 세모체는 배상체로부터 떨어지기 쉽고, 때로 뭉쳐서 낙하한다. 세모체의 실은 둥근 모양이다. 표면에 사마귀 모양, 환 무늬가 있다. 포자는 지름 9~12㎛이며 적색, 구형이다. 표면에 미세한 사마귀 반점이 있고, 암색의 사마귀 집합체가 있다. 변형체는 복숭아색, 적색 또는 백색이다.

생태 봄~가을 / 썩은 고목, 산 나무의 껍질에 난다. 단자낭체는 군생 또는 밀생한다. 드문 종.

분포 한국, 일본 등 전 세계

변형균강 》 변형복균아강 》 털먼지목 》 활먼지과 》 활먼지속

공활먼지

Arcyria globosa Weinm.

형태 단자낭체는 높이 약 2㎜ 정도. 자낭은 구형으로 백색이다. 배상체는 깊고, 자낭의 약반을 차지한다. 세모체의 실은 담색이며 거의 신장성이 없다. 사마귀 모양의 무늬가 있는데 특히 불규칙한 망상 무늬와 절상(매듭)이 부푼 것이 보인다. 배상체는 강하게 부착한다. 자루는 백색 또는 약간 암색이다. 포자는 백색, 지름 7~9㎛로 구형이며, 표면에 여러 개의 사마귀 반점이 있다. 변형체는 백색이다.
생태 봄~가을 / 썩은 고목에 군생한다. 그렇게 흔한 종은 아니다.
분포 한국, 일본 등 전 세계

변형균강 》 변형복균아강 》 털먼지목 》 활먼지과 》 활먼지속

황색활먼지

Arcyria incarnata (Pers. ex J Gmel) Pers.

형태 단자낭체는 높이 약 2.5㎜. 자낭은 원통형부터 난형, 색은 복숭아색부터 적색, 퇴색하면 황색이 된다. 자루는 짧고 적색이다. 세모체는 그물눈이 작고, 배상체로부터 간단히 떨어져서 쉽게 유리된다. 세모체의 실은 환상의 무늬와 가시가(침) 있다. 현미경으로 보면 거의 무색. 배상체의 내면은 매끈하거나 대단히 큰 그물눈이 있다. 포자는 지름 6~8㎛로 구형이며 복숭아색, 표면에 여러 개의 사마귀 반점이 덮여 있다. 변형체는 백색이다.
생태 여름 / 고목에 난다. 단자낭체는 군생, 드물게 산생한다.
분포 한국, 일본
참고 돌기활먼지와 비슷하다.

놀기활먼지

Arcyria insignis Kalchbr. & Cooke

형태 자낭는 높이 약 2㎜. 자낭은 원통형부터 난형, 색은 복숭아색부터 적색, 퇴색하면 황색이 된다. 자루는 짧고 적색이다. 세모체는 그물눈이 작고, 배상체로부터 떨어지기 어렵다. 세모체의 실은 환상의 무늬와 가시가(침) 있다. 현미경으로 보면 거의 무색. 배상체의 내면은 매끈하거나 가는 그물 무늬가 있다. 포자는 지름 6~8㎛로 구형이며 복숭아색, 표면에 여러 개의 사마귀 반점이 있다. 변형체는 백색이다.
생태 여름 / 고목에 난다. 단자낭체는 군생, 드물게 산생한다.
분포 한국, 일본

변형균강 》 변형복균아강 》 털먼지목 》 활먼지과 》 활먼지속

큰활먼지

Arcyria major (G. Lister) Ing

형태 자낭은 높이 약 3㎜ 정도로 비교적 대형이며, 모양은 원통형부터 난형, 색은 복숭아색부터 적색이 있고, 퇴색하면 황색이 된다. 자루는 짧고, 적색이다. 세모체는 그물눈이 작고, 배상체로부터 떨어지기 어렵다. 세모체의 실은 환상의 무늬와 가시가(침) 있으며 반환문(半環紋) 무늬를 가지고 있으며 색이 진하다. 현미경으로 보면 거의 무색. 배상체의 내면은 매끈하거나 가는 그물무늬가 있다. 포자는 지름 6~8㎛로 구형이며 복숭아색, 표면에 여러 개의 사마귀 반점이 분포한다. 변형체는 백색이다.
생태 여름 / 썩은 고목에 군생한다.
분포 한국, 일본

변형균강 》 변형복균아강 》 털먼지목 》 활먼지과 》 활먼지속

복숭아활먼지

Arcyria pomiformis (Leers) Rostaf.

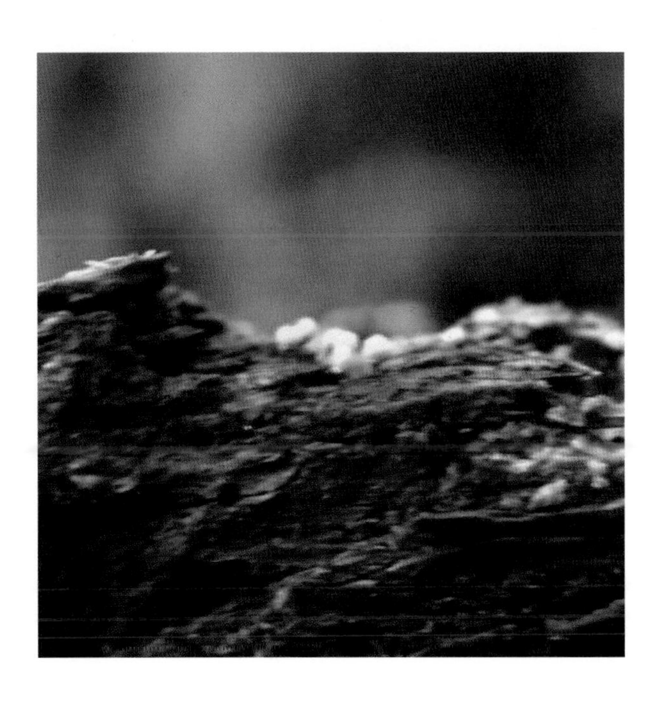

형태 자낭은 높이 약 2㎜. 자낭은 구형-원통형, 황색-복숭아색. 자루는 자실체 높이의 1/2부터 1/3 정도에 이른다. 세모체는 망목이 매우 크고, 배상체에 강하게 부착한다. 배상체는 얄고, 내면에 유두돌기가 있는 그물눈 무늬가 있다. 세모체의 실에는 환상, 치아상, 침상의 무늬가 있고, 때로는 망상의 융기로 연결된다. 포자는 지름 7~9㎛, 표면에 많은 사마귀 점이 있으며 황색이다. 변형체는 백색이다.
생태 봄~가을 / 썩은 나무의 껍질에 난다. 단자낭체는 산생 또는 군생한다.
분포 한국, 일본

흰활먼지

Arcyria obvelata (Oeder) Onsberg

형태 자낭은 높이 2㎜. 세모체는 신장한 상태에서 15㎜ 정도에 이른다. 모양은 원통형에서 난형, 색은 황색이거나 복숭아색이다. 세모체는 배상체로부터 간단히 떨어진다. 배상체는 얕고, 내면에는 가시가 있는 그물꼴 무늬가 있다. 포자는 지름 7~8㎛이며 구형이고 표면에 많은 사마귀 반점이 있다. 색은 황색. 변형체는 백색이다.

생태 봄~가을 / 썩은 나무의 껍질이나 재목에 난다. 단자낭체는 밀생 또는 군생한다.

분포 한국, 일본 등 전 세계

벌집중앙털먼지

Metatrichia vesparium (Batsch) Nann-Brem. ex G.W. Martin & Alexop.

형태 자실체는 자루가 있고, 자낭은 높이 약 3㎜, 보통 자루가 손바닥 모양의 자낭체형 또는 의착합자낭체형이 된다. 벌집 모양을 닮았다. 자낭은 도란형-아원통형, 직경 약 0.7㎜, 적색-암갈색이다. 하부는 배상체로 남아있다. 자루는 굵고 적색이다. 세모체의 실은 길고 침은 3~4개의 라셴 무늬가 있고, 중간부는 꺾여져 나사 모양이 많다. 포자는 직경 9~11㎛, 표면에 미세한 사마귀 반점이 있다. 포자는 갈색-진한 적색이다. 변형체는 적색-흑색이다.

생태 늦가을~겨울 / 썩은 나무에 군생한다. 따뜻한 곳에서는 보통 발생하지 않는다.

분포 한국, 일본 등 온대 지방

노랑주모먼지

Perichaena chrysoperma (Currey) A. Lister

형태 자실체는 자루가 없고 단자낭체형이거나 굴곡자낭체형이며, 모양은 구형, 원통형, 때때로 바퀴 모양이다. 색은 복숭아색, 적갈색 또는 암갈색 등이며, 폭은 약 0.5㎜, 길이 약 1.5㎜다. 자낭벽은 2층, 외벽은 막질, 특히 그물눈의 융기가 나타나며, 드물게 석회석이 있다. 내벽은 막질로 얇고, 반투명하다. 세모체는 황색의 가는 실 모양으로 지름 2~4㎛, 굵은 침이 있다. 포자는 지름 8~10㎛, 표면에 미세한 사마귀 반점 모양이 있으며 황색이다. 변형체는 처음에는 백색, 나중에 복숭아색이 진한 회색 또는 복숭아색이다.

생태 봄~가을 / 썩은 나무나 산 나무의 껍질에 군생한다.

분포 한국, 일본 등 전 세계

변형균강 》 변형복균아강 》 털먼지목 》 활먼지과 》 주모먼지속

싸리주모먼지

Perichaena vermicularis (Schw.) Rostaf.

형태 자실체는 굴곡자낭체형이거나 단자낭체형, 모양은 그물눈, 바퀴, 아구 또는 둥근 산 모양이다. 색은 복숭아색-적갈색. 자낭벽은 2층, 외벽은 알갱이를 함유한다. 내벽은 막질로 유두돌기가 있다. 세모체는 가는 긴 실 모양으로 미세한 사마귀 반점 또는 침이 있으며 지름 약 2.5㎛. 포자는 직경 10~14㎛이고 표면에 미세한 사마귀 반점이 있다. 포자의 색은 복숭아색이 진한 황색이다. 변형체는 백색, 황색 또는 복숭아색이 진한 황색이다.
생태 봄~가을 / 낙엽, 짚, 생목이나 썩은 나무의 껍질 등에 군생한다.
분포 한국, 일본

변형균강 》 변형복균아강 》 털먼지목 》 털먼지과 》 반털먼지속

곤봉반털먼지아재비

Hemitrichia clavata var. **calyculata** (Speg.) Y. Yamam.

형태 자루가 있으며 원통형, 자낭은 높이 약 2㎜. 자낭은 원통형이며 광폭의 곤봉형부터 서양배 모양까지 있다. 색깔은 황색-복숭아색. 자낭벽은 하부가 잔존성으로, 배상체가 얇고 벌어진 후에 뒤집힌다. 세모체는 황색, 지름 4.5~6.5㎛, 4~5개의 란센 무늬가 있다. 세모체는 배상체보다 강하게 부착한다. 포자는 지름 7~9㎛, 표면에는 그물눈이 있으며 황색이다. 변형체는 백색이다.
생태 늦가을~겨울 / 썩은 나무에 보통 발생한다. 따뜻한 평지에서는 드물다. 산생한다.
분포 한국 등 온대 지방

곤봉반털먼지

Hemitrichia clavata (Pers.) Rostaf.

형태 자루가 있으며 자낭은 높이 약 2㎜. 자낭은 광폭의 곤봉형부터 서양배 모양까지 있다. 색은 황색-복숭아색. 자낭벽은 하부가 잔존성으로, 화병의 배상체 모양 등이고, 내면에는 유두돌기 또는 망상문이 있다. 자루는 짧고, 내부에 포자상의 세포를 포함한다. 상부는 넓고, 배상체가 된다. 세모체는 황색의 실 모양으로 약간 탄력성이 있고 지름 4.5~6.5㎛, 4~5개의 란셴 무늬가 있다. 세모체는 배상체로부터 떨어지기 쉽다. 포자는 지름 7~9㎛, 표면에는 불완전한 미세한 사마귀 모양의 그물눈이 있다. 색은 황색이다. 변형체는 백색이다.

생태 늦가을~겨울 / 썩은 고목에 군생 또는 밀생한다. 따뜻한 평지에는 드물다.

분포 한국, 일본 등 온대

변형균강 》 변형복균아강 》 털먼지목 》 털먼지과 》 반털먼지속

그물반털먼지

Hemitrichia serpula (Scop.) Rostaf.

형태 자실체는 굴곡자낭체형, 드물게 단자낭체형. 길이는 길어서 10㎝나 된다. 굴곡자낭체는 황색-오렌지색, 원통형이다. 보통 유합하여 그물눈이 된다. 자낭벽은 얇고 투명하다. 세모체의 실은 황색, 세로로 줄무늬 모양이 있으며, 3~4개의 란센 무늬와 침이 있고, 지름 4~6㎛다. 포자는 지름 11~16㎛로 아구형, 표면에는 조잡한 그물눈이 있으며 황색이다. 변형체는 백색이다.
생태 봄~가을 / 썩은 나무에 보통 발생한다.
분포 한국 등 전 세계

변형균강 》 변형복균아강 》 털먼지목 》 털먼지과 》 털먼지속

털먼지

Trichia affinis de Bary

형태 자실체는 자루가 없고 단자낭체형, 구형-도란형이며 밀생한다. 지름 1㎜ 정도이며 색은 황색-복숭아색이다. 세모체는 황색, 원통형의 긴 탄사가 있고, 세로로 골이 있다. 지름 4~6㎛이며, 4~5개의 란센 무늬가 있고, 앞은 뾰족한데 짧다. 포자는 선황색, 지름 13~15㎛, 구형이다. 표면에 조잡한 그물눈이 있으며 가장자리는 폭 0.5~1㎛이고 구멍이 있다. 변형체는 백색이다.
생태 봄~가을 / 썩은 나무에 보통 밀생한다.
분포 한국 등 전 세계

변색털먼지

Trichia varia (Pers. ex J.F. Gmel.) Pers.

형태 자실체는 보통 자루가 없지만 흑색의 짧은 자루가 있을 때도 있다. 단자낭체형, 드물게 굴곡자낭체형이며 자낭은 높이 1㎜로 모양은 구형, 도란형, 원통형 또는 바퀴형이다. 색은 복숭아색, 황갈색 또는 연두색. 탄사는 직경 3~5㎛, 황색, 오렌지색 등이며 느슨한 란센 무늬가 2개, 드물게 1개나 3개가 있을 때도 있다. 선단부는 약간 짧고 뾰족하며, 길이 10~15㎛다. 포자는 지름 12~14㎛로 구형, 표면에는 미세한 사마귀 반점이 있으며 황색-오렌지색이다. 변형체는 백색이다.
생태 늦가을~겨울 / 썩은 나무에 보통 군생 또는 밀생한다.
분포 한국 등 전 세계

붉은잔고리먼지

Badhamia macrocarpa (Ces.) Rostaf.

형태 자실체는 단자낭체형부터 짧은 굴곡자낭체형이 있으며, 모양은 아구형, 바퀴 모양 또는 원통형이다. 색은 거의 백색, 폭은 약 1㎜. 자루가 있는 것은 황색-갈색이다. 세모체는 석회질로 그물꼴이다. 포자는 지름 11~15㎛로 구형이며 표면에 불규칙한 사마귀 모양의 반점이 있으나 유리되며, 거의 흑색이다. 변형체는 백색 또는 황색이다.

생태 봄~가을 / 가을에 많다. 늦가을 썩은 나무의 껍질에 군생한다.

분포 한국, 일본 등 전 세계

변형균강 》 변형복균아강 》 자루먼지목 》 자루먼지과 》 고리먼지속

봉시고리먼지

Badhamia utricularis (Bull.) Berk.

형태 자실체는 단자낭체형, 자루가 있는 것도 있고 없는 것도 있다. 썩은 나무 아래에 발생할 때는 손바닥 모양의 자낭체가 된다. 긴 자루에 자낭이 아래로 처지는 경우가 많다. 자낭은 구형, 난형 또는 거꾸로 된 서양배 모양이다. 색은 청색이 진한 회색 또는 회색이다. 자낭은 지름 1㎜ 정도다. 자루는 황색이고 연약하다. 세모체는 석회질, 섬세하고 균일한 크기의 관이 그물망을 형성한다. 포자는 지름 10~14㎛, 표면은 분명한 사마귀 모양의 반점이 있다. 유착한 착합포자를 형성하며 흑갈색이다. 변형체는 황색이다.
생태 가을 / 썩은 나무나 다른 버섯에 군생한다. 보통종이 아니다.
분포 한국, 일본

변형균강 》 변형복균아강 》 자루먼지목 》 자루먼지과 》 주발먼지속

흰주발먼지

Craterium leucocephalum var. **leucocephalum** (Pers. ex J.F. Gmel.) Ditmar
Craterium leucocephalum (Pers.) Ditmar

형태 자낭체는 높이 1.5㎜ 정도이며 자낭은 팽이형부터 타원형, 지름 약 0.7㎜, 하부는 갈색-복숭아색. 상부는 회백색이 되며, 보통은 확실하지는 않다. 석회절은 대형으로 백색, 보통 커다란 의축주를 형성한다. 검경하면 원반형 또는 별 모양의 석회 결정이 자낭벽이나 석회절에 보인다. 포자는 흑색, 지름 7~9㎛이며 표면에는 미세한 사마귀 반점이 있다. 변형체는 황색이다.
생태 봄~가을 / 특히 초여름에 많이 보인다. 낙엽에 군생한다.
분포 한국, 일본 등 전 세계

변형균강 》 변형복균아강 》 자루먼지목 》 자루먼지과 》 검뎅이먼지속

노랑검뎅이먼지

Fuligo aurea (Penz.) Y. Yamam.
Erionema aureum Penzig

형태 자낭은 굴곡자낭체로 거의 원통형, 황색이다. 의착합자낭체의 길이는 약 5㎝나 된다. 자낭벽은 막질로서 담황색, 황색의 석회가 있다. 백색-황색 자루가 있을 수 있고, 이때는 변형막이 늘어나서 실 모양이다. 세모체는 연결사가 망을 형성하며, 잔존성, 신장성이 있다. 실의 연결부는 비석회질이 있는 경우가 많지만, 특히 황색으로 방추형의 석회절을 가진다. 포자는 지름 7~8㎛로 구형이며 흑색, 표면에 미세한 사마귀 반점이 있다. 변형체는 무색 또는 황색이다.
생태 늦여름 / 썩은 나무에 발생한다. 따뜻한 지방에 보통 발생한다.
분포 한국, 일본 등 전 세계

변형균강 》 변형복균아강 》 자루먼지목 》 자루먼지과 》 검뎅이먼지속

격벽검뎅이먼지

Fuligo septica (L.) Wiggers

형태 자실체는 착합자낭체형 또는 굴곡자낭체의 누적된 모양. 높이 약 3㎝, 길이 약 10㎝로 대단히 크다. 피층은 황색이나 결핍될 때도 있다. 의세모체는 황색이다. 연결사는 무색으로 관상 모양이다. 석회절은 방추형으로 작으며 백색이다. 포자는 지름 7~9㎛ 또는 7×9㎛이며 구형, 난형 또는 타원형이다. 표면에 미세한 사마귀 반점이 있으며 암갈색이다. 변형체는 황색이다.
생태 늦봄~가을 / 특히 여름에 나며 썩은 나무에 보통 난다.
분포 한국, 일본 등 전 세계

흰검뎅이먼지

Fuligo candida Pers.

형태 자낭의 착합자낭체는 둥근 산 모양이나 반구형이다. 자낭은 높이 약 5㎝, 길이 약 15㎝까지 커진다. 피층은 백색이며 잘 발달한다. 의세모체는 백색. 연결사는 관상의 실 모양이며 거의 무색이다. 석회절은 백색이다. 포자는 지름 7~9㎛, 아구형, 표면에 미세한 사마귀형 반점이 있고 암갈색이다. 변형체는 백색이다.
생태 늦봄~가을 / 특히 여름에 난다. 썩은 나무에 단생-군생한다.
분포 한국, 일본 등 전 세계

노랑격벽검뎅이먼지

Fuligo septica var. **flava** (Pers.) Morgan

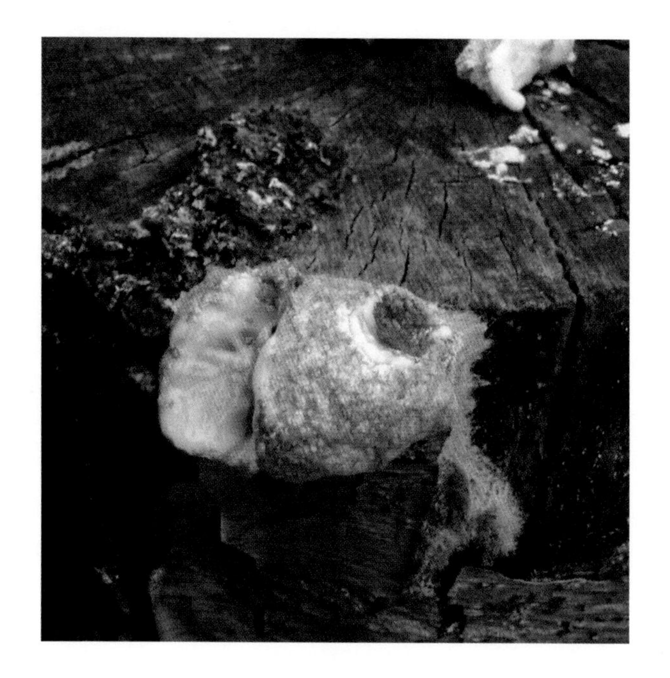

형태 자실체는 높이 3㎝, 길이 10㎝로 착합자낭체형이지만 굴곡된 자낭체의 누적된 모양이 자꾸 커진 형태다. 피층은 황색으로 침은 없다. 의세모체는 황색이다. 연결사는 무색으로 관상이다. 석회절은 방추형으로 작고 백색이다. 포자는 지름 7~9㎛로 구형, 난형 또는 타원형이며 표면에 미세한 사마귀 반점이 있고 암갈색이다. 변형체는 황색이다. 석회절이 황색인 것이 특징이다.
생태 늦봄~가을 / 특히 여름에 난다. 썩은 고목에 발생한다.
분포 한국, 중국, 일본 등 전 세계

붉은격벽김뎅이먼지

Fuligo rufa Pers.
Fuligo septica var. rufa (Pers.) R.E. Fr.

형태 자실체는 착합자낭체형 또는 굴곡자낭체가 누적된 형태이다. 때로는 높이 약 3㎝, 길이 약 10㎝ 정도로 아주 크게 자란다. 피층은 황색으로 가시가 없다. 의세모체는 황색이며 연락사는 무색으로 관상이다. 석회절은 방추형으로 작고 백색이다. 포자는 지름 7~9㎛로 구형, 난형 또는 타원형이며 표면에 미세한 사마귀 형 반점이 있고, 암갈색이다. 변형체는 황색이다.
생태 여름 / 썩은 고목의 표면에 군집하여 발생한다.
분포 한국

벌레알먼지

Leocarpus fragilis (Dicks) Rostaf.

형태 단자낭체는 보통 자루가 있지만 드물게 없는 것도 있다. 높이 4㎜이며, 특히 자루가 달라붙어서 손바닥 모양의 자낭체를 형성한다. 자낭은 짧은 원통형, 도란형 또는 아구형이며, 지름 1.6㎜다. 색은 담황색-암갈색으로 광택이 나고, 곤충의 알과 비슷하다. 자루는 백색 또는 황색으로 변형막의 연장이다. 포자는 지름 12~14(16)㎛로 표면에 사마귀 반점이 있고, 흑색이나 색이 연한 부위가 있다. 특히 여러 개가 유착하여 착합포자를 형성한다. 변형체는 적갈색이다.

생태 봄~가을 / 낙엽이나 낙지, 특히 살아있는 풀 위에 발생한다. 그렇게 흔한 종은 아니다.

분포 한국, 일본 등 온대 지방

살자루먼지

Physarum contextum (Pers.) Pers.

형태 자실체는 자루가 없고 의착합자낭체형, 드물게 단자낭체형도 있다. 단자낭체는 원통형, 알 모양 또는 아구형이며 직경 0.6㎜, 높이 0.6㎜다. 자낭벽은 2층. 외벽은 두껍고 석회질, 황색-백색이다. 상면은 거의 편평하고 내벽은 막질로서 투명하거나 황색이다. 축주는 없자만 의축주가 있으며 사마귀형이다. 포자는 지름 11~13㎛, 구형이다. 변형체는 황색이다.
생태 봄~가을 / 낙엽 위에 난다. 약간 보통종.
분포 한국, 일본 등 온대 지방

주발자루먼지

Physarum crateriforme Petch

형태 자실체는 높이 약 2㎜, 자루가 있는 단자낭체형. 드물게 자루가 없는 것도 있다. 자낭은 지름 약 0.5㎜ 정도며 구형, 곤봉형 또는 거꾸로 된 서양배 모양이며 선단이 파진 것이 많다. 색은 회백색. 자루는 흑색이며 축주는 원통형으로 선단의 근처에 도달할 정도이거나, 거의 없는 형태도 있다. 연결사는 투명하고 때때로 석회절이고 백색이다. 포자는 지름 10~13㎛, 표면에 미세한 사마귀 반점이 있고 암갈색이다. 변형체는 복숭아색이다.

생태 봄~가을 / 특히 우기에 난다. 산 나무의 껍질에 보통 군생 또는 산생한다.

분포 한국, 일본 등 전 세계

과립자루먼지

Physarum globuliferum (Bull.) Pers.

형태 자실체는 자루가 있는 단자낭체형으로 높이 1.5㎜. 자낭은 지름 0.7㎜이며 아구형으로 백색 또는 복숭아색이다. 자루는 석회질, 백색 또는 복숭아색이다. 보통 자낭이 길고 주축은 원추형에 작거나 결여되어 있다. 연결사는 밀생하고 그물눈을 형성하며, 잔존성이다. 석회절은 작고 구형이며 백색이다. 포자는 지름 7~9㎛, 구형이며 표면에 미세한 사마귀 반점이 덮여 있고 얼룩 반점 같은 것도 있으며, 암갈색이다. 변형체는 황색 또는 백색이다.
생태 봄~가을 / 썩은 나무에 보통 군생한다.
분포 한국, 일본 등 전 세계

변형균강 》 변형복균아강 》 자루먼지목 》 자루먼지과 》 자루먼지속

엷자루먼지

Physarum lateritium (Berk. & Rav.) Morgan

형태 자실체는 자루가 없고, 굴곡자낭체형이나 단자낭체형이다. 자낭은 원통형, 아구형이다. 자낭벽은 1층이며 얇고 막질이다. 색은 황색이 진한 적색, 오렌지색 또는 짙은 적색이다. 석회절은 둥글고, 백색-황색이며, 중앙부는 때때로 짙은 황색-적색이다. 석회의 입자는 크고 약간 결정질, 특히 석회를 포함하는 커다란 버섯 모양이 있는 것도 있다. 포자는 지름 7~9㎛로 구형이며 표면에 미세한 사마귀 반점이 있다. 색은 자갈색. 변형체는 오렌지색 또는 황색이다.

생태 봄~가을 / 낙엽이나 썩은 나무에 군생한다. 보통 종은 아니다.

분포 한국, 일본

변형균강 》 변형복균아강 》 자루먼지목 》 자루먼지과 》 자루먼지속

꿀색자루먼지

Physarum melleum (Berk. & Br.) Massee

형태 자실체는 자루가 있으며 단자낭체형, 높이 1.2㎜ 정도다. 자낭은 지름 0.5㎜이고 아구형이다. 색은 오렌지색-황색. 자루는 석회질로 백색이다. 주축은 작고 원추형이며, 백색 또는 황색ㅇ이다. 석회절은 대단히 크고 각이 져서 길고, 백색 또는 황색이다. 포자는 지름 7.5~9㎛로 구형이며 표면에 미세한 사마귀형 반점이 있고, 암갈색이다. 변형체는 황색 또는 녹색이다.

생태 여름 / 고목에 군생한다.

분포 한국, 일본 등 전 세계

변형균강 》 변형복균아강 》 자루먼지목 》 자루먼지과 》 자루먼지속

핵자루먼지

Physarum nucleatum Rex

형태 자실체는 자루가 있고, 단자낭체형이며 높이 약 2㎜이다. 자낭은 지름 0.5㎜로 구형, 회백색이다. 자루는 길이는 약 1.5㎜로 담황색이며 반투명하다. 주축은 없지만 자낭의 중심부에 둥근 모양의 석회 의주축이 있다. 석회절은 작고 백색이며, 둥근 것이 있다. 포자는 지름 6~8㎛로 구형이며 표면에 미세한 사마귀 반점이 있고 흑색이다. 변형체는 회색이다.
생태 봄~가을 / 썩은 나무에 군생한다. 따뜻한 곳에 많다. 보통 종은 아니다.
분포 한국, 일본

변형균강 》 변형복균아강 》 자루먼지목 》 자루먼지과 》 자루먼지속

혹자루먼지

Physarum nutans Pers.

형태 자실체는 자루가 있는 단자낭체형, 높이 1.5㎜. 자낭은 지름 0.7㎜로 렌즈형 또는 아구형이며 회백색이다. 자루는 대개 길지만 짧은 것도 있으며, 보통 기부는 흑색, 상부는 백색이다. 자낭벽은 1층, 꽃받침 모양으로 벌어지고, 기부는 잔존성이다. 세모체는 자낭의 기부부터 방사상으로 나온다. 석회절은 백색, 방추형으로 잔존성이다. 포자는 지름 8~9㎛로 구형이며 표면에 얼룩무늬와 미세한 사마귀 반점이 있다. 색은 암갈색. 변형체는 황색-회색 또는 백색이다.
생태 봄~가을 / 썩은 나무의 껍질에 군생한다.
분포 한국, 일본, 전 세계

변형균강 》 변형복균아강 》 자루먼지목 》 자루먼지과 》 자루먼지속

겹자루먼지

Physarum plicatum Nann-Brem. & Y.Yaman

형태 자실체는 자루가 없고, 굴곡자낭체형이며 폭 약 0.5㎜, 길이 약 20㎜이다. 때때로 그물눈 모양이 된다. 자낭벽은 2층이며, 외벽은 황색-황록색, 세로로 주름이 있다. 자낭의 측면부터 옷깃을 세운 것 같이 늘어나며, 내벽은 담색으로 외벽과 밀착한다. 주축은 없다. 석회절은 둥글고 작으며, 백색이다. 연결사는 조밀하고 망상이다. 포자는 직경 7~8.5㎛, 구형, 담갈색, 표면에 얼룩과 미세한 사마귀 반점이 있다. 때로 다른 황색 굴곡자낭체형을 지닌 종으로 혼동되지만, 자낭의 주위에 옷깃처럼 꼿꼿이 서는 자낭벽이 늘어나는 특징이 있다.
생태 여름 / 우기에 낙엽에 산생 또는 군생한다. 드문 종은 아니다.
분포 한국, 일본

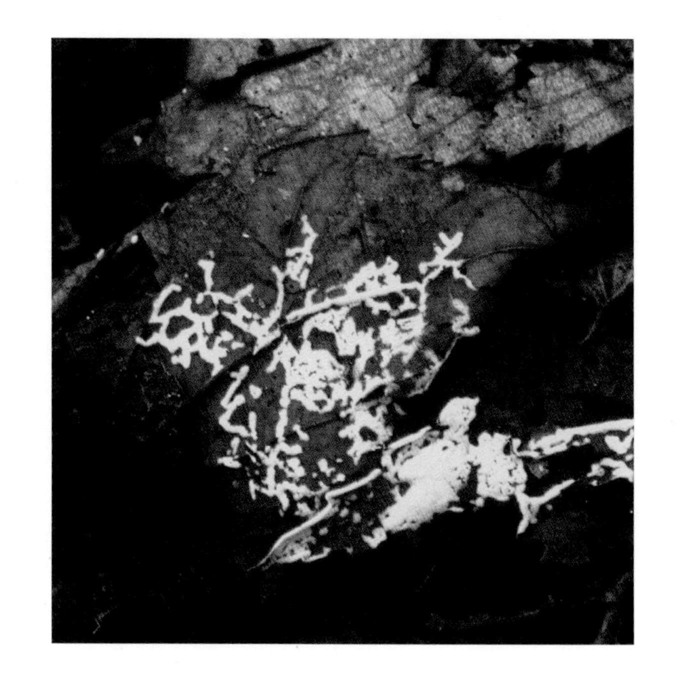

변형균강 》 변형복균아강 》 자루먼지목 》 자루먼지과 》 자루먼지속

작은자루먼지

Physarum pusillum (Berk. & Curt.) G. Lister

형태 자실체는 자루가 있고, 단자낭체형이며 높이 약 2㎜이다. 자낭은 아구형, 회백색, 지름 0.6㎜다. 기부는 두꺼워지며 잔존성으로 갈색이다. 자루는 보통 자낭보다 길고 반투명하며, 분명한 갈색 또는 담황색이다. 주축은 없다. 석회절은 백색, 각이 지며 길다. 포자는 지름 10~12㎛로 구형이며 흑색, 표면에 미세한 사마귀형 반점이 있다. 변형체는 백색이다.
생태 봄~가을 / 낙엽, 짚, 썩은 나무, 산 나무의 껍질에 보통 군생한다.
분포 한국, 일본 등 전 세계

변형균강 》 변형복균아강 》 자루먼지목 》 자루먼지과 》 자루먼지속

장미자루먼지

Physarum roseum Berk. & Br.

형태 자실체는 자루가 있고 단자낭체형이며 높이 약 1.5㎜다. 자낭은 아구형, 특히 렌즈형, 지름 0.5㎜다. 색은 짙은 적색-복숭아색이다. 자루는 연한 황색-적색으로 반투명하다. 주축은 없다. 연결사는 투명한 색에서 연한 복숭아 색이 될 때가 많다. 석회절은 크고 적색, 각진형으로 길다. 포자는 지름 7~10㎛이며 표면에 얼룩과 미세한 사마귀 반점이 있으며 자갈색이다. 변형체는 적색 또는 구리색이다.

생태 봄~가을 / 썩은 나무나 낙엽에 군생한다. 따뜻한 곳에 많이 난다.

분포 한국, 일본

변형균강 》 변형복균아강 》 자루먼지목 》 자루먼지과 》 자루먼지속

배꼽자루먼지

Physarum umbiliciferum Y. Yamam. & Nann-Brem.

형태 자실체는 자루가 있고, 단자낭체형이며 높이 약 1.5㎜이다. 자낭은 세로로 긴 구형이거나 약간 렌즈형이다. 상면은 깊은 배꼽형, 회백색이고 지름 0.6㎜, 두께 0.3㎜이다. 자루는 백색, 석회질, 자낭 직경의 약 1/3배 크기다. 자낭벽은 1층, 거의 무색이고 투명하며, 벌어져서 꽃받침 모양으로 열린다. 배꼽은 의주축상으로 잔존하는 경향이 있다. 석회절은 작고 백색, 구형 또는 방추형이다. 연결사는 그물눈 모양. 포자는 지름 8~10㎛, 구형에 갈색이며, 표면은 얼룩과 미세한 사마귀 반점이 있다. 변형체는 회백색이다.

생태 여름 / 썩은 나무에 군생하며, 대발생할 때도 한다. 따뜻한 곳에 많다.

분포 한국, 일본

변형균강 》 변형복균아강 》 자루먼지목 》 자루먼지과 》 자루먼지속

녹색자루먼지

Physarum viride var. **viride** (Bull.) Pers.
Physarum viride (Bull.) Pers.

형태 자실체는 자루가 있고 단자낭체형이며 높이 약 1.5㎜이다. 자낭은 렌즈형-아구형, 기부는 배꼽상이다. 색은 황색-황록색으로 지름 0.6㎜. 자낭벽은 벌어져서 꽃받침 모양이 된다. 자루의 상부는 담황색, 기부는 잔류물을 포함하며 암색이다. 세모체는 자낭의 밑부터 방사상으로 나온다. 석회절은 방추형으로 황색. 포자는 지름 7~9㎛로 구형이며 자흑색, 표면에 얼룩과 미세한 사마귀 반점이있다. 변형체는 황색 또는 황록색이다.
생태 봄~가을 / 썩은 나무 또는 산 나무의 껍질에 군생한다.
분포 한국, 일본 등 전 세계

변형균강 》 변형복균아강 》 자루먼지목 》 자루먼지과 》 자루먼지속

녹황색자루먼지

Physarum viride var. **aurnaticum** (Bull.) Y.Yamam.

형태 자실체는 자루가 있고 자낭체형이며 높이 약 1.5㎜이다. 자낭은 렌즈형-아구형, 기부는 배꼽상이다. 색은 오렌지색이며 지름 0.6㎜이다. 자낭벽은 벌어져서 꽃받침 모양이 된다. 자루의 상부는 담황색, 기부는 잔류물을 포함하여 암색이다. 세모체는 자낭의 밑에서부터 방사상으로 나온다. 석회절은 방추형으로 오렌지색이다. 포자는 지름 7~9㎛로 구형, 흑자색이며, 표면에 미세한 사마귀 반점이 있다. 변형체는 황색 또는 황록색이다.
생태 봄~여름 / 군생한다.
분포 한국, 일본

변형균강 》 변형복균아강 》 자루먼지목 》 방먼지과 》 축먼지속

흰색축먼지

Diachea leucopodia (Bull.) Rostaf.

형태 자실체는 자루가 있는 단자낭체형이며, 높이 약 2㎜이다. 자낭은 원통형-난형, 드물게는 구형이고 직경 0.6㎜다. 금속 광택이 있는 청색이나 은색 또는 금색을 띤다. 자루는 백색, 자실체 높이의 1/2배 크기다. 포자는 직경 8~11㎛로 구형이며 거의 흑색이다. 표면에 미세한 사마귀 반점이 있다. 변형체는 백색이다.
생태 봄~가을 / 낙엽에 보통 발생한다. 살아있는 풀에 대발생할 때도 있다.
분포 한국, 일본 등 전 세계

변형균강 》 변형복균아강 》 자루먼지목 》 방먼지과 》 축먼지속

무병축먼지

Diachea subsessilis Peck

형태 자실체는 자루가 없으나 간혹 짧게 있기도 하다. 자낭체형으로 지름 8㎜, 높이 1㎜다. 자낭은 구형이며 금속 광택의 청색 또는 갈색이다. 자루는 있을 때 백색, 자낭은 짧다. 포자는 지름 8~11㎛로 구형이며 흑색-갈색, 표면에 미세한 가시가 있는 그물눈 모양이 있다. 변형체는 황색이다.
생태 봄~가을 / 우기 때 낙엽에 나며 군생 또는 밀생한다. 대발생할 때도 있다.
분포 한국, 일본

큰껍질먼지

Diderma effusum (Schw.) Morgan

형태 자실체는 자루가 없고, 곡선상 또는 망상의 굴곡자낭체형부터 자낭체형 등 다양하다. 자낭은 폭 약 1㎜, 길이 약 6㎝이고 백색이다. 자낭벽은 2층, 외벽은 석회질, 내벽은 막질이다. 세모체의 실은 섬세하고 무색이다. 주축은 둥근 산 모양이나 결여된 것도 있다. 포자는 지름 7~9㎛로 구형에 암갈색이다. 표면이 얼룩지며 미세한 사마귀 반점이 있다. 변형체는 백색이다.
생태 봄~가을 / 낙엽에 군생 또는 밀생한다.
분포 한국, 일본 등 전 세계

변형균강 》 변형복균아강 》 자루먼지목 》 방먼지과 》 방먼지속

굴곡방먼지

Didymium flexuosum Yamashiro

형태 자실체는 자루가 없으며 굴곡자낭체형, 회백색이다. 자낭은 지름 0.4㎜, 길이 약 3㎝로 굽어진 아원통형, 측면은 절벽상이고 때때로 그물눈 모양이 된다. 자낭벽은 막질로 반투명하고, 표면에 별 모양의 석회 결정이 있다. 자실체의 중앙에 가로로 홈선이 있고, 벽상 또는 칸막이상이다. 세모체의 실은 기부에서 갈색, 상부는 가늘고 투명하다. 자실체 속에 주머니 모양의 소낭이 있다. 포자는 지름 11~13㎛, 구형, 거의 흑색. 표면에 산재하는 침상 또는 아망목형이 있다. 변형체는 백색이다.
생태 여름 / 낙엽 위에 군생하며 대발생할 때도 있다. 보통종은 아니다.
분포 한국, 일본

변형균강 》 변형복균아강 》 자루먼지목 》 방먼지과 》 방먼지속

흑포자방먼지

Didymium melanospermum (Pers.) Macbr.

형태 자낭체는 자루가 있을 때도 있고 없을 때도 있다. 자낭은 지름 1㎜, 높이 약 1㎜. 자낭은 아구형, 하부는 깊은 배꼽형이다. 자낭벽은 갈색과 담색의 얼룩 모양이고, 백색 별 모양의 석회 결정으로 덮여 있다. 자루는 있을 때는 짧고 흑색이다. 주축은 현저한 반구형, 갈색-암갈색. 세모체의 실은 투명하거나 갈색이다. 때로 암색으로 부푼 곳이 있다. 포자는 지름 10~14㎛, 구형, 흑색이며 표면은 사마귀형-침형이다. 변형체는 무색 또는 둔한 회색이다.
생태 봄~가을 / 낙엽에 군생한다. 보통종.
분포 한국, 일본 등 전 세계

변형균강 》 변형복균아강 》 자루먼지목 》 방먼지과 》 방먼지속

작은방먼지

Didymium minus (A. Lister) Morgan

형태 자낭체는 자루가 있을 때도 있고 없을 때도 있다. 자낭은 지름 0.6㎜, 높이 약 0.8㎜이다. 자낭은 아구형, 하부는 배꼽 모양이다. 자낭벽은 막질, 갈색과 담색의 얼룩 모양이 있고, 백색 별 모양의 석회 결정으로 덮여 있다. 자루는 흑색, 잔류물을 함유하면 불투명하다. 주축은 아구형으로 갈색, 특히 백색 석회질로 덮여 있다. 세모체의 실은 섬세하고 보통은 무색이다. 포자는 지름 8~11㎛, 구형, 흑색이며 표면에 얼룩과 미세한 사마귀 반점이 있다. 변형체는 자색-진한 회색이다.
생태 봄~가을 / 낙엽이나 밀짚 등에 보통 군생한다.
분포 한국, 일본 등 전 세계

변형균강 》 변형복균아강 》 자루먼지목 》 방먼지과 》 방먼지속

검정방먼지

Didymium nigripes (Link) Fr.

형태 자낭체는 자루가 있다. 자낭은 지름 약 0.5㎜, 높이 약 1.5㎜다. 모양은 아구형-반구형, 하부는 약간 배꼽 모양이다. 자낭벽은 막질이며 갈색과 담색의 얼룩 모양이 있고, 백색 별 모양의 석회 결정으로 덮여 있다. 자루는 길고 상부는 반투명하다. 하부는 잔류물을 포함하며 흑색이다. 주축은 아구형, 갈색-암갈색. 세모체의 실은 섬세하고, 무색 또는 연한 갈색이다. 포자는 지름 7~10㎛로 구형이며 암갈색이다. 표면은 얼룩의 미세한 사마귀 반점이 있다. 변형체는 회색 또는 무색이다.
생태 봄~가을 / 낙엽이나 짚에 군생하며 보통 발생한다.
분포 한국, 일본, 전 세계

변형균강 》 변형복균아강 》 자루먼지목 》 방먼지과 》 방먼지속

넝쿨방먼지

Didymium serpula Fr.

형태 자실체는 굴곡자낭체형이며 회백색, 한쪽이 편평하며 때로 폭이 넓은 그물눈 모양이 되기도 한다. 두께 약 0.15㎜, 길이 약 5㎝. 자낭벽은 막질로 어두운 회색이며 백색 별 모양의 석회 결정으로 덮여 있다. 주축은 없다. 세모체의 실은 황갈색, 황색 알갱이를 함유하는 자루의 소낭이 부착한다. 포자는 지름 8~11㎛, 구형이며 둔한 갈색, 표면에 미세한 사마귀 반점이 있다. 변형체는 황색이다.
생태 봄~가을 / 낙엽 위에 산생 또는 단생한다. 보통종은 아니다.
분포 한국, 일본 등 전 세계

변형균강 》 변형복균아강 》 자루먼지목 》 방먼지과 》 점성먼지속

각피점성먼지

Mucilago crustacea P. Micheli ex F.H. Wiggers

형태 자실체는 착합자낭체형 혹은 갈라진형이며 길이 약 7㎝, 높이 약2㎝. 겉면은 해면질이고 표면에 백색 별 모양의 석회 결정이 흩어져 있다. 세모체는 암색 또는 담색의 실로서 분지하며 유합 시 그물망을 형성한다. 의세모체는 자낭벽에 잔존하기도 하며, 얇고 투명하다. 포자는 지름 11~13㎛. 구형이고 흑색이다. 표면에는 밀생한 미세한 사마귀 반점이나 침이 덮여 있다.
생태 봄~가을 / 낙엽이나 짚 등의 위에 군생한다. 흔한 종은 아니다.
분포 한국, 일본 등 온대 지방

예쁜뭉친털먼지

Comatricha pulchella (C. Bab.) var. **pulchella**
Comatricha pulchella (C. Bab.) Rostaf.

형태 자낭체는 높이 약 1.5㎜. 자낭은 난형-짧은 원통형, 오렌지빛을 띤 진한 갈색이나 적갈색이다. 자루는 자실체의 1/2부터 1/3배 크기. 주축은 거의 자낭의 선단에 달한다. 세모체는 주축 전부에서 나온다. 자낭의 표면에 불완전한 굽은 그물망을 형성하며 유리된 것이 많다. 포자는 지름 6~8㎛로 구형이고 오렌지빛을 띤 갈색-적갈색이며, 표면에 미세한 사마귀 반점이 있다. 변형체는 무색 또는 백색이다.
생태 봄~가을 / 낙엽, 드물게 썩은 나무나 산 식물에 군생한다. 보통종은 아니다.
분포 한국, 일본

변형균강 》 보라먼지아강 》 보라먼지목 》 보라먼지과 》 실먼지속

자갈색실먼지

Stemonitis smithii T. Machbr.
Stemonitis axifera var. smithii (T. Machbr.) Hagelst.

형태 자낭체는 높이 약 2㎝, 자낭은 원통형으로 적갈색이다. 자루는 흑색, 보통 길고 자실체 높이의 절반 정도 된다. 주축은 자낭의 선단 근처까지 도달한다. 표면의 그물망은 작고 각지며 길고, 그물눈 모양은 거의 균일하다. 포자는 지름 5~7㎛로 구형이며 적갈색, 표면은 거의 매끈하나 유침렌즈로 보면 가는 사마귀 반점이 보인다. 변형체는 백색-황색이다.
생태 봄~가을 / 썩은 나무에 보통 속생한다.
분포 한국, 일본 등 전 세계

변형균강 》 보라먼지아강 》 보라먼지목 》 보라먼지과 》 검은털먼지속

노랑실먼지

Stemonitis flavagentia Jahn

형태 자낭체는 높이 약 1㎝이고 자낭은 원통형으로 갈색이다. 자루는 흑색으로 자실체 높이의 1/3이다. 주축은 선단 근처까지 막질의 술잔 모양으로 커질 때가 많다. 표면의 그물눈은 작고 불균등한 침이 있다. 포자는 지름 7~9㎛로 구형이며 갈색, 표면에 미세한 사마귀 반점이 있다. 변형체는 황색 또는 백색이다.
생태 봄~가을 / 썩은 나무에 보통 속생한다.
분포 한국, 일본

검은실먼지

Stemonitis fusca Roth

형태 자낭체는 높이 약 2㎝, 자낭은 원통형으로 암갈색이다. 자루는 흑색이고 자실체 높이의 1/4~1/2이다. 주축은 자낭의 거의 정단에까지 발달한다. 표면의 그물눈은 각지고 길며, 침이 있고, 지름 3~20㎛이다. 포자는 지름 7.5~9㎛, 구형, 암갈색이다. 표면에 사마귀 모양의 그물눈 모양이 있고, 그물눈은 직경 선상에 9개가 있다.

생태 봄~가을 / 썩은 나무에 보통 속생한다.

분포 한국, 일본 등 전 세계

초본실먼지

Stemonitis herbatica Peck

형태 자낭체는 높이 약 7㎜. 자낭은 원통형, 갈색-암갈색이다. 자루는 흑색에 짧고, 자실체 높이의 1/5 크기다. 주축은 자낭의 거의 정단에 달한다. 표면의 그물눈은 둥근 모양의 다각형이며 지름 3~20㎛, 침상 돌기는 거의 없다. 포자는 지름 7~9㎛로 구형이며 어두운 자갈색, 표면에 미세한 사마귀 반점이 있다. 변형체는 백색-연한 황색이다.

생태 봄~가을 / 살아있는 풀이나 낙엽에 속생한다. 흔한 종은 아니다.

분포 한국, 일본

자주색실보라먼지

Stemonitis splendens Rostaf. 1232-2.

형태 자실체는 높이 2.5㎝ 정도이며 직립하는 경향이 있다. 표면의 그물망은 불규칙하여 지름은 50~100㎛에 달하는 것도 있다. 자낭은 원통형이며 자갈색-암갈색이다. 자루는 1~4㎜로 흑색이며 짧다. 자낭은 가늘고 긴 원주형, 짙은 갈색이거나 철이 녹슨 색으로 높이 30㎜이고 곧게 서거나 굽어 있다. 자루 부분은 검은 빛을 띠고 길이 3~5㎜, 자낭과 아래의 기물에는 은백색 기질층이 있다. 포자는 지름 7~9㎛, 구형, 자갈색, 표면에 미세한 사마귀 반점이 있다. 변형체는 연한 노란색이거나 백색이다.
생태 봄~가을 / 특히 여름에 썩은 나무 위에 보통 발생한다.
분포 한국, 일본, 중국 등 전 세계

관검은털먼지

Amaurochaete tubulina (Alb. & Schw.) Macbr.

형태 자실체는 자루가 없는 착합자낭체형다. 자낭은 길이 약 10㎝, 반구형이나 둥근 산 모양, 흑색이고 부서지기 쉽다. 그물망 모양의 상부는 다각형의 그물눈 모양이 있는 경우가 많다. 세모체는 주축에서 나와서 분지하며, 유합 시 그물눈 모양이 된다. 포자는 지름 (12)15~18㎛로 구형이며 거의 흑색, 표면에 미세한 사마귀 반점이 있다. 변형체는 투명하며 백색이다가 복숭아색 또는 회색이 되고, 이후에는 흑색이 된다.
생태 봄~초여름 / 나무의 절주나 부후균에 침입하여 입목의 껍질, 썩지 않은 부분에 군생 또는 산생하는 경우가 많다. 드물게는 가을에도 난다.
분포 한국, 일본

기본실먼지

Stemonitopsis typhina (Wiggers) Nann-Brem.

형태 자낭체는 높이 약 5㎜. 자낭은 지름 0.6㎜로 원통형-긴 난형으로 약간 은색 또는 회색인 피막이 있다. 자루는 자실체의 높이의 절반 정도 크기다. 부분적인 표면의 그물눈은 굽어진 실이 되고, 지름 6~24㎛이다. 포자는 지름 6~8㎛로 구형이며 암갈색, 표면에 미세한 사마귀 반점이 있다. 크지 않은 사마귀 반점의 집합부가 여러 개 있다. 변형체는 백색이다.
생태 봄~가을 / 썩은 나무에 군생하며 보통 발생하는 종이다.
분포 한국, 일본 등 전 세계

이중관먼지

Tubifera dimorphotheca Nann-Brem. & Loerak

형태 의착합자낭체에는 의자루가 있고, 전체 높이는 약 1㎝, 지름 약 3㎝이다. 개개의 자낭체는 담갈색-적갈색, 원통형이다. 길이 3㎜, 지름 약 0.5㎜으로 대형인 것과 의자루에 부착하는 아구형 내지 타원형의 지름 약 0.5㎜인 소형 등 두 종류가 있다. 자낭벽의 내면은 밋밋하다. 포자는 지름 5.0~6.5㎛로 구형이며 갈색이다. 표면은 그물눈 모양이다.

생태 봄~가을 / 우기에 썩은 나무에 군생 또는 산생한다.

분포 한국, 일본

부록

변형균류의 한국 보통명

변형균류의 한국 보통명에 대해 필자는 그동안의 연구를 통해 '-먼지'라는 표현을 사용했다. 변형균은 말 그대로 모양과 색깔이 생활상에 따라 변한다. 한국에서는 이 분야에 대한 연구가 없었다. 간간이 도감을 집필하는 전문가나 아마추어 학자들은 '-점균'을 한국 보통명으로 사용하고 있다. 그러나 국제 식물 명명규약에는 그 나라의 보통명으로는 분류학적 술어를 쓰지 않도록 규정하고 있다. 우리나라에도 그래서 '-식물'이라는 식물 이름은 없고, 소나무, 벚나무 등으로 한국 보통명을 붙여 왔다. '식물'이 식물계, 피자식물문, 나자식물문 등 식물 분류에 사용하는 분류학적 술어이기 때문이다. 마찬가지로 '곤충'이라는 술어는 곤충강 등의 곤충학의 분류학적 술어이기 때문에 '-곤충'이라는 곤충 이름은 없다. 대신에 예를 들면 바퀴벌레, 꿀벌 개미 등으로 쓰고 있다. 이 도감에서는 이런 국제명명 규약을 따라서 '먼지'를 한국 보통명으로 사용하였다.

한국의 균 분류학사

한국의 균류 연구는 일제 강점기부터 시작되었다. 수원고등농림학교의 우에키(植木)가 『조선휘보지방보(朝鮮彙報地方報)』 제25호(1919)의 「구황식물편」에서 21종을 처음 보고하였다. 여기에는 목이, 싸리버섯, 꾀꼬리버섯, 그물버섯, 송이, 느타리, 표고, 갓버섯 등 전형적인 식용버섯이 주로 포함되었다. 이후 오카다(岡田)가 『수원고농(水原高農) 개교 25주년 기념논문집』(1932)에서 11종을, 이원목(李元睦)이 『조선산림회보(朝鮮山林會報)』(1935)에서 30종을 발표하였고, 정태현(鄭台鉉)이 『임업시험장보고서』(1935)에 복령 1종을 보고하였다. 또한 카부라키(鏑木)가 『선만실용임업편람(鮮滿實用 林業便覽)』(1940)에 163종을, 조선총독부(朝鮮總督部)가 『선산야생균심의 간((鮮山野生菌蕈の栞)』(1943)에 114종을, 타카기(高木)가 『조선산균심도보(朝鮮山菌蕈圖報)』 제1권에 85종을 실었다.

해방 이후에는 한국인에 의한 본격적인 균학 연구가 시작되었다. 이덕상과 이용우가 『한국산균류목록』(1957)에서 한국의 균류 361종을 발표하였고, 이지열은 『한국균심목록』(1957)에 274

종을 발표하였다. 이지열, 이용수, 임정한이 처음으로 간행한 『원색 버섯도감』(1959)은 큰 의의가 있다. 임정한의 『한국산 총균류목록』((1968)은 38과 397종 및 미기록종 5종을 포함하고 있다. 이응래, 정학성은 『생물상에 관한연구(담자균류)』(1968)에서 381종을 발표하였다.

한국의 균 분류에 관한 연구는 1972년 한국균학회가 창립되면서 본격적으로 진행되었다. 1978년 한국균학회의 한국말 버섯이름 통일위원회에서 한국말 버섯 이름을 정하는 과정에서 적용한 원칙은 다음과 같다.

- 기본종(Type species)의 우리말 또는 학명을 속명으로 정하고, 그 이름을 전 종명에 넣는다.
- 고대로부터 내려오는 이름은 그대로 쓴다.
- 식물병리학에서 사용하는 병원균명은 『한국동식물 병해충잡초명감』(한국식물보호학회, 1972)의 것을 따른다.
- 동종 이명인 것은 엄선하여 괄호 속에 한가지만 넣는다.
- 간명하고 평이하며 우아한 표준말을 문법에 맞추어 기재한다.
- 앞으로 국내 미기록종의 기재 시에는 이 원칙을 적용한다.

이 원칙에 따라 우리나라의 고등균류 586종에 대한 학명, 기존 명칭 또는 개칭을 정리한 목록을 만들었다. 이후 이지열, 홍순우는 문교부발행 『한국동식물도감(버섯류)』(1985)에서 523종의 버섯을 수록하였다. 농촌진흥청의 박중수 등은 『한국산 버섯 원색도감(I)』(1987)에 258종을 수록하였고, 이지열은 『원색 한국버섯도감』(1988)에 618종을 수록하였다. 김삼순, 김양섭은 『한국산 버섯도감』(1990)에서 325종을 수록하였으며, 박완희, 이호득은 『한국의버섯』(1991)에 400여 종의 버섯과 9종의 점균류를 수록하였다. 이어서 박완희, 이호득은 『약용버섯도감』(1999)을 출간했고, 조덕현은 『원색 한국의버섯』(2003)에서 320종을 수록했다. 조덕현은 과학기술정보원의 후원으로 한국산 버섯의 1,000종을 DB로 구축하였으며, 이는 전 세계에 GBIF로 서비스되었다. 이후에도 조덕현은 『한국의 식용, 독버섯도감』(2007)에서 490여 종을 출간하였다. 농진청의 농업과학기술원에서도 『한국의버섯』(2008)이 239종을 수록하여 출간되었다.

한국의 버섯을 국가 차원에서 전 세계에 알린 것은 외교통상부가 발행하는 『코리아나(Koreana)』 잡지다. 이는 한국과 외교 관계를 수립한 국가는 물론 유엔에 가입한 모든 나라에 배포하는 잡지다. 조덕현은 여기(Vol.12 No.3, Autumn 1988)에 영어, 일어, 불어, 중국어, 스페인어 등 5개 국어로 한국의 버섯을 소개하였다. 또한 조덕현은 이태리 바비노에서 열린 제17차 국제 CODATA 컨퍼런스(2000)에서 한국 버섯의 데이터베이스(Database of Korean Native Higher

Fungi)을 발표하기도 하였다.

이후 한국은 국제균학회에도 본격적으로 참가하게 되었다. 조덕현은 독일 레겐스부르대학에서 개최된 IMC-4(1990)에서 외대버섯의 균류상을 처음 국제균학회에 보고하였으며, 이지열과 함께 캐나다 밴큐버의 IMC-5(1994)에서 최초로 한국 버섯 신종인 솔외대버섯(Entoloma pinusum)을 발표하기도 했다. 이를 계기로 많은 학자가 국제학회에 한국 버섯의 신종, 생리, 생태, 재배 등을 다방면으로 발표하기 시작하였다.

국제학술 교류도 활발하여 한중균학심포지움(1995)이 처음 베이징에서 개최된 이래 양국은 정보를 교환하고 있다. 아시아 균학회도 1992년 서울에서 개최된 후 매년 이어지고 있다. 1997년에는 한-일 공동 버섯채집회가 제주도 한라산에서 처음 실시되기도 하였다.

임업연구원은 한국산 균류 목록을 2000년부터 발간하여 왔다. 한국균학회는 2013년 1,900종의 '한국버섯이름 통일안'을 정리 발표하였다. 이태수(2016)는「식용,약용, 독버섯과 한국버섯목록」에서 한국의 버섯 2,569종을 정리 · 발표하였다.

여러 버섯 학자와 아마추어들에 의해 버섯도감이 출간되었으며, 이는 한국 균류의 다양성을 파악하는 데 많은 기여를 하였다. 이들의 도움 없이 식물, 동물, 미생물 등의 다양성을 파악하는 것은 불가능한 일이다. 그러나 이는 한국 버섯의 보통명을 명확한 기준 없이 신칭함으로써 버섯 이름에 혼란을 가져오기도 하였다.

시간이 지남에 따라 과거의 형태적 분류 방식은 DNA의 배열에 의한 분자생물학적 방법으로 바뀌었다. 이지열은『버섯생활백과』(2003)에서 세계적 추세인 새로운 분자생물학적 방법을 최초로 도입하는 데 공헌하였다. 이질적인 모양과 형태를 가졌더라도 분자 수준에서 유전자 배열이 같은 것들은 같은 과나 속으로 분류되었다. 예를 들면 말불버섯이 주름버섯과로 바뀌게 된 것이다. 말불버섯은 둥근 공 모양이고, 담자기가 자실체 속에 있다. 주름버섯은 우리가 생각하는 일반적인 버섯의 형태인 균모, 주름살, 자루로 이루어져 있다. 겉모양으로는 도저히 이들이 같은 과에 속한다고 생각하기 어렵다.

이러한 분자생물학적 분류 방법을 이용하여 이태수, 조덕현, 이지열은『한국의 버섯도감(I)』(2010)을 출간하였다. 이후 조덕현은 박성식, 왕바이(王栢), 김수철, 정재연과 함께 25여 년간 백두산의 버섯을 조사한 결과로서『백두산의 버섯도감』전2권(2014)을 출간하였다. 또한 조덕현은 50년 간 모아온 10만 점의 표본과 10만 매의 사진으로 자낭균류에서 담자균류까지 수록한『한국의 균류』전6권(2016-2020) 을 출판하였다. 한국의 균류 다양성을 처음부터 끝까지 정리 · 연구하여 도감에 수록함으로써, 한국 균류의 분류학사에 한 획을 긋는 업적을 남긴 것이다.

참고문헌

김민수 · 조덕현, 2012, 「한국산(점균)류의 목록」, 『한국자연보존연구지』, 10(3-4): 221-227.

조덕현, 1998, 「오대산국립공원 일대의 균류상」, 한국자연환경보전협회, 38:193-226.

조덕현, 1998, 「남산의 균류다양성과 균류자원」, 『한국생태학회지』, 21(5-3): 675-685.

조덕현, 1999, 「지리산의 균류의 발생분포에 관한 연구(1. 균류의 미기록종을 중심으로)」, 『한자식지』, 12(1): 62-68.

조덕현, 2000, 「한국산 변형균류의 다양성의 출현(I)」, 『한국생태학회지』, 23(3): 267-272.

조덕현, 2003, 「한국산 변형균류의 다양성의 출현(Ⅱ)」, 『한자식지』, 16(3): 245-250.

조덕현, 2004, 「한국산 변형균류의 다양성(Ⅲ)」, 『한국자연보존연구지』, 2(3-4): 141-146.

조덕현, 2006, 「지리산 국립공원의 자원모니터링(고등균류)」, 국립공원관리공단, 81-143.

조덕현, 2006, 「한국산변형균류 목록」, 한국자연환경보전협회 전북지부, 14: 76-80.

조덕현 · 윤의수, 1996, 「방태산 남사면 일대의 균류상」, 한국자연환경보전협회, 37: 155-185.

조덕현 · 방극소, 1999, 「선달산, 어래산 일대의 균류다양성과 생태적균류자원」, 한국자연환경보전협회, 39: 163-182.

조덕현 · 이창영, 2000, 「경북 울진국 소광리 천연보호림의 균류 다양성과 생태적 균류자원」, 한국자연환경보전협회, 40: 57-91.

조덕현 · 조윤만, 2001, 「충북 충주 남산일대의 균류다양성과 생태적균류자원」, 한국자연환경보전협회, 41: 71-95.

조덕현 · 정재연, 2019, 「칠보산의 균류다양성의 생태적연구」, 『한국자연보존연구지』, 18(1): 15-42.

최두문 · 김종균, 1981, 「한국산 점균식물의 분류학적연구」, 『과학교육연구』, 13: 83-112.

Alexaner H. Smith · Helen V. Smith · Nancy S. Weber, 1973(1981), *Nonggilled Mushrooms*, The Pictured Key Nature Series.

Annarosa Bernicchia, 2005, *Polyporaceae*, Edizioni Candusso.

Breitenbach, J. and Kränzlin, F., 1986, *Fungi of Switzerland.* Vol.2.

Breitenbach, J. and Kränzli, F., 1991, *Fungi of Switzerland.* Vol.3.

Bernicciha, A. and S.P. Gorjon, 2010, *Corticiaceae*, Edizioni Candusso.

Buczacki, S., Chris, S. and Ovenden D., 2012, *Fugi Guide*, Collins.

Feest, A. and Y. Burggraaf, 1991, *A Guide to Temperate Myxomycetes*, Biopress Limited.

Hagiwara, H., Yamamota Y. and Izawa M., 1995, *Myxomycetes of Japan*, Heibon Ltd.

Hugill, P. and Lucas, A., 2019, *The Resupinatus of Hampshire*, Pixart Printing.

Ing, B., 1999, *The Myxomycetes of Britain and Ireland*, The Richmond Publishing Co.

Kibby, G., 2017, *Mushrooms and Toadstools of Britain & Europe*, Vol.1, Geoffrey Kibby.

Kibby, G., 2020, *Mushrooms and Toadstools of Britain & Europe*, Vol.2, Agaricus-part 1, Pixart printing.

Kirk. P.M., Cannon P.F., David J.C. and Stalpers J.A., 2001, *Dictionary of the Fungi 10th Edition*, CABI Publishing.

Linton, A., 2016, *Mushrooms of the Britain And Europe*, Reed New Holland Publishers.

Laessoe, T., and Petersen J.H., 2019, *Fungi of Temperate Europe*, Princeton University Press.

Mahapatra, A.K., Tripathy S.S. and Kaviyarasan V., 2013, *Mushroom Diversity in Eastern Ghats of India*, Chief Executive Regional Plant Resource Center.

Marren P., 2012, *Mushroos*, British Wildlife.

Michael D., Robert, S. and John M., 2012, *Field Guide to Mushrooms of Western North America*, Univerairy of California Press.

Miller, Jr. O.K. and Miller H.H., 2006, *North American Mushrooms*, Falcon Guide.

Moser, M. and Jülich W., 1986, *Farbatlas der Basidiomyceten*, Gustav Fischer Verlag.

Neubert, H., Nowotny W. and Bauman K., 1993, *Die Myxomycetes*, Band 1, Karlheinz Bauman Verlag Gomaringen.

Neubert, H., Nowotny W. and Bauman K., 1995. *Die Myxomycetes*, Band 2, Karlheinz Bauman Verlag Gomaringen.

Neubert, H., Nowotny W., Bauman K., and Marx, H., 2000, *Die Myxomycetes*, Band 3, Karlheinz Bauman Verlag Gomaringen.

Nylen, B., 2000, *Svampar I Norden och Europa*, natur och Kultur/Lts Forlag.

Overall, A., 2017, *Fungi*, Gomer Press Ltd, Llandysul, Ceredigion.

Phillips, R., 1981, *Mushroom and other fungi of great Britain & Europe*, Ward Lock Ltd. UK.

Phillips, R., 1991, *Mushrooms of North America*, Little, Brown and Company.

Phillips. R., 2006, *Mushrooms*, Macmillan.

Stephenson, S.L. and Stempen, H., 1994, *Myxomycetes*, Timber Press.

藤誠哉, 1955, 日本菌類誌 第2券, 擔子菌類 第4號, 養賢堂.

卯餞豊, 2000, 中國大型眞菌, 河南科學技術出版社.

本郷次雄 · 上田俊穗 · 伊澤正名, 1994, きの乙, 山と溪谷社.

今關六也, 本郷次雄, 1989. 原色日本新菌類圖鑑(II), 保育社.

색 인

㉠

ⓛ

ⓒ

ⓡ

ⓜ

ⓢ

ⓞ

㉧

ⓒ

ⓚ

ⓔ

㉥

ㅎ

Ⓑ

Ⓓ

Ⓔ

Ⓕ

Ⓖ

Ⓗ

Ⓘ

Ⓜ

Ⓝ

Ⓞ

Ⓟ

Ⓣ

Ⓤ

Ⓥ

Ⓦ

Ⓧ

조덕현

(조덕현버섯박물관, 버섯 (Professional) 칼럼니스트, 한국에코과학클럽)

E-mail: chodh4512@hanmail.net

- 경희대학교 학사
- 고려대학교 대학원 석사, 박사
- 영국 레딩(Reading)대학 식물학과
- 일본 가고시마(鹿兒島)대학 농학부
- 일본 오이타(大分)버섯연구소에서 연구

- 우석대학교 교수(보건복지대학 학장)
- 광주보건대학 교수
- 경희대학교 자연사박물관 객원교수
- 한국자연환경보전협회 회장
- 한국자원식물학회 회장
- 세계버섯축제 조직위원장
- 한국과학기술 앰버서더
- 전라북도 양육 출산협의회 대표
- 새로마지 친선대사(인구보건복지협회)
- 전라북도 농업기술원 겸임연구관
- 숲해설가 강사(광주, 대전, 충북)
- WCC총회 실무위원

- **버섯 DB 구축**

한국의 버섯(북한버섯 포함): http://mushroom.ndsl.kr
가상버섯 박물관: http://biodiversity.re.kr

- **저서**

『균학개론』(공역)
『한국의 버섯』
『암에 도전하는 동충하초』(공저)
『버섯』(중앙일보 우수도서)
『원색한국버섯도감』
『푸른 아이 버섯』
『제주도 버섯』(공저)
『자연을 보는 눈 "버섯"』
『나는 버섯을 겪는다』
『조덕현의 재미있는 독버섯 이야기』(과학창의재단)
『집요한 과학씨, 모든 버섯의 정체를 밝히다』
『한국의 식용, 독버섯 도감』(학술원 추천도서)
『옹기종기 가지각색 버섯』
『한국의 버섯도감 I』(공저)
『버섯과 함께한 40년』
『버섯수첩』
『백두산의 버섯도감 1, 2』(세종우수학술도서)
『한국의 균류 1: 자낭균류』
『한국의 균류 2: 담자균류』
『한국의 균류 3: 담자균류』(학술원 추천도서)
『한국의 균류 4: 담자균류』
『한국의 균류 5: 담자균류』
『버섯: 백두산의 원시림에서 나오다』
외 10여 권

- **논문**

「The Mycoflor of Higher Fungi in Mt.Baekdu and Adjacent Areas(I)」 외 200여 편

- **방송**

마이산 1억 년의 비밀(KBS 전주방송총국)
과학의 미래(YTN 신년특집)
갑사(MBC)
숲속의 잔치(버섯)(KBS)
어린이 과학탐험(SBS)
싱싱농수산(KBS)
신간소개(HCN서초방송)

- **수상**

황조근조훈장(대한민국)
자랑스러운 전북인 대상(학술 · 언론부문, 전라북도)
사이버명예의 전당(전라북도)
전북대상(학술 · 언론부문, 전북일보)
교육부장관상(교육부)
제8회 과학기술 우수논문상(한국과학기술단체총연합회)
한국자원식물학회 공로패(한국자원식물학회)
우석대학교 공로패 2회(우석대학교)
자연환경보전협회 공로패(한국자연환경보전협회)